MIT ARBEITS HILFEN ONLINE

Exklusiv und kostenlos für Buchkäufer!

Ihre Arbeitshilfen online:

- Trainings-Checklisten
- Übersichten
- Studien

Und so geht's:

- Einfach unter www.haufe.de/arbeitshilfen den Buchcode eingeben
- Oder direkt über Ihr Smartphone bzw. Tablet auf die Website gehen

Buchcode: LNH-B92P

www.haufe.de/arbeitshilfen

Hört auf zu verkaufen!

Mit der Neuro Associative Selling Strategie zum Verkaufserfolg

Klaus Angerbauer

1. Auflage

Haufe Gruppe
Freiburg · München

Bibliographische Information der Deutschen Nationalbibliothek
Die Deutsche Nationalbibliothek verzeichnet diese Publikation in der Deutschen Nationalbibliographie; detaillierte bibliographische Daten sind im Internet über http://www.dnb.de abrufbar.

Print: ISBN: 978-3-648-03811-6 Bestell-Nr. 01270-0001
EPUB: ISBN: 978-3-648-03812-3 Bestell-Nr. 01270-0100
EPDF: ISBN: 978-3-648-03813-0 Bestell-Nr. 01270-0150

Klaus Angerbauer
Hört auf zu verkaufen!
1. Auflage, durchgesehener Nachdruck 2019

www.haufe.de
info@haufe.de
Produktmanagement: Jutta Thyssen

Lektorat: Lektoratsbüro Peter Böke, Berlin
Satz: kühn & weyh Software GmbH, Freiburg
Umschlag: RED GmbH, Krailing

Inhaltsverzeichnis

Einleitung

Das Thema Verkauf begleitet mich seit fast 30 Jahren. Schon während meines Studiums wurden mir immer wieder die verschiedensten Produkte angetragen, um sie zu verkaufen. Aber eigentlich wollte ich nie Verkäufer werden. Vielleicht geht es Ihnen ähnlich. Die meisten Verkäuferinnen und Verkäufer, die ich im Laufe der Jahre kennengelernt habe, sind Quereinsteiger.[1] Sie sind in diesen Beruf eher zufällig hineingeschlittert. Bei mir mag es daran gelegen haben, dass ich damals für viele, die irgendetwas zu verkaufen hatten, dem typischen Verkäuferideal entsprach: jung, dynamisch und redegewandt.

Was macht einen Verkäufer erfolgreich?

Meine Auftraggeber dachten wahrscheinlich, dass ich ihre Produkte erfolgreich unter die Leute bringen würde. So kam es, dass ich mal Lkw-Reifen, mal Versicherungen oder auch Computer verkaufte. Ich gehörte definitiv nicht zu den geborenen Spitzenverkäufern, von denen in Verkaufsratgebern oft die Rede ist. Ich hatte zwar Verkaufstalent, jedoch wurde dieses von meiner Ahnungslosigkeit gegenüber den Produkten und dem Fehlen jeglicher Verkaufstechnik weit übertroffen. So war ich mal mehr und mal weniger erfolgreich und konnte nicht sagen, warum es manchmal hervorragend lief und manchmal überhaupt nicht. Aber damals erwachte meine Interesse an der Frage, was einen Verkäufer überhaupt erfolgreich macht. Ich las alle Verkaufsratgeber, die ich in die Finger kriegen konnte, besuchte unzählige Verkaufs-, und Persönlichkeitstrainings und meldete mich auf der Wirtschaftsuniversität für Seminare in Marktpsychologie an. Ich wollte menschliches Verhalten verstehen und Wege finden, wie man Denk-, und Verhaltensmuster bei sich selbst und bei anderen verändern kann.

Seit zwei Jahrzehnten trainiere und coache ich Verkäuferinnen und Verkäufer rund um den Globus. Dabei habe ich mit Verkäufern in den verschiedensten Ländern und aus fast allen Branchen gearbeitet. Mit Immobilienverkäufern in den USA, Industrieanlagenverkäufern in Russland, Paketverkäufern in Irland, Autoverkäufern

[1] Aufgrund der besseren Lesbarkeit wird an einigen Stellen auf die weibliche Form verzichtet. Frauen und Männer sind selbstverständlich immer gleichermaßen gemeint.

in Deutschland oder Verkäuferinnen einer Kaffeehauskette in Österreich. Mehr als 10.000 Verkäuferinnen und Verkäufer habe ich während der letzten 20 Jahre trainiert und bei mehreren 10.000 Verkaufsgesprächen beobachtet. Dabei habe ich mir immer wieder dieselben Fragen gestellt:

- Was macht manche Verkäufer so viel erfolgreicher als andere?
- Welche Verhaltensweisen beeinflussen die Kaufentscheidung des Kunden wirklich?
- Gibt es ihn tatsächlich, den geborenen Verkäufer?
- Wenn ja: Wie müssen wir uns den geborenen Verkäufer vorstellen?
- Und falls es ihn doch nicht gibt: Welche Fähigkeiten müsste sich jemand aneignen, um ein erfolgreicher Verkäufer zu werden?

Um Sie nicht zu sehr auf die Folter zu spannen, möchte ich Ihnen schon jetzt verraten, dass ich die Suche nach dem geborenen Verkäufer ergebnislos aufgegeben habe. Selbstverständlich gibt es Persönlichkeitseigenschaften, die sich positiv auf den Verkaufserfolg auswirken. So ist zum Beispiel sprachliche Ausdruckskraft im Verkaufsgespräch durchaus von Vorteil. Schließlich stellt man sich den typischen Verkäufer auch sehr redegewandt vor. Diese Fähigkeit ist bei extrovertierten Personen häufig sehr ausgeprägt. Auf der anderen Seite ist es für einen Verkäufer wichtig, seinem Gegenüber — dem Kunden — genau zuzuhören, um sein Anliegen wirklich zu verstehen. Dieses einfühlsame Verhalten, Empathie, ist aber häufig eine Stärke von introvertierten Personen. Dominante Verkäufer sind zwar häufig aktiver bei der Akquise von Neukunden und auch stärker am Abschluss orientiert, geben ihren Kunden aber manchmal zu wenig Raum und verschrecken sie dadurch. Schon diese Beispiele zeigen, dass das optimale Verkaufsgespräch in seiner ganzen Komplexität eine Summe von vielen unterschiedlichen Fertigkeiten verlangt, mit der niemand auf die Welt kommt. Persönlichkeitsmerkmale, die es uns in einzelnen Bereichen erlauben, eine Fähigkeit leichter zu erlernen, können in anderen Bereichen geradezu hinderlich sein.

Typische Verkäufereigenschaften wirken oft kontraproduktiv

Eine wichtige und vielleicht überraschende These dieses Buches ist, dass ein Großteil der antrainierten Verhaltensweisen von Verkäufern im Verkaufsgespräch kontraproduktive Auswirkungen hat. Bei meiner Suche nach den Eigenschaften eines erfolgreichen Verkäufers fiel mir auf, dass einige typische Verhaltensweisen nicht nur wenig hilfreich, sondern in manchen Situationen sogar hinderlich sind. Denken Sie zum Beispiel an den Akquiseanruf eines Callcenters: Eine Dame mit einer übertrieben freundlichen und künstlich modulierten Stimme flötet ins Telefon. Und noch ehe sie Ihnen erklären konnte, worum es überhaupt geht, haben Sie auch schon aufgelegt.

Wann immer ich als Trainer mit Verkäufern unterwegs war, fiel mir auf, dass Verkäufer meist reserviert behandelt werden. Manchmal schlägt ihnen sogar blanke Ablehnung entgegen. So möchte man den Verkäufern fast zurufen: „Hört auf mit euren Verkäufertricks! Verhaltet euch einfach normal!“

Das Problem der Verkaufsratgeber

Weltweit gibt es mehr als tausend Verkaufsbücher. Jeder dieser Ratgeber enthält viele mehr oder weniger ausgefeilte Tipps und Tricks, um den Umsatz zu steigern. Das Problem dieser Verkaufstricks ist nur, dass die Kunden sie meist als solche erkennen, sich manipuliert fühlen und verständlicherweise allergisch reagieren. Viele Verkäufer unterschätzen die Intuition ihrer Kunden.

Kommunikation läuft zu 90 % über die Körpersprache und die Stimme ab. Der Sachinhalt macht nur etwa 10 % aus. Authentische Kommunikation ist immer dann gegeben, wenn die drei Kommunikationskanäle — Sachinhalt, Körpersprache und Stimme — dieselbe Botschaft übermitteln. Dies ist im Verkauf oft nicht der Fall. Deshalb wirken Verkäufer häufig nicht authentisch oder manchmal sogar unglaubwürdig für den Kunden. Um Kunden wirklich zu überzeugen, brauchen Sie natürliche, authentische Verhaltensweisen, die dennoch einer klaren psychologischen Strategie folgen müssen. Jede Verkaufsstrategie kann nur insoweit erfolgreich sein, als sie der inneren Haltung des Verkäufers entspricht. Darüber hinaus sollten Sie davon überzeugt sein, dass Ihr Produkt oder Ihre Dienstleistung auch tatsächlich einen Nutzwert für den Kunden schafft. Hier setzt die Strategie des Neuro Associative Selling (kurz NAS-Strategie) an, die in diesem Buch vorgestellt wird.

Erkenntnisse aus der Neuropsychologie

In den letzten zehn Jahren hat die Neuropsychologie viele wissenschaftliche Erkenntnisse hervorgebracht, die uns das Verhalten von Kunden besser verstehen lassen. Die NAS-Strategie basiert auf diesen wissenschaftlichen Erkenntnissen sowie der empirischen Auswertung von 1.000 Verkaufsgesprächen, in denen untersucht wurde, welche Auswirkungen unterschiedliche Verhaltensweisen von Verkäufern im Kundengespräch haben. Die NAS-Strategie besteht aber nicht nur aus neuen Techniken, sondern sie setzt insgesamt eine veränderte Einstellung zum Verkauf voraus. In Kapitel 3.1 wird die NAS-Formel entwickelt, mit der Sie die Kaufmotivation des Kunden analysieren, besser verstehen und die gewonnenen Einsichten für Ihre Verkaufstätigkeit nutzen können.

Das vorliegende Buch möchte Ihnen zeigen, wie Sie auf der Grundlage von Erkenntnissen aus der Neuropsychologie Ihre Einstellungen und Verhaltensweisen ändern und die Erfolgsquote Ihrer Verkaufsgespräche deutlich steigern können. Einstellungen und Verhaltensweisen zu ändern gehört sicherlich zu den schwierigsten Aufgaben im Leben — zu sehr haben sich die alten neuronalen Bahnen im Gehirn verfestigt. Aus diesem Grund finden Sie neben der ausführlichen Darstellung der NAS-Strategie (Kapitel 3) auch verschiedene Trainingseinheiten mit praktischen Anleitungen (Kapitel 2.4 und 5.3), wie Sie die neuen Erkenntnisse verinnerlichen und in Ihrer Verkaufspraxis umsetzen können.

Wenn Sie ausdauernd daran arbeiten, sich die NAS-Strategie anzueignen, werden Sie bald feststellen, welch großen Einfluss diese Strategie auf die Ergebnisse Ihrer Verkaufsgespräche haben wird. Sie werden die Fähigkeit erlangen, in wenigen Minuten mit Ihrem Kunden einen verbindlichen Kontakt aufzubauen, um ihn von Ihrem Produkt oder Ihrer Dienstleistung zu überzeugen.

Erfahrungen aus zwei Jahrzehnten als Verkaufstrainer

Verkaufen ist ein faszinierender Beruf. Nirgendwo sonst können kleine Verhaltensänderungen so große Unterschiede im Ergebnis bewirken wie in Verkaufsgesprächen. Gerade in Zeiten, in denen Konkurrenzprodukte immer vergleichbarer werden, gibt häufig das Verhalten und Auftreten des Verkäufers den entscheidenden Ausschlag für die Kaufentscheidung des Kunden. Untersuchungen belegen, dass sich die Erfolgsquote verschiedener Verkäufer bei gleicher Arbeitszeit dramatisch unterscheidet: in der Gewinnung von Neukunden nicht selten um den Faktor 10. Die besten 10 % aller Verkäufer erwirtschaften mit Neukunden zehnmal so viel Umsatz wie die 10 % aller Verkäufer mit den geringsten Neukundenumsätzen. Auch beim gezielten Ausbau von Bestandskunden, der Bindung von reklamierenden Kunden an das Unternehmen und der Durchsetzung von Preisvorteilen unterscheiden sich die Ergebnisse einzelner Verkäufer signifikant.

Was zeichnet einen exzellenten Verkäufer aus?

Die folgende Geschichte handelt von einem Einkaufserlebnis, das ich vor vielen Jahren in Italien hatte. Sie zeigt anschaulich, was einen erfolgreichen Verkäufer auszeichnet.

BEISPIEL: Der exzellente Verkäufer

Vor vielen Jahren verbrachte ich einen Urlaub in Lignano, Italien. Es war Freitag und wir wollten am Sonntag nach Hause fahren, als wir in der Stadt einen Gourmetladen entdeckten. Wir betraten das schmucke Geschäft und unter einem Himmel von Prosciutto-Keulen lockten vielerlei italienische Spezialitäten. Da wir am Abend zuvor so hervorragenden Prosciutto gegessen hatten, dachten wir, hier an der richtigen Adresse zu sein, um uns mit einigen hundert Gramm dieser Köstlichkeit einzudecken.

Hinter einer Glastheke stand offensichtlich der Eigentümer des Ladens. So bestellten wir bei ihm 200 Gramm Prosciutto, worauf er uns in seinem einzigartig italienisch gefärbten Deutsch fragte: „Welche Art Prosciutto wollen Sie?“ Als wir ihn ein wenig überfordert ansahen, ließ er uns verschiedene Sorten probieren. Und wie es nicht anders sein konnte, schmeckte natürlich ein viele Jahre gereifter San Daniele am besten, der dann auch fast fünf Euro pro 100 Gramm kostete. Erfreut entgegnete uns der Italiener: „Ah, Sie werden haben heute Abend eine einzigartige Abendessen!“ Wir ließen ihn wissen, dass wir unsere Rückreise erst übermorgen antreten und somit erst frühestens am Montag in den Genuss des San Daniele gelangen könnten. Darauf entgegnete der Chef des Ladens: „Wenn Sie essen heute Abend, es ist exzellent. Sie essen morgen, es ist Durchschnitt. Sie essen übermorgen, es ist Schuhsohle. Schmeißen Sie nicht Ihr Geld zum Fenster raus!“ Wir sahen ihn achselzuckend an. Er führte uns zu einem Kühlregal, nahm eine Metalldose in die Hand und verriet uns Folgendes: „Dies ist der gleiche Prosciutto, den Sie gerade gegessen haben. Vakuumverpackt, immer ein Stück Prosciutto, eine Folie. Sie mache die Dose auf, warte eine halbe Stunde und dann schmecke genau wie hier im Laden. Und der Prosciutto hält fast ein Jahr.“ Das ließen wir uns nicht zweimal sagen und kauften gleich zwei dieser Dosen à 100 Gramm. Der Preis lag zwar noch einmal 50 % über dem teuren Prosciutto, doch schließlich wollten wir den Prosciutto in seiner Einzigartigkeit genießen, wie wir ihn gerade probiert hatten.

Während der Chef unseren Einkauf verpackte, erspähte meine Freundin eine golden umhüllte Flasche auf dem Tresen, die mit zwanzig Euro ausgezeichnet war. Auf die Frage, ob sich denn hinter der Umhüllung ein Olivenöl verberge, ließ uns der Chef wissen, dass es sich dabei um ein handverlesenes Olivenöl handle, das auf eine ganz besondere Art gepresst wird und aus einem ganz speziellen

Gebiet in Italien kommt. Dieses Olivenöl sei so fein und so geschmackvoll wie kein anderes. Er reichte uns eine kleine Probe und tatsächlich: Es schmeckte einfach ausgezeichnet! Sofort entschied sich meine Freundin, dieses so hochwertige und ansprechend verpackte Olivenöl als Geschenk für ihre Mutter mitzunehmen. Als unser Chef nun das Olivenöl verpackte, teilte ich ihm mit, dass mein Olivenöl nie teurer als vier Euro pro Liter sein dürfe. Darauf meinte er amüsiert: „Ihr Deutsche seid eine lustige Volk. Ihr gebt in die Auto olio um die zwanzig Euro und in die Essen olio um die vier Euro. Italiener machen es genau umgekehrt.“ Da hatte er nicht ganz unrecht. Und während ich noch überlegte, setzte er nach, wie nett es doch sei, dass die Schwiegermutter jetzt ein Olivenöl für zwanzig Euro bekommt, während wir uns mit dem für vier Euro begnügen. Diese Bemerkung ließen wir nicht auf uns sitzen und bestellten kurzerhand eine zweite Flasche für zwanzig Euro. Doch damit nicht genug.
Meine Freundin machte eine kleine Flasche mit braunem Inhalt ausfindig, die mit dreißig Euro ausgezeichnet war, für unser Empfinden entschieden zu teuer. Offensichtlich handelte es sich um einen Balsamico. Meine Freundin konnte sich die Bemerkung nicht verkneifen: „Damit kann ich ja maximal einmal einen Salat anmachen. Und das kostet dann dreißig Euro?“ Worauf der Chef des Hauses sie mit einem gewissen Unverständnis anblickte und sagte: „Bitte nicht ertränke Salat in die Balsamico. Sie verwenden ganz normale Apfelessig und gebe eine Tropfen von diese Balsamico in die Salat.“ Nur einen Tropfen für den ganzen Salat? Damit war mein Spartrieb geweckt. Wir würden so ein ganzes Jahr mit diesem Balsamico auskommen! Dann erklärte er uns, wie aufwändig dieser Balsamico hergestellt sei. In dreißig Jahren wird er jedes Jahr in ein neues, kleineres Fass umgefüllt, weil die Flüssigkeit verdunstet. So würden aus einem 50-Liter-Fass am Schluss nur noch vier Liter übrig bleiben. Und deswegen sei dieser Balsamico so konzentriert. Beeindruckt von so viel Handwerkskunst und der massiven Kosteneinsparung konnten wir nicht widerstehen und nahmen auch noch den Balsamico mit.
Mittlerweile hatten wir schon fast ein komplettes Abendessen eingekauft. Also führte mich mein Weg noch zum Weinregal und ich entnahm eine Flasche Merlot. Der Italiener warf mir einen abwertenden Blick zu und bedeutete mir, die Flasche wieder zurückzustellen: „Sie haben die beste Balsamico aus Italien. Sie haben die beste Olio, die beste Prosciutto. Und Sie wollen kaufen eine Wein, den sonst nur Touristen kaufen?“ Kurzerhand zog er eine Flasche unter der Ladentheke hervor, stellte sie auf den Tresen und zeigte uns das Anbaugebiet des Weines auf einer Landkarte: „Das ist Italien. Sehen Sie hier, dieses kleine Gebiet, das ist die Collio. Der Wein, den Sie eben genommen haben, ist einmal im Tanklaster durch Italien transportiert worden. Das ist keine Qualität. Nichts für eine Connaisseur wie Sie.“ Also nahmen wir auch noch die Flasche Wein, ließen uns die Visitenkarte des Chefs geben, damit wir den Laden beim nächsten Besuch auch wieder finden würden, und zogen erfreut, aber um 100 Euro ärmer von dannen.

Die unbewussten Bedürfnisse des Kunden ansprechen

Diese Urlaubsgeschichte macht anschaulich, welche Eigenschaften einen sehr guten Verkäufer auszeichnen: Ursprünglich wollten wir ca. fünf Euro in dem italienischen Feinkostladen ausgeben. Dem Verkäufer ist es gelungen, diese Summe um das Zwanzigfache zu erhöhen. Was aber ebenso wichtig ist: Die Visitenkarte, die uns der Verkäufer am Ende des Verkaufsgespräches überreicht hat, haben wir an gute Freunde weitergegeben und seinen Laden wärmstens empfohlen. Das Erfolgsgeheimnis: Dieser Verkäufer hat uns nicht einfach das verkauft, wonach wir gefragt haben, sondern er hat verstanden, was wir wirklich wollten, als wir sein Geschäft betraten. Uns ging es darum, ein Stück vom Urlaub mit nach Hause zu nehmen.

Ein exzellenter Verkäufer verkauft dem Kunden nicht einfach das, was er vordergründig will, sondern er versucht zu verstehen, welche unbewussten Bedürfnisse sein Kunde tatsächlich hat und mit welchen Produkten diese am besten befriedigt werden können.

Außergewöhnlich erfolgreiche Verkäufer sind in allen möglichen Branchen zu finden. Selbst in einer alltäglichen Verkaufssituationen, wie den Besuch eines italienischen Feinkostladens, führt die Summe von erfolgsrelevanten Verhaltensweisen des Verkäufers zum Verkaufserfolg. Als Verkaufstrainer gilt es, diese erfolgsrelevanten Verhaltensweisen zu identifizieren und für andere erlernbar zu machen. Egal ob Sie Industrieanlagen für viele Millionen Euro oder Schinken hinter einer Wursttheke verkaufen: Wenn Sie die neuropsychologischen Gesetzmäßigkeiten des Verkaufsprozesses verstehen und anwenden, werden Sie außergewöhnliche Ergebnisse erzielen. Darum geht es in diesem Buch.

Imageprobleme des Verkaufsberufs

Das Image des Verkäufers ist, um es vorsichtig zu formulieren, suboptimal. Unter 30 Berufen gereiht nach ihrem Image in der deutschen Bevölkerung landete der Versicherungsvertreter auf Platz 30.[2] In einer anderen Umfrage unter 20 Berufen landeten die Finanzberater auf Platz 17 und die Autoverkäufer auf Platz 19 weit abgeschlagen hinter den Taxifahrern auf Platz 11.[3] Verkaufsberufe besetzen

---

[2] Quelle: forsa Bürgerbefragung, Stand: Oktober 2011.

[3] Quelle: Reader's Digest „European Trusted Brands 2007".

in solchen Umfragen fast ausschließlich die letzten Plätze. Deshalb wollen immer weniger Menschen Verkäufer sein bzw. sich als solche bezeichnen. Auf den meisten Visitenkarten finden sich häufig englische Berufsbezeichnungen, wie *Sales Representative* oder *Sales Manager,* oder die Bezeichnungen *Verkaufsberater* oder *Gebietsleiter*. Als *Verkäufer* will sich niemand bezeichnen.

Warum wir Verkäufern misstrauen

Sieben von zehn Kunden antworten auf die Frage des Einzelhandelsverkäufers „Kann ich Ihnen helfen?“ mit „Nein danke, ich schau’ nur.“ Um sich dann allein zum Regal zu begeben und sich ein Produkt auszusuchen, ohne vom Verkäufer gestört zu werden. Nur im Notfall, wenn sich der Kunde eine Frage nicht selbst beantworten kann, greift er notgedrungen auf einen Verkäufer zurück. Viele Kunden würden heute nicht in ein Geschäft gehen, ohne sich zuvor selbst über das gewünschte Produkt informiert zu haben. Es gibt heute fast keine Fachzeitschriften mehr, in denen nicht regelmäßig Produkttests durchgeführt und Kaufempfehlungen ausgesprochen werden.

Alle diese Beobachtungen zeigen: Die Kunden misstrauen offensichtlich der Fachkompetenz und der Beratungsqualität. Nicht umsonst steigt der Anteil der im Internet, also ganz ohne Verkäuferberatung erworbenen Produkte seit Jahren stark an. Der Einzige, der stört, ist der Verkäufer. Wie kommt es, dass Verkäufer ein derart schlechtes Image bei ihren Kunden haben? Was machen die Verkäufer falsch?

Hier eine Liste der zehn häufigsten Kritikpunkte gegen die Verhaltensweisen von Verkäufern.

- Der Verkäufer redet zu viel.
- Er bevormundet den Kunden.
- Er versteht nicht, worum es dem Kunden wirklich geht.
- Seine Fachkompetenz ist mangelhaft.
- Er wirkt auf den Kunden nicht authentisch (z. B. übertrieben freundlich oder unglaubwürdig).
- Er ist nur am Umsatz interessiert.
- Er verhält sich aufdringlich.
- Er hält Zusagen nicht ein.
- Er verbreitet Falschinformationen über die Produkte.
- Er macht seine Mitbewerber schlecht.

Typische Fehler im Verkaufsgespräch

Stellen Sie sich folgende Situation vor: Sie haben einen Arzttermin, weil Ihr Ellbogen schmerzt. Sie betreten die Praxisräume und werden von einer Assistentin ins Besprechungszimmer gebeten. Der Beamer ist eingeschaltet, der Arzt betritt den Raum. Mit einem strahlenden Verkäuferlächeln präsentiert er seine Praxis. Die verschiedenen Räumlichkeiten, die Ausbildung der Mitarbeiter, seine erworbenen Diplome. Danach zeigt er Ihnen, auf welche Operationen er spezialisiert ist: Knie, Ellbogen, Schultergelenk, als lukrativen Nebenverdienst auch ein wenig plastische Chirurgie. Er fragt Sie auch direkt, ob Sie verheiratet sind und vielleicht bei Ihrem Partner Nachbesserungsbedarf besteht. Und sollten Sie sich heute schon entscheiden, würden Sie einen fünfzehnprozentigen Rabatt auf seine Leistungen erhalten. Vielleicht teilt er Ihnen siegesgewiss auch mit, dass er sich freuen würde, seine chirurgische Kunst auch bei Ihnen anzuwenden. Nach dieser Präsentation würde er Sie in das Untersuchungszimmer bitten. Dieses Verhalten würde jeden Patienten abschrecken. Es entspricht aber genau dem, was man bei vielen Kundengesprächen beobachten kann.

Kritikpunkt 1: Der Verkäufer fragt nicht nach den Wünschen des Kunden

Die meisten Verkäufer konzentrieren sich auf die Präsentation der Leistungsfähigkeit ihres Unternehmens, lange bevor sie nach den Wünschen ihrer Kunden überhaupt gefragt haben. Der Verkäufer redet also schon von der Lösung, bevor er das Problem überhaupt kennt.

Obwohl Ärzte in gewisser Weise ähnlich wie Verkäufer ihre Leistungen verkaufen müssen, haben ihre Patienten gar nicht das Gefühl, dass ihnen etwas verkauft werden soll. Denn der Arzt wendet die meiste Zeit für die Untersuchung auf. Übertragen auf ein Verkaufsgespräch heißt das: Der Verkäufer konzentriert sich auf die Kundenanalyse und nicht auf die Argumentation, warum seine Behandlung so gut ist. Wenn das Ergebnis der Untersuchung negativ ausfällt, dann sind wir selbst sehr daran interessiert, die Leistung des Arztes in Anspruch zu nehmen, und müssen nicht eigens dazu motiviert werden. Nicht umsonst finden sich Arztberufe in Image-Umfragen meist ganz vorne. Generell kann man sagen: Das Image eines Berufes liegt umso höher, je mehr die Menschen der Ansicht sind, dass eine Berufsgruppe Positives für die Allgemeinheit schafft.

Kritikpunkt 2: Der Verkäufer gibt persönliche Einstellungen preis

BEISPIEL: Verkaufsgespräch mit einem Autoverkäufer

Vor einigen Jahren war es wieder einmal an der Zeit, nach vielen gefahrenen Kilometern, mein Auto gegen ein neues auszutauschen. Meine Partnerin hatte eine nette Idee und vereinbarte in verschiedenen Autohäusern Termine, um sich mit mir auf die Suche nach einem neuen Fahrzeug zu machen. Der dritte Termin fand bei einem deutschen Hersteller statt, der seinen Vorsprung gegenüber anderen Herstellern in der Technik seiner Fahrzeuge verortet. Ein junger dynamischer Verkäufer begrüßte uns sogleich. Als wir ihm im Vorgespräch an seinem Schreibtisch erzählten, dass wir gerade von einem Termin bei einem englischen Hersteller sportlicher Coupés kamen, war er in seinem Element. Er erzählte von seinem Sportwagen, von dem er sich gerade mit einem Totalschaden verabschieden musste, und zeigte uns dann Bilder von einem Cabrio des englischen Herstellers, bei dem wir gerade einen Termin hatten. Er erzählte uns, dass dies auch sein Traumauto wäre. Erstaunt blickten wir uns an. Nach einiger Zeit begann er endlich, uns ein Fahrzeug seiner Marke vorzuführen.
Er ging mit uns rund um das Fahrzeug, erzählte uns von der sportlichen Linienführung und dass die Front enormes Überholprestige vermitteln würde. Auf die Frage, was denn ein Überholprestige wäre, klärte er uns folgendermaßen auf: „Wenn ich Sie so ansehe, denke ich mir, dass Sie auch gern etwas Gas geben. Sie kennen wahrscheinlich die Situation, wenn Sie jenseits der 200 Km/h unterwegs sind und jemand die Überholspur blockiert. Wenn Sie dann etwas dichter auffahren, so ein bis zwei Meter und der andere die eindrucksvolle Front mit den integrierten Tagfahrleuchten sieht, räumt er sofort die Überholspur." Bei diesen Worten fiel mir der genervte Blick meiner Partnerin auf, die schon ihre Augen verdrehte. Aus langjähriger Erfahrung wusste ich, dass dies nichts Gutes bedeutet.
Als nächstes setzte er mich noch in einen Sportwagen seiner Marke, der durchaus dem entspricht, was gemeinhin als Männerspielzeug bezeichnet wird. Eine Art Rennwagen mit Straßenzulassung. Ich hatte gerade Platz genommen, als der Verkäufer, lässig an die Tür des Fahrzeugs gelehnt, meinte: „Wenn Sie mit diesem Auto auf der Maximilianstraße unterwegs sind, dann können Sie selbst in Ihrem Alter noch sicher sein, dass sich die Mädels nach Ihnen umdrehen."
Ein Blick auf meine Partnerin warnte mich: Wenn sie die Augen noch weiter verdrehen würde, könnten sie dort stecken bleiben. Um einer Eskalation der Situation vorzubeugen, beschloss ich, das Verkaufsgespräch langsam auslaufen zu lassen und ein anderes Autohaus aufzusuchen.

Nach diesem Verkaufsgespräch ging es mir wie nach vielen anderen. Ich wusste so viel vom Verkäufer, dass ich am Ende des Verkaufsgesprächs genau hätte sagen können, wie ich dem Verkäufer etwas verkaufen könnte. Der Verkäufer hingegen wusste kaum etwas über mich, außer vielleicht meinem Namen.

Was veranlasst Verkäufer dazu, ihre persönlichen Einstellungen und Meinungen im Verkaufsgespräch preiszugeben? Möglicherweise gehen sie davon aus, dass Sympathie entsteht, wenn sie etwas von sich erzählen. Dies trifft aber nur dann zu, wenn die Einstellungen des Verkäufers mit denen des Kunden übereinstimmen. Dazu ist es aber erst einmal notwendig, die Einstellung des Kunden zu erfragen.

STUDIE 1: Einfluss der Beratungszufriedenheit auf den Verkaufserfolg

In einer Studie von Dr. Alexander Haas (Universität Erlangen, Lehrstuhl für Allgemeine Betriebswirtschaftslehre, Marketing) wurden erfolgreiche und erfolglose Verkaufsgespräche verglichen. Ausgangspunkt war die Frage, inwieweit die Beratungszufriedenheit des Kunden mit seiner Kaufentscheidung korreliert.

Dabei wurden drei Fragen untersucht:

1. Wie groß ist der Zusammenhang zwischen Beratungszufriedenheit und Kauf?
2. Welche Faktoren führen zur Beratungszufriedenheit?
3. Was macht den Erfolg einer Beratung insgesamt aus?

Im Hinblick auf die Frage, inwieweit die Zufriedenheit mit der Beratung dazu beiträgt, welche Entscheidung der Kunde trifft, lässt sich sagen, dass der Kunde die Kaufentscheidung größtenteils aufgrund der Beratungsleistung des Verkäufers vollzieht. So beträgt die Kaufwahrscheinlichkeit bei Kunden, die mit der Beratung zufrieden sind, knapp 70 %.

Die Beratungszufriedenheit von Kunden wird durch zwei Faktoren beeinflusst: das positive Gesprächsklima und die Frage, inwieweit die Beratung des Verkäufers eine Entscheidungshilfe für den Kunden darstellt.

Vergleicht man in der Studie die erfolgreichen Verkäufer mit den erfolglosen, lässt sich Folgendes erkennen: Erfolgreiche Verkäufer richten ihre Beratung stärker an den Kundenproblemen aus und es gelingt ihnen, ein deutlich besseres Gesprächsklima mit dem Kunden herzustellen. Betrachtet man erfolglose Verkäufer, scheinen diese einen Großteil ihrer Bemühungen auf die Entkräftung von Kundeneinwänden zu konzentrieren. Dies produziert bei den Kunden eine Abwehrhaltung, die bei einer positiven Kaufentscheidung hinderlich ist.

Insgesamt führen erfolglose Verkäufer die Beratung in dysfunktionaler Weise: Sie vernachlässigen diejenigen Aktivitäten, die zu Beratungszufriedenheit führen, und konzentrieren sich dagegen auf solche, die den Kauf unwahrscheinlich werden lassen.

Konsequenz aus den Studienergebnissen: Eine erfolgreiche Verkaufsstrategie muss den Fokus auf zwei wesentliche Faktoren richten. Einerseits muss ein positives Gesprächsklima aufgebaut und über die Dauer des gesamten Verkaufsgesprächs gehalten werden. Auf der anderen Seite müssen Kundenprobleme erkannt und gelöst werden.

Kritikpunkt 3: Das Interesse am Umsatz steht im Vordergrund

Viele Verkäufer sind so stark vom Umsatz getrieben, dass sie ganz vergessen, dass ihre Produkte und Dienstleistungen aus ganz bestimmten Gründen entwickelt wurden. Es geht um die Verbesserung der Situation des Kunden, die Steigerung seiner Zufriedenheit oder um einen Weg, seine Ziele besser, schneller und effektiver zu erreichen. Dass man dabei nicht gleichzeitig darauf verzichten muss, Umsatz, Ertrag und Deckungsbeitrag mit dem Kunden zu erwirtschaften, versteht sich von selbst.

Wenn der Verkäufer aber nicht den Nutzen des Kunden in den Vordergrund stellt, sondern das eigene Interesse am Umsatz, besteht die Gefahr, dass der Kunde als Gegner betrachtet wird, als jemand, den man mit (psychologischen) Tricks zu manipulieren versucht. Welchen anderen Sinn könnten sonst so gewiefte Abschlussformulierungen haben, wie zum Beispiel die Frage „Wollen Sie mit meinem Kugelschreiber unterschreiben oder nehmen Sie Ihren?"

Kritikpunkt 4: Der Redeanteil des Verkäufers ist zu groß

In vielen Verkaufsgesprächen haben Verkäufer einen Redeanteil der bei 80 % und mehr liegt. Der Kunde soll im wahrsten Sinne des Wortes überredet werden. Zu Recht wird der hohe Redeanteil von Verkäufern so häufig von Kunden kritisiert. Jeder kennt diese Situation aus dem Privatleben: Jemand „textet Sie voll" und irgendwann sagen Sie ja, obwohl Sie gar nicht überzeugt sind. Sie stimmen der Person nicht wirklich zu, sondern wollen nur aus dem Gespräch aussteigen. Viele Verkäufer kennen diese Situation. Der Kunde wirkt interessiert, stimmt dem Verkäufer in allem zu, doch der Kauf findet niemals statt. Nicht umsonst ist die am häufigsten gestellte Frage in meinen Seminaren: Warum ist der Kunden nach dem Verkaufsgespräch nicht mehr erreichbar, obwohl er doch so interessiert an einem Angebot war?

Wenn der Verkäufer nun aber 80 % des Redeanteils oder mehr hat, bleiben dem Kunden nur maximal 20 %, um seine Situation und seine Probleme darzustellen. Das Problem ist also nicht unbedingt, dass Verkäufer nicht zuhören können, sie geben dem Kunden gar nicht erst den Raum, seine Probleme zu schildern.

Kritikpunkt 5: Der Verkäufer versteht nicht, worum es dem Kunden geht

Wenn der Kunde zu wenig Gelegenheit bekommt, seine Anliegen und Probleme zu schildern, kann der Verkäufer nicht verstehen, worum es dem Kunden wirklich geht. Da viele Verkäufer den Kunden nicht wirklich verstehen, versuchen sie in ihrer Argumentation auf ihre eigenen Erfahrungen zurückzugreifen. Sie wählen also diejenigen Argumente aus, die sie selbst überzeugend finden. Wenn sich der Kunde und der Verkäufer nicht sehr ähnlich sind, werden diese Argumente zwar den Verkäufer überzeugen, aber leider nicht den Kunden. Vielleicht ist dies der Grund dafür, warum im Einzelhandel viele Verkäufer erwähnen, dass sie dieses Produkt auch persönlich verwenden. Vielleicht haben sie sich durch ihre eigenen Verkaufsgespräche so stark überzeugt, dass sie das Produkt dann tatsächlich selber erworben haben.

Kritikpunkt 6: Mangelnde Fachkompetenz des Verkäufers

Die mangelnde Fachkompetenz der Verkäufer ist ein Kritikpunkt, der häufig zu hören ist. Produkte werden immer komplexer. Deshalb ist es nur allzu verständlich, dass ein Verkäufer nicht über jedes Detail eines Produktes Bescheid wissen kann. Allerdings sollte man als Verkäufer wissen, was man weiß und was nicht und wie man an die gewünschten Informationen kommt. Der Kunde kann häufig nicht zwischen mangelnder Fachkompetenz und einer bewussten Falschinformation unterscheiden. Im schlimmsten Fall unterstellt er dann dem Verkäufer, ihn bewusst falsch informiert zu haben. Dies führt zu einem massiven Vertrauensverlust, der häufig die Geschäftsbeziehung beendet. Häufig tritt aber auch genau das umgekehrte Problem auf. Fachlich exzellente Verkäufer überfordern Kunden mit Fachausdrücken und technischen Details, mit denen der Kunde nichts anfangen kann. Der Kunde hat dann das Gefühl, anstatt einer Lösung noch mehr Fragen und Probleme zu haben.

Manchmal leidet die Glaubwürdigkeit von Verkäufern aber schon daran, dass sie auf den Kunden nicht authentisch wirken. Übertriebene Freundlichkeit, unglaubwürdige Komplimente sowie überzogene Kritik an Mitbewerbern sind einer vertrauensvollen Kundenbeziehung nicht gerade förderlich.

Warum viele Verkaufsstrategien nicht wirken

Über die Jahre haben sich in meinem Bücherschrank an die 100 Verkaufsratgeber angesammelt. In vielen dieser Bücher werden Tipps und Tricks vermittelt, wie man Kunden zum Kaufen bringt. Da gibt es schlaue Sätze für den Einstieg ins Gespräch, Tipps für den Beziehungsaufbau, suggestive Argumentationstechniken, ausgefeilte Strategien zur Einwandbehandlung und natürlich todsichere Abschlussstrategien. Im besten Fall bringen viele dieser Verkaufsstrategien nichts, im schlimmeren Fall haben sie sogar einen negativen Effekt auf das Verkaufsgespräch. Manche dieser Verkaufsstrategien machen zumindest verständlich, warum Kunden Verkäufer meiden als hätten sie eine ansteckende Krankheit.

Mythos Smalltalk

Eine beliebte Verkaufsstrategie besteht darin, Smalltalk gezielt einzusetzen, um gleich zu Beginn des Verkaufsgesprächs den Kunden für sich einzunehmen. Die folgende Gesprächssituation habe ich erlebt, als ich einen jungen Verkäufer in einem wichtigen Verkaufsgespräch begleitet habe. Die Smalltalk-Strategie geht hier gründlich daneben.

BEISPIEL: Smalltalk mit dem Kunden

Der Verkäufer und ich sitzen vor dem Kunden, links neben dem Schreibtisch steht ein Golfbag. Mein erster Gedanke: Der vor uns sitzende Manager ist wie viele seiner Zunft ein Golfer. Und da das Golfbag sogar neben seinem Schreibtisch steht, ist er vermutlich ein begeisterter Golfer. Jetzt wäre es gut, selbst Golfer zu sein, weil Golfer sich gerne mit Gleichgesinnten über ihren Sport unterhalten. Ich hatte meinen Gedanken noch nicht zu Ende gedacht, da legte der Verkäufer auch schon los.

Verkäufer: *Sagen, Sie, spielen Sie Golf?*

Kunde: *Ja.*

Verkäufer: *Also ich finde Golf ja einen tollen Sport. Man kann viele Stunden in der Natur verbringen.*

Kunde: *Spielen Sie Golf?*

Verkäufer: *Nein, leider nicht, aber ich finde es einen sehr interessanten Sport.*

Der Kunde verdrehte leicht genervt die Augen und ich mit ihm. Was war passiert?

Einfach gesagt kann man die Welt in zwei Personengruppen unterteilen: Golfer, die meist überaus begeistert über Golf sprechen, und Nicht-Golfer, bei denen Golf häufig mit negativen Attributen besetzt ist. Mir sind allerdings keine Menschen bekannt, die sich für Golf begeistern, ohne selbst Golf zu spielen, was bei anderen Sportarten wie Segeln oder Drachenfliegen durchaus der Fall ist. Was hatte also unser Verkäufer beim Kunden erreicht? Sein Ziel war es doch, Sympathie durch gemeinsame Sichtweisen herzustellen. Aber das Ergebnis war kontraproduktiv: Der Verkäufer stand als unglaubwürdig da, als jemand, der versucht, sich beim Kunden anzubiedern. Mit dieser Assoziation ist ein sehr negativer Eindruck von dem Verkäufer entstanden, der das folgende Verkaufsgespräch belastet. In der ersten Minute wurde eine für das weitere Verkaufsgespräch extrem negative Einstellung des Kunden zum Verkäufer geschaffen, die es auch stark erschwert, ein Verkaufsgespräch zum Erfolg zu führen.

Positiver Beziehungsaufbau zum Kunden

Grundsätzlich ist die Idee des Smalltalks oder des Beziehungsaufbaus positiv. Je sympathischer uns der Kunde findet, desto eher ist er wohlwollend gegenüber Produkt und Dienstleistung eingestellt. Das Problem dabei: Nicht jedes Mal, wenn wir zwanghaft versuchen, im Smalltalk unser Gegenüber aufzuwerten, selbst sympathisch zu erscheinen oder Sympathie für den anderen zu signalisieren, kommt dies beim Gesprächspartner auch entsprechend positiv an. Im Gegenteil: Manche Sympathiebekundungen wirken künstlich und unangebracht. Sie werden vom Kunden einfach als störend empfunden.

Fanden Sie jeden Menschen, mit dem Sie einen Smalltalk geführt haben, sympathisch? Sicherlich nicht. Smalltalk führt nicht immer zu dem Ergebnis, dass Sympathie zwischen den beiden Gesprächspartnern entsteht. Wenn uns jemand schmeichelt, könnte uns das schon gefallen. Aber was ist, wenn die Person, die uns schmeichelt, offensichtlich etwas von uns möchte. Wie bewerten wir dann die Begeisterung für unsere Person?

Viele, insbesondere sachlich orientierte Kunden empfinden Smalltalk mit dem Verkäufer nicht nur als zeitraubend, sondern sehen darin auch einen Anbiederungsversuch des Verkäufers. Anstatt das Ziel zu erreichen, eine gute Kundenbeziehung herzustellen, bedienen wir das Vorurteil, Verkäufer seien nicht ehrlich. Und dies ist absolut das Letzte, was wir zu Beginn eines Verkaufsgespräches beim Kunden emotional hervorrufen wollen.

Nicht die Argumentation überzeugt den Kunden

Als ich ein Kind war, fand ich es in der Küche immer ziemlich spannend. Besonders wenn meine Großmutter kochte, standen immer so viele Töpfe auf den Kochplatten. Ich weiß nicht, wie oft meine Großmutter mich gewarnt hatte, nicht auf den Herd zu greifen. Doch es kam, wie es kommen musste. Eines Tages, in einem unbeobachteten Moment, griff ich nach einem dieser sprudelnden Töpfe und verbrannte mich. Ich trug zwar keine bleibenden Schäden davon, dafür bleibende Erinnerungen. Anscheinend hatten alle mit größter Überzeugungskraft vorgetragenen Argumente meiner Großmutter nicht annähernd die Wirkung wie dieses schmerzhafte Ereignis. Meine Großmutter hatte natürlich auch dafür einen weisen Spruch parat: „Wer nicht hören will, muss fühlen."

Fragen sind oft wirkungsvoller als Argumente

Tatsächlich erfolgt eine Änderung der Sichtweise durch interne Denkvorgänge. Verknüpft der Kunde also positive Emotionen mit dem neuen Produkt und negative Emotionen mit seiner bisherigen Situation, entsteht ein Kaufwunsch. Diese internen Denkvorgänge kann man besser durch Fragestellungen beeinflussen als durch Argumente. Menschen versuchen ihre gewohnten Sichtweisen aufrechtzuerhalten. Deshalb sucht der Gesprächspartner, während Sie argumentieren, auch hauptsächlich nach Gegenargumenten. Um diese Gegenargumente überhaupt bringen zu können, muss der Kunde nach Erfahrungen suchen, die seine Gegenargumente stützen. Der Kunde denkt also genau in die falsche Richtung. Deshalb wird die gewohnte Sichtweise des Kunden durch Argumente auch eher gestützt als verändert.

Lassen Sie Ihre Kunden fühlen, was sich verbessert, anstatt es Ihnen nur zu sagen.

Häufig verwenden Verkäufer vor allem diejenigen Argumente für ein Produkt, die sie selbst überzeugen würden. Dieser Strategie liegt die (falsche) Annahme zugrunde, dass Kunde und Verkäufer dieselben Sichtweisen und Einstellungen haben. Nach dieser Logik müsste ein Fischer seine eigene Lieblingsspeise auf dem Angelhaken platzieren, um einen Fisch zu fangen.

Manche Verkäufer gehen lieber auf Nummer sicher und werfen sicherheitshalber alle ihnen bekannten Argumente in die Waagschale. Dieses Verhalten führt wiederum zu großen Redeanteilen des Verkäufer von über 80 % und zu überforderten Kunden, die sich ihre Kaufentscheidung dann verständlicherweise noch einmal in Ruhe überlegen wollen.

Abschlussstrategien – häufig überschätzt

Vor vielen Jahren saß in meinem Seminar eine Frau, die fest davon überzeugt war, in jedem ihrer Urlaube den Regen magisch anzuziehen. In jedem Urlaub der letzten zehn Jahre hätte es fast ununterbrochen geregnet. Ich versuchte, sie mit logischen Argumenten davon zu überzeugen, dass die Wolken sie wohl kaum global verfolgen würden, um dann tatsächlich über ihr abzuregnen. Nachdem diese Strategie nicht half, versuchte ich die positiven Aspekte ihres traurigen Schicksals in den Vordergrund zu rücken. Sie solle sich vorstellen, wie die Menschen in Dürregebieten sie lieben würden, wenn sie in Zukunft dort ihren Urlaub verbrächte. Ich bin mir nicht sicher, ob ich sie wirklich überzeugen konnte, aber zumindest konnte sie über ihre zukünftigen Möglichkeiten als Regenbringer schmunzeln. Meiner Seminarteilnehmerin ging es wie es uns allen häufig geht. Unser Unbewusstes stellt einen kausalen Zusammenhang zwischen zwei Ereignissen her, nur weil sie gleichzeitig passieren, tatsächlich aber nichts miteinander zu tun haben. Ähnlich geht es vielen Verkäufern bei dem Thema Abschlussstrategien. Da das Letzte, was wir im Verkaufsgespräch sagen, bevor der Kunde sich für oder gegen ein Produkt entscheidet, die Abschlussfrage ist, wird ihr eine viel zu hohe Bedeutung im Hinblick auf die Kaufentscheidung des Kunden beigemessen.

STUDIE 2: Wirksamkeit von Abschlusstechniken

Neil Rackham leitete in den siebziger Jahren mit Unterstützung multinationaler Konzerne wie Xerox und IBM die bis heute wohl umfangreichste, internationale Studie zum Thema erfolgreiches Verkaufen. An der Studie waren 30 Forscher beteiligt, die 35.000 Verkaufsvorgänge in 23 Ländern analysierten. In einigen seiner Studien befasste er sich mit dem Thema Abschluss.

In einer Feldstudie mit 190 Verkaufsgesprächen verglich Neil Rackham jene 30 Verkaufsgespräche mit dem höchsten Abschlussdruck mit jenen mit dem geringsten Abschlussdruck. Von den abschlussorientierten Verkaufsgesprächen waren 11 erfolgreich, von den weniger abschlussorientierten Verkaufsgesprächen waren 21 erfolgreich.

In einer anderen Studie untersuchte er den Einfluss von Abschlusstrainings auf den Erfolg von Verkaufsgesprächen. Diese Studie wurde in einem Fotoladen durchgeführt. Dabei wurde zwischen dem Verkauf von geringwertigen

und höherwertigen Produkten unterschieden. Bei Kaufentscheidungen für geringwertige Wirtschaftsgüter war die durchschnittliche Zeit des Verkaufsgespräches zwei Minuten. Es wurden 1,3 Abschlussfragen gestellt und eine Erfolgsquote von 72,4 % erzielt.
Nach dem Abschlusstraining verringerte sich die Zeit des Verkaufsgespräches, es erhöhte sich die Anzahl der Abschlussfragen und die Erfolgsquote stieg auf 76 %. Dasselbe Training bewirkte beim Verkauf von hochwertigen Wirtschaftsgütern (z. B. Kameras) ebenfalls eine Verkürzung der Verkaufsgespräche sowie eine Erhöhung der Anzahl von Abschlussfragen, aber diesmal verringerte sich die Erfolgsquote von 42 % auf 33 %.
In einer Studie in einem Einzelhandelsgeschäft wurden 145 Kunden, die gekauft hatten, 3 bis 5 Tage nach ihrem Kauf befragt. Die erste Frage beschäftigte sich mit der Zufriedenheit bezüglich des gekauften Produkts. Die zweite Frage damit, inwieweit der Kunde bereit wäre, in dem Geschäft wieder einzukaufen. Die Verkäufer, die ein Abschlusstraining erhalten hatten, erzielten auf beide Fragen geringere Bewertungen als diejenigen Verkäufer, die kein Abschlusstraining absolviert hatten.
Die Ergebnisse dieser Studien kann man wie folgt interpretieren: Bei sehr geringwertigen Wirtschaftsgütern hat ein stark abschlussorientiertes Verhalten leichte Vorteile. Sobald der Wert von Produkten aber ansteigt, bei Investitionsgütern sowie im Business-to-Business-Verkauf, ergibt sich eine negative Korrelation von Abschlussdruck und Verkaufserfolg. Durch die Erhöhung des Abschlussdrucks verringert sich die Kundenzufriedenheit nach dem Verkauf signifikant. Dies hat wiederum negative Auswirkungen auf eine eventuelle Weiterempfehlung.
Neil Rackham begründete auch, warum die meisten Verkäufer der Abschlusstechnik eine zu hohe Bedeutung zumessen. Alle Verhaltensweisen, die in einem Verkaufsgespräch für den Erfolg relevant sind, passieren lange vor der Entscheidung des Kunden. Die Abschlussfrage ist die letzte Aktivität vor der Entscheidung und führt zu einer sofortigen unbewussten Belohnung durch das Ja des Kunden. Daher assoziiert das Unbewusste die Abschlusstechnik am stärksten mit dem Verkaufserfolg.

Sie haben nun viele typische Situationen kennengelernt, die in Verkaufsgesprächen falsch laufen können: Verhaltensweisen von Verkäufern, die nachweislich nicht funktionieren und die Sie deshalb unbedingt vermeiden sollten. Wenn Sie an Verkaufsgespräche denken, die Sie selbst als Kunde erlebt haben, werden Ihnen viele dieser Verhaltensweisen geläufig sein.

Aber lassen Sie mich Ihnen in den folgenden Kapiteln nun Schritt für Schritt aufzeigen, wie Sie Ihre Kunden wirklich überzeugen können, indem Sie aufhören zu verkaufen.

1 Das Gehirn – Der Ort, wo die Kaufentscheidung fällt

Die Neuropsychologie liefert uns grundlegende wissenschaftliche Erkenntnisse über Denk- und Verhaltensmuster von Menschen, die auch für das Verständnis von Verkaufssituationen notwendig sind. Die Aufgabe des Verkäufers ist es, die Gedanken des Kunden bezüglich eines Produktes oder einer Dienstleistung positiv zu beeinflussen, um auf diese Weise das Kaufverhalten beim Kunden auszulösen. Aus neuropsychologischer Sicht bedeutet dies: Der Verkäufer muss wissen, welche neuronalen Prozesse beim Kunden durch sein Verhalten ausgelöst werden, um seine Verhaltensweisen entsprechend anzupassen und zu optimieren. Diese neuropsycholgischen Erkenntnisse macht sich auch die NAS-Verkaufsstrategie zunutze. Sie führt nicht nur zu mehr Verkaufserfolg, sondern mündet auch in angenehmere Verkaufsgespräche und bessere Lösungen für die Kunden. Je besser der Verkäufer den Kunden versteht, desto zufriedener wird der Kunde langfristig mit dem Kauf sein.

1.1 Lernprozesse im Gehirn

Das menschliche Gehirn als Computer

Damit wir die Vorgänge, die im Gehirn ablaufen, besser verstehen und nachvollziehen können, stellen wir uns das Gehirn als einen Computer vor. Die Hardware, also das, was Sie anfassen können, entspricht in diesem Fall dem Gehirn. Die Rechengeschwindigkeit des Mikroprozessors entspricht Ihrem Intelligenzquotienten. Die Software, die Sie auf dem Computer installiert haben, entspricht den Fähigkeiten, Verhaltensweisen und Denkmustern, die im Laufe des Lebens in unserem Gehirn verankert, also konditioniert worden sind. Der Computer hat einen Bildschirm, den wir mit unserem Bewusstsein gleichsetzen wollen. Die Rechenvorgänge, die im Hintergrund ablaufen, können wir auf diesem Bildschirm nicht sehen. Nur die Ergebnisse der im Hintergrund ablaufenden Rechenprozesse werden am Bildschirm sichtbar. Diese versteckten Rechenprozesse entsprechen unserem Unbewussten.

Damit ein Computer auch in der Lage ist, hochzufahren und Programme aufzuspielen, hat er einen Eprom (Nur-Lese-Speicher). Dieser rudimentäre Speicher entspricht den genetisch vorgegeben Verhaltensmustern und Persönlichkeitseigenschaften eines Menschen. So wie ein neuer Computer, den Sie zum ersten Mal hochfahren, nur über wenige Grundfunktionen verfügt, so haben auch wir, wenn wir als Baby auf die Welt kommen, nur wenige wichtige Grundfähigkeiten.

Lernprozesse und Konditionierung

Fast alles, was Sie heute können, wurde als Verhaltensmuster in Ihrem Unbewussten verankert. Während wir bei Computern vom Programmieren sprechen, ist in der Psychologie von Lernprozessen und Konditionierung die Rede. Während ein Programmierer eine Programmzeile nur einmal eingeben muss, damit der Computer sie umsetzen kann, müssen wir Handlungen oft wiederholen, bis sie als neue Fertigkeiten und Gewohnheiten in unserem Unbewussten verankert sind. Wir müssen trainieren. Bei einem Computer sind schon alle notwendigen Verdrahtungen und Schaltungen fertig vorhanden, wenn Sie ihn kaufen. Beim Gehirn werden diese Verdrahtungen als Axone und die Schaltungen als Synapsen bezeichnet. Das Gehirn ist ein neuronales Netzwerk mit rund 125 Milliarden Neuronen.

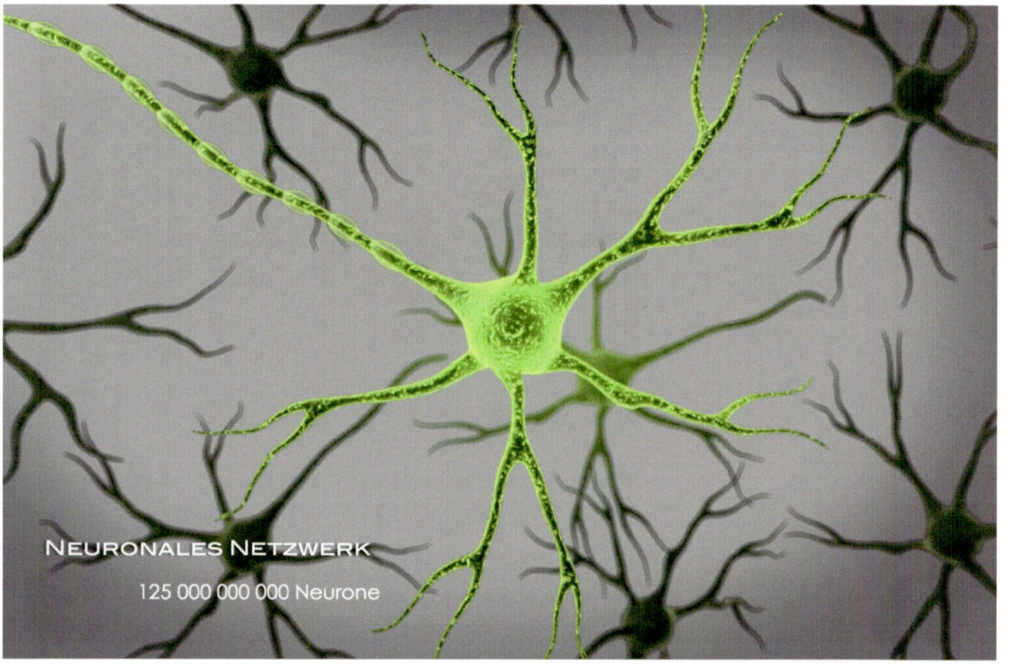

Bei dem Menschen werden häufig gebrauchte Verdrahtungen verstärkt, während Verdrahtungen, die weniger häufig genutzt werden, sich sukzessive zurückbilden. Das heißt, etwas Neues zu lernen bewirkt jedes Mal einen tatsächlichen Umbau unserer neuronalen Schaltungen. Die folgende Abbildung zeigt, wie eine solche Nervenzelle (Neuron) aufgebaut ist.

MODELL EINES NEURONS

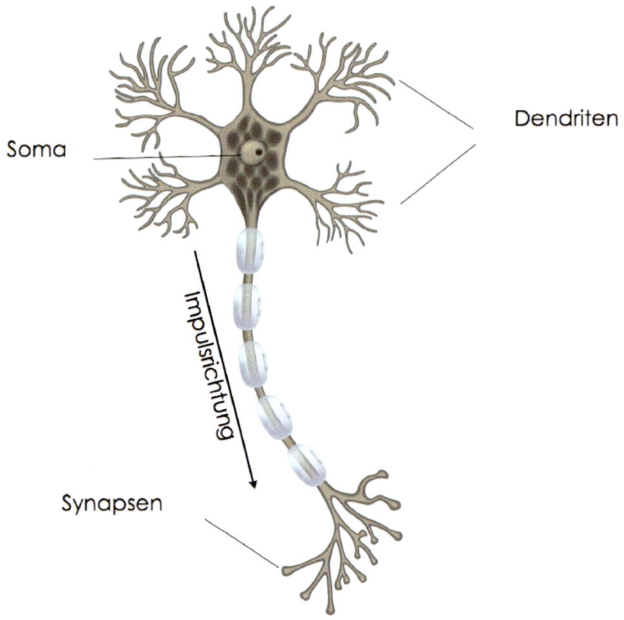

Wie schnell wir etwas lernen, hängt hauptsächlich davon ab, wie intensiv die Emotionen sind, während wir eine Handlung vollziehen. Nicht umsonst verknüpfen die Eltern bei der Erziehung ihrer Kinder positive Emotionen (Lob, Belohnung) mit dem erwünschten Verhalten. Bei unerwünschten Verhaltensweisen der Kinder versuchen die Eltern negative Emotionen (Kritik, Bestrafung) mit einer Verhaltensweise zu verknüpfen, um sie so zu einer Verhaltensänderung zu bewegen. Ein Mensch verändert also seine Sichtweisen umso rascher, je mehr positive Emotionen mit der neuen Erfahrung verbunden sind oder je negativer die Emotionen sind, die aus dem bisherigen Verhalten folgen. Die Stärke einer Emotion, die wir empfinden, wird bestimmt von der Menge und der Art der ausgeschütteten Botenstoffe im synaptischen Spalt.

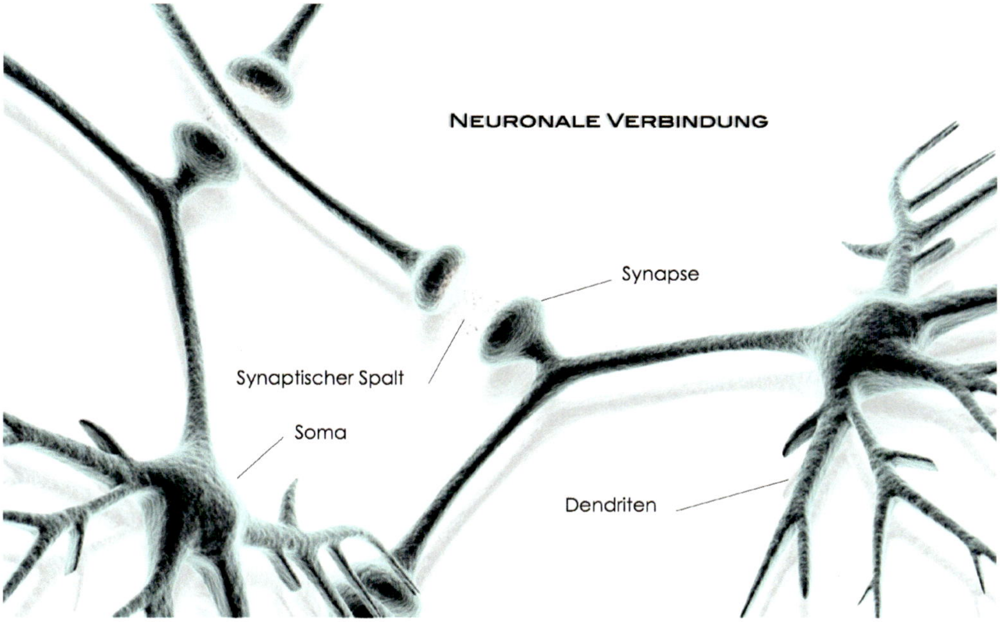

1.2 Wer trifft die Entscheidung – Bewusstes oder Unbewusstes?

Nach traditioneller Auffassung ist das Bewusstsein der Lenker in unserem Gehirn. Diese Auffassung hat ihren Ursprung darin, dass wir den subjektiven Eindruck haben, dass wir frei und auf der Grundlage von vernünftigen Gründen unsere Entscheidungen treffen. Bei allen unseren Entscheidungen haben wir das Gefühl, wenn wir nur *gewollt* hätten, hätten wir uns auch anders entscheiden können. Die Einsichten und Erkenntnisse der Neuropsychologie zeigen hingegen ganz andere Ergebnisse. Danach wird unser Verhalten durch eine unbewusste Instanz vorbereitet und festgelegt. Das Bewusstsein mit seiner planenden Funktion spielt nicht die entscheidende Rolle. Wenn wir uns das Gehirn als ein Unternehmen vorstellen, dann hat das Bewusstsein in etwa die Funktion eines Unternehmensberaters. Das Bewusstsein berät mit seiner rationalen Kompetenz den emotionalen Firmenchef, das Unbewusste. Trotz der sorgfältig analysierten Fakten und der fachlichen Kompetenz des Beraters entscheidet der Firmenchef häufig aus dem Bauch heraus.

▶ **BEISPIEL: Das Unbewusste lenkt uns wie ein Autopilot**

Sie fahren mit dem Auto und führen ein Telefongespräch, das Sie inhaltlich stark in Anspruch nimmt. Auf einmal kommen Sie zuhause an, stehen vor der Garage und wissen überhaupt nicht, wie Sie den Weg bewältigt haben. Sie können sich an keine Details der Autofahrt mehr erinnern. Sie haben sich so intensiv auf das Gespräch konzentriert, dass es sich fast anfühlt, als hätte ein Autopilot Ihr Fahrzeug gelenkt. In dieser Situation führt Ihr Unbewusstes das Steuer und fährt Sie fast von alleine nachhause, während alle Kapazitäten des Bewusstseins für das Telefongespräch benötigt wurden.

Wie unbewusste Denkvorgänge unser Verhalten beeinflussen

Das Unbewusste ist jener Teil der menschlichen Psyche, der unserem Bewusstsein nicht direkt zugänglich ist. Wir können also unsere unbewussten Denkvorgänge nicht bewusst wahrnehmen. Im Wesentlichen kann man Folgendes sagen: Im Gehirn finden laufend bewusste und unbewusste Denkvorgänge statt. Das Bewusstsein steuert diejenigen unserer Gedanken und Handlungen, bei denen uns klar ist, was wir denken oder tun. Das Unbewusste ist der Teil des Denkens, der Emotionen und Handlungen auslöst, die wir nicht bewusst herbeigeführt haben. Viele unserer Entscheidungen werden nicht durch das bewusste Abwägen von Gründen, sondern durch unbewusste Denkprozesse hervorgerufen.

Unbewusste Denkvorgänge macht einen sehr viel größeren Anteil aus als bewusste. Das Unbewusste kann Informationen in einer Geschwindigkeit von ca. elf Millionen Bit pro Sekunde verarbeiten. Das Bewusstsein hat dagegen nur eine Verarbeitungsgeschwindigkeit von 40 Bit pro Sekunde. Zur Veranschaulichung: Den Sinn des Satzes „Gestern war ich Skifahren und die Sonne schien." kann man in etwa einer Sekunde erfassen. Die Informationsmenge entspricht rund 40 Bit. In derselben Zeit verarbeitet das Unbewusste elf Millionen Bit — das ist in etwa die Informationsmenge von ca. 25 Büchern, wie dem, das Sie gerade in Händen halten.

Das Unbewusste kann unglaubliche Datenmengen verarbeiten. Zudem lenkt ein spezieller Bereich des Unbewussten unsere Aufmerksamkeit auf Dinge, die für uns Bedeutung haben. Wenn wir zum Beispiel ein neues Auto anschaffen wollen, fällt uns plötzlich überall der gewünschte Fahrzeugtyp auf: Auf dem Parkplatz sehen wir unser Wunschfahrzeug oder es kommt uns auf der Straße entgegen, während uns die anderen Fahrzeuge auf dem Parkplatz oder der Straße nicht auffallen. Das Fahrzeug, mit dem wir uns aufgrund unserer Kaufabsicht intensiv beschäftigt haben, hat eine ganz spezielle Bedeutung für uns.

Da das Unbewusste im Vergleich zum Bewusstsein eine so große Menge an Informationen verarbeitet, wird uns ein Großteil dessen, was wir an Informationen aufnehmen, überhaupt nicht bewusst. Nur 0,0004 % von dem, was wir unbewusst wahrnehmen, gelangt in unser Bewusstsein. Die unbewusst wahrgenommenen Informationen haben aber häufig Auswirkungen auf unsere Emotionen. Wenn wir zum Beispiel jemanden kennenlernen, der uns auf Anhieb sympathisch ist, dann ist dies eine Emotion, die im Unbewussten entsteht. Das Bewusstsein hat gar nicht die Kapazitäten, die vielen Millionen Bit Informationen aufzunehmen und mit bisherigen Erfahrungen zu vergleichen. Wenn uns jemand auf Anhieb unsympathisch ist, entdeckt unser Unbewusstes Gemeinsamkeiten mit abgespeicherten negativen Erfahrungen.

1.3 Das Limbische System filtert und bewertet Informationen

Wie entscheidet sich nun, welcher Teil unserer unbewussten Denk- und Wahrnehmungsprozesse ins Bewusstsein gerufen wird? Stellen wir uns dazu einen Filter vor, der im Unbewussten verankert ist und nichts anderes macht, als Informationen, die für uns keine besondere Bedeutung haben, zu tilgen oder nur kurz zu speichern. Dieser Filter ist das **Limbische System**, das interne Bewertungssystem des Gehirns. Es sorgt dafür, dass nur diejenigen Informationen, die für uns besondere Bedeutung haben, ans Tageslicht des Bewusstseins gelangen.

Das folgende Beispiel zeigt, wie das Limbische System, wenn es seine Aufmerksamkeit auf etwas gerichtet hat, unsere Wahrnehmung beeinflusst.

▶ BEISPIEL: Was ist das für ein Geräusch?

Vielleicht kennen Sie diese unheimliche Situation: Sie werden nachts von einem unbekannten Geräusch aufgeweckt. Unwillkürlich denken Sie: Schleicht da jemand ums Haus? Sie liegen eine Zeit wach, nehmen jedes noch so leise Geräusch wahr und versuchen, es mit einer drohenden Gefahr in Verbindung zu bringen. Jedes Rascheln der Büsche wird so interpretiert, als sei es von einer Person ausgelöst. Alles andere blenden Sie in dieser Situation aus. Jedes Geräusch, auf das Sie achten, hören Sie um ein Vielfaches lauter, als es tatsächlich ist.

Der Limbische Filter entscheidet, was für uns Bedeutung hat. Aber er entscheidet nicht nur, ob etwas für uns Bedeutung hat, sondern auch, ob es mit positiven oder negativen Emotionen verknüpft ist. Wenn Sie diesen Filter bei anderen Menschen beeinflussen, verändern Sie die Art und Weise, wie sie die Welt wahrnehmen.

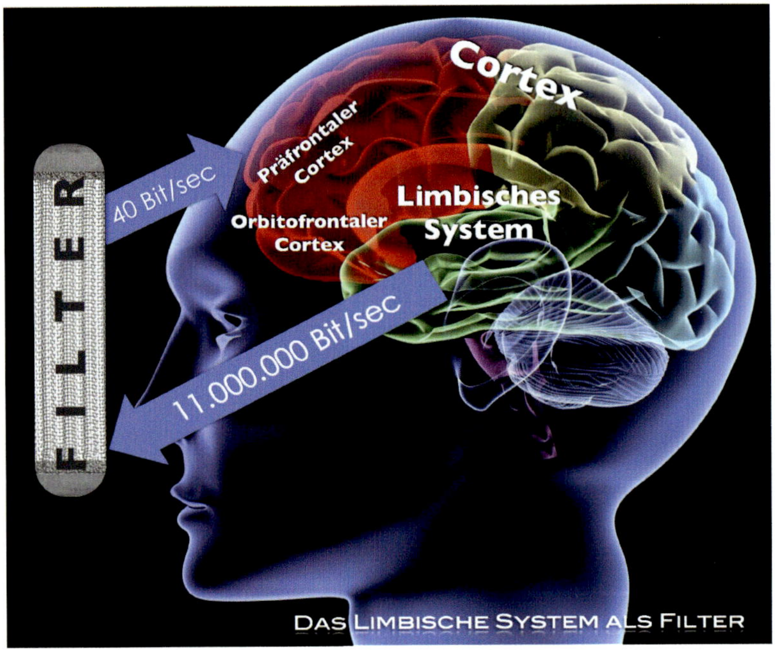

1.3.1 Funktion des Limbischen Filters

Die Arbeitsweise des Limbischen Filters lässt sich gut in der Werbung beobachten. Hier wird mit Bildern gearbeitet, die für uns eine starke emotionale Bedeutung haben. Vielleicht erinnern Sie sich noch an die Werbung von Benetton: Schreckliche Bilder eines abgemagerten Aids-Kranken oder verstörende Bilder eines Neugeborenen mit seiner blutigen Nabelschnur. Was hatte das mit Mode zu tun? Nichts. Aber eines war klar: Die Aufmerksamkeit, die auf das Produkt gelenkt wurde, war extrem hoch. Benetton hatte zu dieser Zeit einen auffallend hohen Wiedererkennungswert. Der Markenname hatte in der Bevölkerung einen Bekanntheitsgrad von fast 100 %. Diese Werbung arbeitete mit Bildern, die bei uns hochemotional besetzt sind, vorwiegend mit Bildern, die sehr positiv besetzt sind, manchmal aber auch mit Bildern, die negative Emotionen auslösen.

Falls Sie jetzt planen, es Benetton gleich zu tun, und Ihr Produkt mit negativen Emotionen zu verknüpfen, möchte ich Ihnen davon abraten. Auch für Benetton hat sich diese Werbekampagne — trotz hoher Aufmerksamkeit — langfristig negativ auf die Verkaufszahlen ausgewirkt.

Für die NAS-Strategie ist die Arbeitsweise des Limbischen Filters von großer Bedeutung. Wie Sie in Kapitel 3 erfahren, gehört es für diese Verkaufsstrategie zu den wesentlichen Erfolgsfaktoren, dass wir als Verkäufer in hohem Maße positiv im Filter des Kunden verankert sind.

1.3.2 Wie der Limbische Filter unsere Wahrnehmung prägt

Welche weiteren Inhalte werden durch den Limbischen Filter verankert? Zum Beispiel der eigene Name, den wir sehr oft gehört haben. Wir alle verknüpfen mit unserem Namen Situationen, in denen wir kritisiert oder von unseren Eltern zurechtgewiesen wurden. In diesen Situationen war der Name natürlich auch negativ besetzt. Es gab auch Situationen, in denen wir Lob geerntet haben und erfreuliche Erlebnisse mit unserem Namen verknüpft worden sind. Unser Name ist daher stark emotional besetzt. Sobald wir ihn hören, wird die Aufmerksamkeit darauf gelenkt, unabhängig davon, womit wir uns gerade bewusst beschäftigen, worauf wir unsere Aufmerksamkeit konzentriert haben. Wenn Sie sich zum Beispiel auf einer Cocktailparty mit einem Gast unterhalten, während gerade Ihr Name am anderen Ende des Raumes ausgesprochen wird, werden Sie sofort hellhörig und richten Ihre Aufmerksamkeit auf die Quelle. Selbst die lauten Hintergrundgeräusche der Party können dies kaum verhindern.

Aus neuropsychologischer Perspektive geht es in der Erziehung darum, den Limbischen Filter eines Kindes zu konditionieren. Wenn das Kind oft genug eindringlich gewarnt wurde, an der roten Ampel stehen zu bleiben, wird das rote Licht im Filter mit Gefahr assoziiert. Aber auch die Werte und Einstellungen der Eltern werden mal mit mehr und mal mit weniger Erfolg im Filter des Kindes verankert.

Der Limbische Filter ist auch einer der Gründe dafür, warum Menschen die Welt so unterschiedlich wahrnehmen. In Wirklichkeit können wir die Realität mit der beschränkten Kapazität unseres Bewusstseins nur unzureichend erfassen. Je nachdem, wie unser Filter im Laufe unseres Lebens programmiert wurde, verbinden wir unterschiedliche Emotionen mit unterschiedlichen Ereignissen und Sachverhalten. Wir haben ganz unterschiedliche Sichtweisen auf die Welt „da draußen“, die wir für die Realität halten. Jeder ist überzeugt davon, dass alles, was er „draußen“ wahrnimmt, die tatsächliche Realität ist. Die Wahrnehmung und Bewertung der Wirklichkeit ist jedoch primär davon bestimmt, welche Vorerfahrungen wir gemacht haben, was wir negativ oder positiv assoziieren, was für uns wichtig oder nicht wichtig ist. Das heißt, wir nehmen nur einen ganz kleinen Ausschnitt der Realität wahr. Um sich das vorzustellen, nehmen Sie ein DIN-A4-Blatt, rollen es mit einem ganz kleinen Durchmesser der Länge nach, so dass eine Art Fernrohr entsteht. Wenn Sie durch dieses Fernrohr blicken, nehmen Sie nur noch einen kleinen Ausschnitt der Realität wahr. Jede noch so rational getroffene Entscheidung ist in Wirklichkeit eine Entscheidung, die auf einer ganz subjektiven Basis entsteht, die wiederum bei jedem Menschen verschieden ist.

Unsere Wahrnehmung wird sehr stark dadurch gelenkt, in welcher Stimmung wir uns gerade befinden. In einer negativen Stimmung nimmt man die Welt insgesamt sehr viel negativer wahr. Wenn man dagegen verliebt ist, sieht man die Welt durch eine rosarote Brille, die uns sehr positive Emotionen empfinden lässt. In einer solchen positiven Stimmung nehmen wir auch unseren Partner sehr viel positiver wahr als er möglicherweise in der Realität ist. Zehn Jahre später kann es durchaus sein, dass wir unseren Partner durch einen negativen Filter wahrnehmen und er dadurch sehr viel schlechter beurteilt wird, weil wir die Person jetzt möglicherweise mit vielen negativen Emotionen verknüpfen und dadurch auch unsere Sichtweise insgesamt viel negativer ausgerichtet ist.

Was bedeuten diese Erkenntnisse für den Verkäufer?

Die Möglichkeit der Verknüpfung von positiven und negativen Emotionen mit einer Sache macht sich die NAS-Strategie zunutze, wenn es darum geht, bei dem Kunden eine maximale Kaufmotivation zu erzeugen (vgl. insb. Kapitel 3.7). Wenn sich der Kunde wohl fühlt und positive Emotionen zum Verkäufer entwickelt, kann er das Produkt oder die angebotene Lösung sehr viel positiver wahrnehmen als in einer negativen Stimmungslage.

Für den Verkauf ist es wichtig zu verstehen, dass Menschen unterschiedliche Sichtweisen haben von dem, was

- richtig oder falsch,
- wichtig oder unwichtig,
- positiv oder negativ ist.

Es ist sehr schwierig, im Vorhinein festzustellen, wie das individuelle Weltbild des Kunden aussieht. Ein Verkäufer muss aber, um die richtige Argumentation für ein Produkt auszuwählen, verstehen, wie der Kunde denkt und wie er die Welt sieht. Daher ist es notwendig, die Assoziationen des Kunden, seine negativen und positiven Verknüpfungen, festzustellen und die Verkaufsargumentation darauf auszurichten.

1.4 Wie assoziatives Denken funktioniert

Machen wir ein Gedankenexperiment: Stellen Sie sich eine Torte vor. Welche fünf Bilder oder Begriffe fallen Ihnen spontan dazu ein? Je nachdem, was Sie mit dem Begriff Torte assoziieren, werden Ihre Bilder unterschiedlich ausfallen. Wenn Sie, so wie ich, lange Zeit in Wien gelebt haben, denken Sie vielleicht an eine Sachertorte. Und da es in Wien so wunderbare Kaffeehäuser gibt, denken Sie vielleicht auch an einen Kaffee. Vielleicht stellen Sie sich eine Schwarzwälder Kirschtorte vor oder Sie denken überhaupt nicht an eine Torte, da Sie Torten gar nicht mögen. Vielleicht sind Sie aber gerade auf Diät und denken an die furchtbar vielen Kalorien, die so eine Torte enthält.

1.4.1 Neuro-Assoziationen steuern unser Verhalten

Assoziationen sind neuronale Verknüpfungen, die so stark miteinander verbunden sind, dass – sobald man einen Teil dieser Verknüpfung aufruft – auch sofort die anderen Teile aktiviert werden. Unsere Erfahrungen werden mit den dabei auftretenden Emotionen verbunden. Assoziationen bestehen also nicht nur aus einzelnen Begebenheiten, sondern beinhalten auch die damit verbundenen Emotionen und Bewertungen. Je nach dem, ob die Assoziationen mit positiven oder negativen Emotionen besetzt sind, fühlen wir uns zu einer Sache hingezogen oder davon abgestoßen. Auf diese Weise steuern unsere Neuro-Assoziationen unser Verhalten. Oft reicht eine einzige starke negative Assoziation innerhalb einer Assoziationskette aus, um ein bestimmtes Verhalten zu bewirken. Stellen Sie sich vor, Sie sehen eine Schwarzwälder Kirschtorte vor sich und Ihre Assoziationskette würde lauten: die cremige süße Sahne – der wundervolle Schokoladengeschmack – dazu die angenehme Säure des Kirschkompotts – und dazu ein leckerer Cappuccino. Falls es Ihnen so geht wie mir, sind Sie jetzt schon unterwegs ins nächste Kaffeehaus.

Kommt Ihnen aber jetzt noch eine weitere, diesmal negative Assoziation in den Sinn, etwa dass gerade die Badesaison beginnt und Sie sich viel zu dick fühlen, dann werden vielleicht ganz andere Handlungsimpulse wachgerufen.

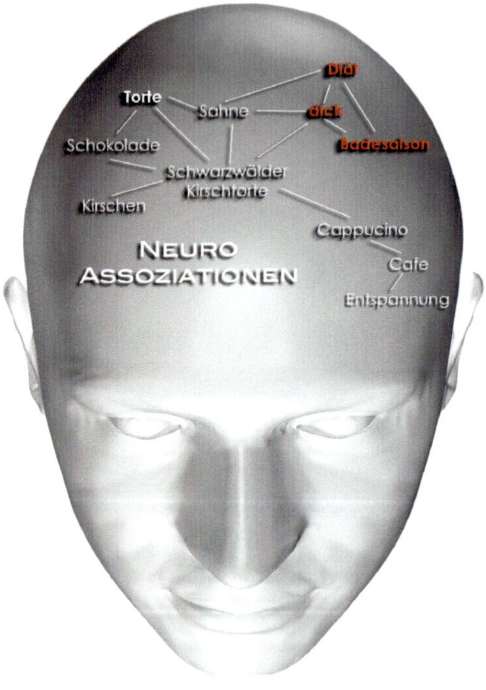

Neuro-Assoziationen sind häufig auch gemischt. Wir können mit einer Handlung sowohl positive als auch negative Emotionen verbinden. Häufig möchten wir bewusst etwas tun, aber in uns sträubt sich etwas. Dann sprechen wir vom „inneren Schweinehund“, den wir nicht überwinden konnten. Im Gehirn passiert dabei Folgendes: Das Bewusstsein empfiehlt gewissermaßen eine Handlung und wir verbinden mit der Handlung auch positive Emotionen. Unser Unbewusstes aber verbindet negative Emotionen mit der Handlung. Dazu ein Beispiel:

BEISPIEL: Der innere Konflikt des Joggers

Dirk Möller hat sich fest vorgenommen, mit dem Joggen zu beginnen, um seine Fitness zu steigern. Abends kommt er müde von der Arbeit, isst eine Kleinigkeit und setzt sich gemütlich auf die Couch. Eigentlich wollte er jetzt joggen gehen. Doch auf einmal beginnt ein innerer Kampf. Das Unbewusste genießt die Bequemlichkeit auf der Couch und hat keine Lust, sich von dort auch nur einen Meter zu fortzubewegen. Was geht in diesem kritischen Moment, in dem die Entscheidung für oder gegen das Joggen gefällt wird, in Dirk vor?

Die unbewussten Assoziationen des Joggers sind negativ besetzt. Sie könnten zum Beispiel lauten:

- Draußen ist es kalt.
- Es regnet, ich könnte mich erkälten.
- Es ist mir unangenehm, ich muss mich anstrengen.
- Vielleicht schmerzen die Knie am Anfang.

Neben diesen negativen gibt es auch positive Assoziationen, die uns bewusst dazu gebracht haben, handeln zu wollen:

- Ich könnte stolz auf mich sein.
- Ich bin durch das Joggen fitter.
- Ich mache im Sommer eine bessere Figur.

Aber in dem Moment, in dem wir uns für oder gegen eine Handlung entscheiden, sind diese unterschiedlichen Assoziationen sozusagen Gegner. Es entsteht ein innerer Konflikt, der dann entweder zu der Entscheidung führt, bequem zu sein, oder man folgt den positiven Assoziationen und bringt sich zum Handeln. Solche inneren Dialoge gehen je nach Situation verschieden aus. Welche Entscheidung wir treffen hängt hauptsächlich damit zusammen, in welcher emotionalen Lage wir uns gerade befinden. Wenn Sie sich energiegeladen fühlen und positiv gestimmt sind, werden die positiven Assoziationen überwiegen. Fühlen Sie sich schlapp und haben schlechte Laune, werden dagegen die negativen Assoziationen Oberhand gewinnen.

Das Unbewusste verfolgt keine langfristige Ziele und Pläne. Es fragt sich nur, was in diesem Moment angenehm oder unangenehm ist. Während wir bewusst Pläne schmieden, die uns in Zukunft Vorteile bringen sollen, kümmert sich unser Unbewusstes um den Moment, den Augenblick. Diese Arbeitsteilung ist ein geniales Konstrukt der Natur, sie führt aber häufig zu inneren Konflikten. Denn leider sind viele Handlungen auf lange Sicht sinnvoll, die in der Gegenwart nicht immer angenehm sind. Dies gilt natürlich auch im umgekehrten Sinn. Vieles, was sich im Moment angenehm anfühlt, hat langfristig negative Konsequenzen auf unser Leben.

1.4.2 Die Konfabulation – fehlende Informationen erfinden

Unter Konfabulation bzw. konfabulieren (lateinisch *fabula* = Fabel, Geschichte, Märchen) versteht man die Fähigkeit des Gehirns, Informationen, die nicht abrufbar sind, einfach zu erfinden. Da wir keinen (bewussten) Zugriff auf unsere Denkvorgänge im Unbewussten haben, sind die Begründungen für unsere Emotionen häufig konfabuliert. Im Jogging-Beispiel spüren wir die Emotion, dass wir keine Lust auf eine Joggingrunde haben. Die angeführten Gründe dafür, nicht joggen zu gehen, werden erst nachträglich, sozusagen als Ausreden erfunden. Die unbewusst bereits getroffene Entscheidung, nicht joggen zu gehen, wird also nachträglich durch unser Bewusstsein mit einer Rechtfertigung versehen, die Entscheidung wird „rationalisiert".

Gehirnforscher gehen davon aus, dass die Fähigkeit zur Konfabulation dazu dient, die Illusion vom vernunftgesteuerten Menschen aufrechtzuerhalten. In vielen neuropsychologischen Experimenten hat sich hingegen gezeigt, dass der überwiegende Teil unserer Handlungen von unbewussten Denkvorgängen und Assoziationen gesteuert wird. Dass dies keine abgehobene wissenschaftliche Theorie ist, sondern auch unserer allgemeinen Lebenserfahrung entspricht, zeigt sich in der ernüchternden Umsetzungsquote unserer guten Vorsätze. Machen Sie einmal das folgende Gedankenexperiment: Wie würde Ihr Leben aussehen, wenn Sie alle Pläne, alle Ziele, alle guten Vorsätze und alle Handlungen umgesetzt hätten, von denen Sie jemals gedacht haben, dass sie einen positiven Effekt auf Ihr Leben hätten?

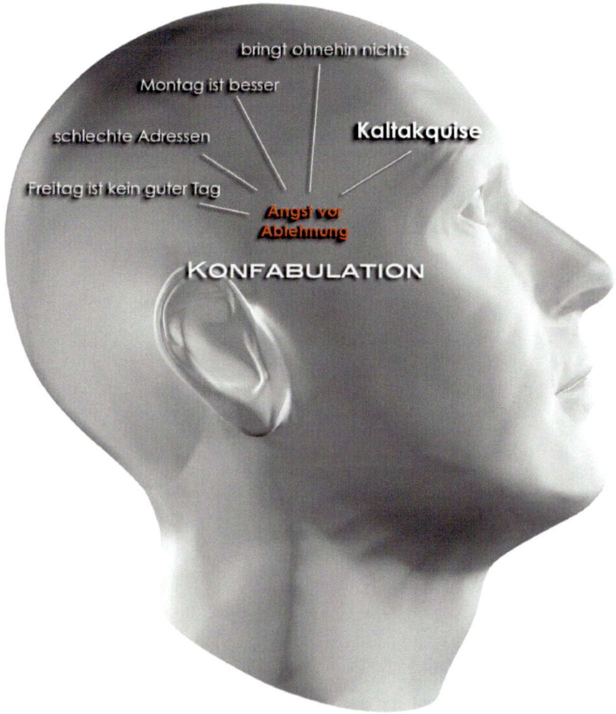

Mit der NAS-Strategie die Selbststeuerungsfähigkeit stärken

Die NAS-Strategie, die Sie in diesem Buch kennenlernen, enthält Techniken, um die Assoziationen, die ein Kunde mit einem Produkt verbindet, zu lenken und seinen Entscheidungsprozess auf diese Weise zu beeinflussen. Sie können diese Techniken aber auch nutzen, um die **eigenen** Assoziationen zu verändern, wie die folgende Geschichte aus meinem Berufsleben zeigt:

Nach einer Kreuzband-Operation im letzten Jahr hatte ich einige Kilo zugenommen, da ich etwa ein halbes Jahr kaum Sport treiben konnte. Ich verbringe im Jahr etwa 140 Tage in Hotels mit leckeren Frühstücks-, Kuchen -, und Mittagsbuffets. Abends gehe ich dann häufig noch mit Kunden essen. Mein Unbewusstes liebt dieses reiche Essensangebot, während mein Bewusstsein die Folgen schon im Vorhinein erahnt. Normalerweise haben die beiden einen vernünftigen Deal. Das Unbewusste darf fast alles Essen, solange es das Bewusstsein nicht beim Ausüben des Sports behindert. Offensichtlich hatte mein Unbewusstes nach einem halben Jahr ohne Sport keine Lust mehr, sich an diesen Deal zu halten. Als ich wieder beginnen wollte, morgens laufen zu gehen, legte sich das Unbewusste jedes Mal quer. Die typischen Argumente kennen Sie ja schon aus dem vorangegangenen Beispiel.

Um Gewohnheiten zu etablieren, bedarf es einer gewissen Anzahl von Wiederholungen. So müssen wir etwa zwei bis drei Wochen regelmäßig joggen gehen, bevor die positiven Assoziationen, die wir mit dem Joggen verbinden, die negativen überwiegen. Die NAS-Strategie zeigte mir einen Weg, mit dem Nicht-Joggen systematisch negative Assoziationen zu verknüpften. Sie möchten wissen, wie ich das gemacht habe? Ganz einfach. Am Ende eines Seminartages habe ich jedem Teilnehmer 100 Euro versprochen für den Fall, dass ich am nächsten morgen nicht joggen gehen würde. Bei durchschnittlich zwölf Teilnehmern können Sie sich vorstellen, mit wie viel Elan ich morgens um 6:00 Uhr aus dem Bett gesprungen bin, um joggen zu gehen.

Da die Selbststeuerungsfähigkeit eines Verkäufers — neben seinen verkaufspsychologischen Fertigkeiten — einer der wesentlichen Parameter für den Verkaufserfolg ist, finden Sie in Kapitel 5.3 ein mentales Trainingsprogramm, um Ihre Assoziationen und damit Ihre Emotionen und Einstellungen systematisch zu steuern.

1.4.3 Positive und negative Assoziationen im Verkauf einsetzen

Wenn man das Prinzip der Assoziation zugrunde legt, kann man Folgendes feststellen. Wir kaufen Produkte oder Dienstleistungen entweder, weil wir positive Emotionen damit verknüpfen, oder weil wir mit dem bisherigen Zustand oder dem Zustand, der sich einstellt, wenn wir nicht handeln, negative Emotionen verbinden. Demnach wird jedes menschliche Handeln durch zwei grundsätzliche Kräfte bestimmt. Negative Assoziationen, die wir mit dem Nicht-Handeln verbinden, und positive Assoziationen, die wir mit dem Handeln verbinden. Jeder innere Konflikt, den wir erleben, beruht auf dem Umstand, dass wir auf bewusster und unbewusster Ebene widerstreitende Assoziationen in Bezug auf eine Handlung oder ein Produkt bzw. eine Dienstleistung haben.

Methode 1: Positive Assoziationen mit dem Produkt verknüpfen

Grundsätzlich kann man Produkte verkaufen, indem man diese mit einer positiven Assoziation bzw. Emotion verknüpft. Auch viele Werbespots aus dem Fernsehen beruhen darauf, dass Produkte mit positiven Emotionen verknüpft werden. Vielleicht kennen Sie die Volkswagen-Werbung, in der positive Assoziationen und Emotionen mit dem Produkt verbunden werden.

BEISPIEL:

Ein kleiner Junge sitzt im Blumenbeet vor dem Haus, schaufelt dort ein kleines Loch in die Erde, um darin sein Spielzeugauto zu vergraben und es anschließend zu gießen. Dann wird die Kamera auf den Familien-Volkswagen gelenkt und der lächelnde Junge wird im Wechsel mit dem Auto eingeblendet. Anschließend ertönt eine freundliche Stimme aus dem Off: „Manche können eben einfach nicht erwarten, auch einen Volkswagen zu besitzen."

Methode 2: Negative Assoziationen mit dem Ist-Zustand verknüpfen

Es gibt aber auch Verkaufsstrategien, die mit negativen Assoziationen spielen. Denken Sie zum Beispiel daran, wie Versicherungen verkauft werden. Der Verkäufer führt dem Kunden einen besonders negativen Versicherungsfall bildhaft vor Augen, erzeugt negative Assoziationen, um so den Kunden zum Abschluss einer Versicherung zu bewegen.

BEISPIEL: Wie Versicherungsvertreter Ängste schüren

Ein Versicherungsvertreter ist zu Besuch bei einem jungen Hauseigentümer, um eine Feuerversicherung zu verkaufen: „Stellen Sie sich vor, Ihr Haus würde abbrennen. Sie müssten den Baukredit bei Ihrer Bank weiterhin abzahlen, haben aber das Haus nicht mehr. Sie müssten eine Mietwohnung finanzieren und 350.000 Euro, die Sie bei der Bank geliehen haben, weiter zurückzahlen. Könnten Sie sich das leisten?" Mit diesen Worten erzeugt der Versicherungsvertreter bei seinem Kunden eine große Angst. Diesen schlimmen Versicherungsfall will der Hauseigentümer unbedingt vermeiden und so wird er vielleicht für 50 Euro im Monat eine Feuerversicherung abschließen.

Grundsätzlich gibt es diese beiden Methoden, um positive oder negative Assoziationen mit dem Produkt oder der Dienstleistung zu verbinden. Welche Methode besser geeignet ist, hängt von dem Produkt ab. Bei Versicherungen bieten sich negative Assoziationen zur Verknüpfung an: Negative Auswirkungen können durch das Produkt verhindert werden. Wenn es um die Anschaffung eines Autos geht, wird man eher positive Assoziationen im Kunden wecken wollen. Beispiele für Produkte, die mit positiven Assoziationen verkauft werden, sind zum Beispiel Luxusprodukte, Bekleidung und Möbel. Zu Produkten, die mit negativen Assoziationen verkauft werden, gehören vor allem Versicherungen. Aber auch Biolebensmittel werden häufig gezielt mit der negativen Assoziation verknüpft, dass normale Lebensmittel ungesund oder sogar giftig sind und sie den Körper schädigen können. Deswegen geben Leute oft mehr als das Doppelte für Lebensmittel aus, wenn sie sich für Bio-Produkte entscheiden. Es ist nicht so, dass Bio-Produkte so viel besser schmecken. Selbst Experten können in Blindverkostungen häufig keinen Unterschied feststellen. Die vermeintliche Geschmacksintensität von Bio-Produkten ist übrigens ein Fall von Konfabulation (siehe oben). Was Bio-Produkte für Menschen so attraktiv macht, ist eher die Angst vor anderen Lebensmitteln, die möglicherweise den Körper schädigen können. Aus dieser Angst heraus investieren viele Konsumenten gerne in gesunde Lebensmittel. Auch bei Bio-Produkten können also negative Assoziationen eine große Rolle spielen. Ähnlich verhält es sich bei Medikamenten, die ebenfalls häufig durch den Einsatz von negativen Assoziationen verkauft werden.

Methode 3: Die Assoziationskurve nutzen

Die stärkste Motivation, ein Produkt zu kaufen, entsteht, wenn wir mit der Ist-Situation sehr unzufrieden sind und gleichzeitig sehr positive Assoziationen mit dem neuen Produkt verknüpfen. Als Verkäufer können Sie die Assoziationskurve, die von der negativen Ist-Situation zur positiven Wunschsituation führt, gezielt einsetzen. Dabei überlegen Sie sich zuerst alle negativen Assoziationen, die der Kunde mit der Ist-Situation verknüpfen soll, und anschließend alle positiven Assoziationen, die sich mit dem neuen Produkt verbinden lassen.

BEISPIEL: Ärger mit dem Notebook

Stellen Sie sich vor, Sie haben ein betagtes Notebook, das aufgrund des langsamen Prozessors die Anforderungen Ihrer eingesetzten Software nicht mehr gut erfüllt. Ständig stürzt das Gerät ab, die Arbeit geht langsam voran und zu allem Überfluss haben Sie beim letzten Absturz des Computers auch noch die Arbeit der letzten vier Stunden verloren. Jetzt haben Sie endgültig die Nase voll. Sie stürmen in den nächsten Elektronikfachmarkt und dort steht es vor Ihnen. Das neueste Notebook, ausgestattet mit dem schnellsten Prozessor. Es ist durch das aktuelle Betriebssystem viel leichter zu bedienen und auch viel leichter zu transportieren als Ihr altes Notebook. Sie stellen sich vor, wie viel besser Ihnen die Arbeit mit diesem Computer von der Hand ginge. Genau in diesem Moment hat die Kaufmotivation den Zenit erreicht. Wenn Ihnen jetzt der Verkäufer auch noch mitteilt, dass das Produkt so gut wie vergriffen ist, wird er Sie auf diese Weise endgültig zur Kaufentscheidung bewegen.

Die Assoziationskurve führt uns stimmungsmäßig zuerst ins Tal, um dann steil anzusteigen, wenn die Zukunft mit dem neuen Produkt als besonders wünschenswert gesehen wird. Die Handlungsmotivation des Kunden lebt von einer möglichst großen Differenz zwischen Ist-Zustand und Wunschzustand. Im Kapitel 3.6 lernen Sie die SUPER-Fragestrategie kennen, eine Technik, um genau diese Situation der maximalen Kaufmotivation des Kunden herbeizuführen.

2 Die Persönlichkeit des Verkäufers

Genie ist zu 10 % Inspiration und zu 90 % Transpiration.

Thomas Alva Edison (1847–1931, amerik. Erfinder)

Die Diskussion um den geborenen Verkäufer wird gerne und häufig geführt. Das ist auch nicht verwunderlich, identifizieren doch Wissenschaftler mittlerweile im Wochentakt immer neue Gene, die für alles Mögliche verantwortlich gemacht werden. Natürlich ist es richtig, dass Gene einen Einfluss auf unser Verhalten und unsere Fähigkeiten haben. Allerdings ist der Anteil von erlernten Verhaltensmustern bedeutend größer. Und wichtiger: Es sind die erlernten Verhaltensmuster, nicht die Gene, die wir aktiv beeinflussen können.

2.1 Der Mythos vom geborenen Verkäufer

Roger Federer ist nach Expertenmeinung einer der talentiertesten Tennisspieler aller Zeiten. Jetzt stellen Sie sich folgendes Szenario vor: Sie hätten während der letzten 30 Jahre durchschnittlich etwa drei Stunden pro Tag Tennis gespielt, also grob geschätzt, mit ein wenig Urlaub eingerechnet, insgesamt ca. 30.000 Stunden. Und jetzt stehen Sie mit Roger Federer auf dem Centre Court von Wimbledon. Ihnen gegenüber steht der geborene Tennisspieler, das Jahrhunderttalent. Doch, da er ja über solch tolle Gene verfügt, hat er nicht einmal eine einzige Stunde Tennis gespielt. Und wie, denken Sie, würde das Match nun ausgehen?

Ein Diplom-Ingenieur hat sich seine technische Kompetenz sicherlich nicht in der Uni-Mensa oder auf Studentenpartys angeeignet. Im Vergleich dazu hat sein Vertriebskollege, der fachlich vielleicht weniger exzellent ist, aber dafür als geborener Verkäufer gilt, seine Kommunikationskompetenz in vielen tausenden Gesprächssituationen in seiner Freizeit entwickelt. Wir gewinnen leicht den Eindruck, dass die wahrgenommenen Fähigkeiten auf ein verborgenes Talent schließen lassen. Das hat damit zu tun, dass Menschen Tätigkeiten, für die sie ein Talent haben, auch gerne und häufig tun. Wer also glaubt, dass er gut mit Menschen umgehen kann, wird gerne viel Zeit mit anderen Menschen verbringen und dabei seine Kommunikationskompetenz weiter ausbauen. Während jemand, der an seiner Sozialkompetenz zweifelt, eher Beschäftigungen suchen wird, in denen er seltener auf andere Menschen trifft oder zumindest nicht allzuviel mit ihnen kommunizieren muss.

Wie viele Stunden haben Sie daran gearbeitet, ein exzellenter Verkäufer zu werden? Wie viele Stunden haben Sie in Verkaufsseminaren zugebracht? Und noch wichtiger: Wie viele Stunden haben Sie anschließend trainiert, um alte Verhaltensmuster durch neue zu ersetzen? Falls es weniger als 30.000 Stunden waren, gibt es noch viel Spielraum, Ihre Verkaufsfähigkeiten zu verbessern, bevor die Gene Ihnen Grenzen setzen.

2.2 Einfluss der Verkäuferpersönlichkeit auf das Kundengespräch

Im Verkaufsgespräch spielt Ihre Persönlichkeit eine entscheidende Rolle. Abhängig von Ihrer Persönlichkeit werden Sie bestimmte Stärken bzw. Schwächen in Ihrem Verkaufsgespräch aufweisen. Um Ihr Verkaufsgespräch zu verbessern, gilt es, Ihre Stärken zu nutzen und weiter auszubauen und Ihre Schwächen zu neutralisieren, sie unschädlich zu machen. Ganz wichtig dabei ist, dass Sie nicht versuchen, Ihr Stärken-Schwächenprofil einfach umzudrehen. Denn einerlei, wie viel Sie trainieren, Ihre Stärken werden niemals Ihre Schwächen, aber leider werden Ihre Schwächen auch niemals Ihre Stärken.

Persönlichkeitsmuster des Verkäufers

Die Persönlichkeit des Verkäufers hat einen ganz besonderen Einfluss auf den Verlauf eines Verkaufsgesprächs. Wir unterscheiden zwei typische Persönlichkeitsmuster, die im Verkauf eine wichtige Rolle spielen: das dominante Persönlichkeitsmuster und das initiative Persönlichkeitsmuster. Je nachdem, wie stark diese beiden Verhaltensmuster ausgebildet sind, werden sie sich auch im Verkaufsgespräch mehr oder weniger deutlich zeigen. Schauen wir uns einmal zwei verschiedene Verkäufertypen an. Die dominante Verkäuferin, nennen wir sie Mrs. Powerseller, und den initiativen Verkäufer, Mr. Nice Guy.

PERSÖNLICHKEITSMUSTER des Verkäufers

Typ 1: Mrs. Powerseller	Typ 2: Mr. Nice Guy
Sie tritt dynamisch auf, weiß, was sie will, und versucht, ihre Ziele durchzusetzen. Sie lebt von ihren Erfolgen.	Er versucht, jedem zu gefallen, es jedem recht zu machen und sympathisch zu wirken. Er lebt von der Zuneigung und dem positiven Feedback seiner Umgebung.

Woher kommen die unterschiedlichen Verhaltensmuster?

Gehen wir einmal in die Kindheit der beiden zurück. Mrs. Powerseller hat als Kind möglicherweise viel Lob, Anerkennung und Zuwendung erhalten für Aufgaben, die sie erfolgreich bewältigt hat. Sie hat also gelernt, dass man Anerkennung und Zuneigung bekommt, wenn man Aufgaben erfolgreich bewältigt. Vielleicht wurde sie auch für Misserfolge bestraft, hat gelernt, dass ihr Verhalten weniger wichtig ist als das Ergebnis. So prägt sich bei diesem Kind der Imperativ ein: Sei erfolgreich! Und Erfolg wird mit positiven Emotionen verknüpft, Misserfolg mit negativen.

Ganz anders Mr. Nice Guy. Er hat positives Feedback bekommen, wenn er nett und freundlich war und seiner Umgebung gefallen hat. Getreu dem Motto: Ein nettes Kind ist ein gutes Kind. Bist du ein durchsetzungsstarkes, eigensinniges Kind, dann bist du ein schlimmes Kind. So verknüpft das Kind positive Emotionen mit der Erfahrung, sich nett und höflich zu verhalten und den anderen zu gefallen. Wenn

Mr. Nice Guy als Kind seine Vorstellungen durchsetzen wollte, erhielt er negative Rückmeldungen aus seiner Umwelt. Dann war er nicht mehr das brave Kind. So hat er gelernt: Wenn du deine eigenen Vorstellungen durchsetzt, verletzt du die Interessen der anderen.

Der wesentliche Unterschied zwischen diesen zwei Persönlichkeitstypen besteht darin, dass der Bezugsrahmen für die positiven Emotionen von Mrs. Powerseller sie selbst ist. Ihr eigener Erfolg, das Durchsetzen ihres Willens ist mit positiven Emotionen verknüpft. Während Mr. Nice Guy positive Emotionen aus der Anerkennung durch andere gewinnt.

Bearbeiten des Stärken-Schwächenprofils

Beide Verhaltensweisen produzieren Erfolge im Verkauf. Mr. Nice Guy ist der Prototyp des netten Kundenbetreuers, des Beziehungsmenschen, den man gerne um sich hat. Mrs. Powerseller ist der Prototyp der Jägerin, die neue Kunden akquirieren möchte, die sich in Preisverhandlungen durchsetzt und Kundenberatungen auch zum Abschluss führt.

Wenn man sich diese beiden Typen vorstellt, kommt einem gleich der Gedanke, dass beide Verhaltensmuster im Verkauf gebraucht werden. Deshalb ist es nicht verwunderlich, dass sich die Verkäuferwelt tendenziell in diese zwei Verkäufertypen spaltet. Die Schwierigkeit ist, dass sich beide Verhaltensmuster eigentlich widersprechen und Verkäufer häufig dazu tendieren, sich in die eine oder andere Richtung zu entwickeln. Es kann nicht unser Ziel sein, eine Persönlichkeit komplett in die andere Richtung zu verändern. Zum einen ist dies nahezu unmöglich, zum anderen würde man dann seine vorhandenen Stärken im Umgang mit Kunden verlieren. Deshalb führt es eher zum Erfolg, wenn wir uns Gedanken darüber machen, welche Nachteile die einzelnen Persönlichkeitsmerkmale haben können und wie sich diese bestmöglich kompensieren lassen.

STUDIE 3: Kundenorientierung versus Abschlussorientierung

In einer empirische Studie von Christian Homburg und Michael Müller der Universität Mannheim wurden 56 Vertriebsleiter, 195 Vertriebsmitarbeiter sowie 538 Privat- und Geschäftskunden befragt. Dabei wurde herausgefunden, dass — gemessen am Deckungsbeitrag — überdurchschnittlich erfolgreiche Verkäufer sich dadurch auszeichnen, dass sie sowohl bei kundenorientierten als auch bei abschlussorientierten Verhaltensweisen besonders hohe Werte erzielen.
Beispiele für kundenorientierte Verhaltensweisen sind die Wertschätzung des Kunden, der Fokus auf die Kundenproblemstellungen mit dem vorrangigen Ziel, den Kunden zufriedenzustellen. Eine besonders hohe Kundenorientierung kann bei Vernachlässigung der Abschlussorientierung dazu führen, dass der Verkäufer die Interessen des eigenen Unternehmens hintanstellt. Solche Verkäufer bezeichnen die Autoren als „Soft Sellers".
Dagegen zeichnen sich besonders abschlussorientierte Verkäufer durch den Fokus auf den Verkaufserfolg aus. Ihr vorrangiges Ziel ist es, Abschlüsse und Aufträge mit Druck auf den Kunden zu generieren. Diese sogenannten „Hard Seller" sind allerdings ebenso wie die „Soft Seller" laut dem Ergebnis der Studie unterdurchschnittlich erfolgreich. Erst die Kombination beider Verhaltensweisen führt zum überdurchschnittlichen Erfolg. Diese Verkäufer bezeichnen die Autoren der Studie als „Top Seller".

Die Schwachstellen von Mrs. Powerseller liegen ganz klar im Sympathieaufbau, beim Einfühlen in die Kundensituation und der Anpassung an das Gegenüber. Dagegen besteht die Hauptschwäche von Mr. Nice Guy in seiner Angst vor der Ablehnung durch andere. Denn jede Handlung, die von anderen vielleicht nicht mit positivem Feedback bedacht wird, empfindet er als unangenehm. So wird er Situationen wie die Kaltakquise am Telefon, harte Kundenverhandlungen, konkrete Fragen nach dem Verkaufsabschluss nach Möglichkeit vermeiden.

Es geht im Verkäufertraining nicht darum, sein persönliches Verhaltens- und Denkmuster von Grund auf zu verändern, sondern die eigenen Stärken im Verkaufsgespräch zu identifizieren und zu versuchen, die Schwächen so weit wie möglich zu neutralisieren, also zu entschärfen. Sie könnten also Ihr Denkmuster als Powerseller oder Powersellerin „Sei erfolgreich, dann fühlst du dich gut" verändern hin zu der Haltung: „Du bist besonders erfolgreich, wenn du deinen Kunden erfolgreich machst. Indem du dich in ihn hineinversetzt und versuchst, seine Probleme und Ziele wirklich zu verstehen, erzeugst du bei deinem Kunden positive Emotionen." Das Denkmuster des Mr. Nice Guy „Sei gefällig, dann erhältst du positives Feedback und erlebst angenehme Emotionen" können Sie verändern in Richtung: „Es fühlt sich nicht nur gut an, wenn du gefällst, sondern auch, wenn du deine eigenen Ziele durchsetzt."

2.3 Die Haltung des Verkäufers

2.3.1 Denken Sie an den Vorteil Ihrer Kunden!

Viele Verkäufer scheinen tatsächlich der Meinung zu sein, je mehr Kunden sie über den Tisch ziehen, desto größer ihr Umsatz. Tatsächlich verhält es sich genau umgekehrt. Von allen Verkäufern, die ich im Laufe der letzten zwanzig Jahre betreuen durfte, haben diejenigen langfristig große wirtschaftliche Erfolge im Verkauf erzielt, die zuerst den Nutzen und den Vorteil ihrer Kunden im Auge hatten und sich erst dann darum kümmerten, auch selbst gut dabei zu verdienen. Stellen Sie sich einen Straßenmusikanten vor, der – anstatt gut zu spielen – ständig auf die Geldbox starrt und aufmerksam beobachtet, wie viel Geld die Passanten hineinlegen. Wahrscheinlich wird sein Auftritt weniger gut gelingen und am Ende wird er weniger Einnahmen haben als jemand, der sich ganz auf seine Kunst konzentriert und dem Publikum Freude macht.

Ebenso verhält es sich in Verkaufsgesprächen. Nur wenn Sie zuerst die Kundensituation analysieren, Probleme feststellen und versuchen, mithilfe Ihres Produkts oder Ihrer Dienstleistung optimale Lösungen zu finden, und erst im letzten Schritt – nachdem Sie die beste Lösung für den Kunden gefunden haben – darauf achten, in der Preisverhandlung einen möglichst hohen Preis für diese Lösung zu erzielen, werden Sie langfristig die wirtschaftlichen Potenziale Ihrer Kunden vollständig ausschöpfen. Sicherlich lässt sich der Vertrieb kurzfristig optimieren, indem man dem Kunden falsche Informationen gibt und das Produkt besser darstellt als es ist oder den Kunden durch Verkaufstricks dazu bringt, etwas zu kaufen, das keinen echten Nutzen schafft. Langfristig hingegen gilt genau das umgekehrte Prinzip: Je mehr Nutzen Sie für Ihren Kunden schaffen, je mehr Vorteile der Kunde aus der Geschäftsbeziehung zieht, desto mehr werden Sie an diesem Kunden langfristig auch verdienen. Und desto erfolgreicher werden Sie als Verkäufer sein.

Jahrelang habe ich die erfolgreichsten Verkäufer eines großen Versicherungskonzerns trainiert. In diesem Bereich gab es Leute, die ein höheres Einkommen im Verkauf erzielten als manche Vorstandsmitglieder. Nun könnte man meinen, diese Verkäufer denken den ganzen Tag darüber nach, wie sie ihre Kunden übervorteilen und mit welchen Verkaufstricks sie Kunden zu Abschlüssen bewegen können. Aber das ist nicht so. In vielen Abendgesprächen fielen mir immer wieder drei bemerkenswerte Dinge auf. Erstens: Die erfolgreichen Verkäufer äußerten sich sehr positiv und wertschätzend über ihre Kunden. Zweitens: Sie konnten sehr viel über ihre Kunden und deren Situation und Problemstellungen erzählen. Die meisten dieser Topverdiener waren im Versicherungsbereich für Gewerbe- und Industriekunden tätig. Sie hatten sehr gute Kenntnisse über die geschäftlichen Abläufe dort, z. B. welche Risiken bei Produktionsbetrieben vorherrschen und welche Absicherungen für diese Unternehmen wichtig sind. Und drittens fiel mir auf, dass es in den Gesprächen vorrangig darum ging, wie man dem Kunden helfen könne, Kosten zu sparen, um effektiv und optimal versichert zu sein.

Interessanterweise verhielt es sich in Gesprächen mit weniger erfolgreichen Versicherungsvertretern genau gegenteilig. Sie interessierten sich kaum für ihre Kunden, sie tauschten Tipps und Tricks aus, wie man ihnen möglichst nutzlose Versicherungen andrehen konnte, die aber hohe Provisionen sicherten. Auch die Haltung gegenüber den Kunden war nicht besonders wertschätzend.

Als Verkäufer wird man umso erfolgreicher, je erfolgreicher man seine Kunden macht.

2.3.2 Die Körpersprache des Verkäufers

Positive körpersprachliche Signale

Die Körpersprache eines Menschen wird primär von seinem Unbewussten gelenkt. Verkäufer sollten auf ihre Kunden mit einer offenen, positiven Körpersprache zugehen. Dazu gehört auch ein freundliches Lächeln. Wir können all diese positiven körpersprachlichen Signale ganz einfach senden, wenn wir auch so empfinden. Wenn wir Menschen mögen und vor ihnen keine Angst haben, laufen diese körpersprachlichen Signale, die positiv unterstützend auf den Verkauf wirken, von selbst ab. Hätten wir also immer Kunden, für die wir automatisch Sympathie und Zuneigung empfinden, wäre die positive Körpersprache eine leichte Aufgabe. Aber selbstverständlich empfinden wir nicht immer positiv für unsere Kunden. Dies fühlen wir auch im Alltag sehr häufig. Wir erleben, dass uns nur ein geringer Anteil der Menschen, die wir treffen, auf Anhieb so sympathisch ist, dass wir uns ihnen zugetan fühlen und dies auch körpersprachlich signalisieren. Wir suchen uns also bestimmte Personen mit ihren Einstellungen und Verhaltensweisen aus, und sofern uns diese sympathisch sind, spiegeln wir diese Sympathie zurück und kreieren somit eine positive Atmosphäre.

Die Aufgabe des Verkäufers ist aber grundverschieden von der Situation im Privatleben. Als Verkäufer treffen wir auf Menschen oder werden zu Menschen geschickt, die für uns oder unser Unternehmen wirtschaftlich interessant sind. Dies setzt aber nicht zwangsläufig voraus, dass uns diese Personen mit ihren Einstellungen und Verhaltensweisen auch sympathisch sind. Daher ist es nur natürlich, dass wir eher selten auf Kunden treffen werden, mit denen wir im Privatleben gerne befreundet wären. Trotzdem sollten Verkäufer all diese positiven Signale senden, um das Verkaufsgespräch zu unterstützen. Da jedoch die positive Körpersprache in der Regel nur dann entsteht, wenn sie von authentischen Emotionen begleitet wird, stehen Verkäufer vor einem Dilemma. Menschen bringen ihre Emotionen und Stimmungen unwillkürlich in einer authentischen Körpersprache zum Ausdruck. Schwierig ist es dagegen, eine Körpersprache vorzutäuschen, die unseren Emotionen nicht entspricht. Wenn wir über einen Menschen verärgert sind und ihn dennoch freundlich lächelnd begrüßen, gelingt uns nur ein unechtes Grinsen, das vom Gegenüber schnell als nicht authentisch entlarvt wird. Bei einem ehrlich gemeinten Lachen oder Lächeln entstehen auch in den Augenwinkeln sogenannte Lachfalten, während dies bei einem aufgesetzten, künstlichen Grinsen nicht der Fall ist. Ohne dass den meisten Menschen diese Erkenntnisse bewusst sind, haben sie doch ein sicheres Gespür für authentisches Verhalten entwickelt.

Wie lösen wir dieses Dilemma? Wie senden wir als Verkäufer positive körpersprachliche Signale, auch wenn wir einen Kunden möglicherweise nicht besonders sympathisch finden? Dazu müssen wir uns zunächst Gedanken über die Entstehung von Emotionen machen. Passend ist hier eine Geschichte, die der amerikanische Trainerkollege Brian Tracy in einem seiner Bücher beschreibt.[1]

BEISPIEL: Ein Erlebnis in der U-Bahn

Eines Tages saß Brian Tracy in der U-Bahn und beobachtete einen Mann, der ihm gegenüber saß. Zwei Kinder, die offenbar zu ihm gehörten, verhielten sich sehr auffällig. Sie liefen herum und rempelten Fahrgäste an, ohne sich zu entschuldigten. Bei all dem Trubel vermittelte der Mann eine gewisse Teilnahmslosigkeit. Anscheinend schien ihn das Verhalten der Kinder nicht zu stören, doch die anderen Fahrgäste begannen sich zu ärgern. Mit wachsendem Unverständnis beobachtete Brian diese Szene. Als auch er von den Kindern angerempelt wurde, sprach er den Mann etwas ungehalten an. „Sagen Sie, sehen Sie nicht, wie sich Ihre Kinder in der Öffentlichkeit benehmen?" Worauf der Mann entgegnete: „Ach, das tut mir sehr leid, ich habe überhaupt nicht darauf geachtet. Wissen Sie, ich weiß gerade nicht, wie ich mit der Situation umgehen soll. Wir kommen vom Begräbnis ihrer Mutter und ich weiß überhaupt nicht, wie es in der Familie weitergehen wird und wie ich das alles bewältigen soll.

[1] Brian Tracy: *Das Maximum-Prinzip: Mehr Erfolg, Freizeit und Einkommen – durch Konzentration auf das Wesentliche, Campus Verlag 2003.*

Ich werde sofort mit meinen Kindern sprechen. Es ist für sie momentan auch sehr schwierig und bestimmt ist ihnen nicht bewusst, wie unhöflich sie sich gerade verhalten." In Sekundenschnelle hat sich Brians Ärger in Mitgefühl und Verständnis verwandelt. Seine Emotionen veränderten sich vom Negativen ins Positive, er empfand nun Verständnis und Mitleid für den Mann.

Eine Situation neu bewerten — Reframing

Die Psychologie bezeichnet das hier beschriebene Phänomen als „Reframing": Sobald man das Verhalten einer Person in einem anderen Zusammenhang, in einem anderen Rahmen sieht, ändert sich häufig auch die Bewertung der Situation. Wenn Sie sich einen Hollywood-Film vorstellen, in dem es um das Thema Rache geht, dann wissen Sie, welches Phänomen hier gemeint ist. Wir sehen, wie der Protagonist des Films Selbstjustiz übt, indem er sich grausam an den Personen rächt, die ihm oder seiner Familie etwas angetan haben. Und obwohl er sich so gewalttätig verhält, empfindet man als Zuschauer Verständnis, vielleicht sogar Mitgefühl. Da Regisseure ein gutes Gespür dafür haben, wie Menschen funktionieren, wissen sie auch, dass sie eindringlich zeigen müssen, wie viel Leid dem Helden zugefügt wurde, um diese emotionale Verbindung des Zuschauers zum Helden zu schaffen. Denn auf diese Weise entwickeln wir Empathie. Wir versetzen uns in die Situation des anderen und können seine Emotionen und sein späteres Verhalten nachvollziehen.

Verständnis für die Situation des Kunden entwickeln

Unsere Kunden sind nicht immer so grausam und ihre Handlungen nicht so furchterregend wie diejenigen unserer Filmhelden. Allerdings treffen wir bei unseren Kunden immer wieder auf Verhaltensweisen, die wir nicht gut nachvollziehen können oder die in uns negative Emotionen hervorrufen. Stellen Sie sich noch einmal vor, Sie sehen einen Hollywood-Film, in dem der Titelheld grausam Rache nimmt. Und stellen Sie sich jetzt vor, Sie hätten den ersten Teil der Handlung nicht mitverfolgt, weil Sie vielleicht zu spät ins Kino gekommen sind. Schnell würde Ihr Titelheld nicht mehr der positive Held sein, sondern in Ihnen nur Unverständnis hervorrufen.

Übertragen Sie diese Filmgeschichte auf Ihren Verkaufsalltag. Ist es nicht häufig so, dass wir nur das momentane Verhalten eines Kunden in einem kurzen Zeitausschnitt sehen, einen Kunden etwa, der kurz angebunden, unwirsch oder unhöflich ist? Sie kennen die Vorgeschichte nicht und wissen nicht, warum Ihr Kunde sich so verhält. Was wäre also, wenn Sie versuchen würden, Verständnis aufzubringen, indem Sie sich vorstellen, was wohl passieren müsste, damit Sie eine ähnliche Haltung wie der Kunde an den Tag legen? Wenn Sie dann ehrlich zu sich sind, werden Sie feststellen, dass Sie all diejenigen negativen Verhaltensweisen, die Sie bei Ihren Kunden beobachtet haben, auch von sich selbst kennen. Vielleicht haben Sie auch schon einmal wütend bei einer Beschwerde-Hotline angerufen und den Sachbearbeiter angeschnauzt, obwohl Sie wissen, dass diese Person für das Missgeschick am wenigsten verantwortlich ist und sie nur den undankbaren Job hat, reklamierende Kunden zu beruhigen. Es ist typisch für Situationen wie diese, dass das Gegenüber häufig überhaupt nicht für unsere Reaktion verantwortlich ist. Denn es ist die Vorgeschichte, die unsere negativen Emotionen aktiviert hat, so dass unser Gegenüber zum Opfer unserer negativen Emotionen wurde.

Kurz gesagt, es hilft Ihnen als Verkäufer ungemein, wenn Sie beginnen, Menschen mehr zu mögen, sich weniger über mögliches Fehlverhalten zu ärgern und Verständnis dafür aufzubringen, dass man sich nicht immer perfekt verhalten kann. Der Alltag bietet Ihnen ein breites Übungsfeld für derartige Denkspiele. Sei es der Taxifahrer hinter Ihnen, der ungeduldig hupt, weil Sie bei grün nicht gleich losgefahren sind. Sie können sich über den ungeduldigen Taxifahrer einfach ärgern. Sie können sich aber auch vorstellen, dass er vielleicht einen ungehaltenen Gast im Fond sitzen hat, der unter Zeitdruck steht. Vielleicht steckt der Taxifahrer schon den ganzen Tag im dichten Stadtverkehr fest, was auch seine Tageseinnahmen schmälert. Solche Überlegungen helfen Ihnen, Verständnis für unangenehme Verhaltensweisen zu entwickeln und eigene negative Emotionen abzubauen.

Negative Emotionen in Mitgefühl verwandeln

Entwickeln Sie mehr Verständnis für andere, indem Sie versuchen, negative Emotionen gegenüber anderen in Mitgefühl zu verwandeln. Fragen Sie sich nach einem möglichen Beweggrund für unangebrachtes oder abstoßendes Verhalten. Fragen Sie nach der möglichen Vorgeschichte des Verhaltens. Sie gewinnen durch diese Einstellungsänderung zwei Benefits: Je weniger Sie sich im Laufe eines Tages über andere Menschen ärgern, desto besser steht es um Ihre eigene Grundstimmung. Und wenn Sie langsam lernen, sich nicht über das Verhalten anderer zu ärgern, sondern andere weiterhin positiv zu sehen, gelingt Ihnen dies zunehmend auch bei Ihren Kunden. Dies wiederum wird dazu führen, dass Sie sich gar nicht bemühen müssen, Ihre Körpersprache bewusst zu steuern. Sie werden automatisch Ihre Kunden mehr mögen, mehr Verständnis für ihr Verhalten gewinnen und Ihr manchmal vielleicht künstliches Verkäuferlächeln wird sich in ein ehrliches Lächeln verwandeln.

2.3.3 Positive Einstellung zu den eigenen Produkten

Sie lernen in diesem Buch mit der NAS-Strategie Techniken kennen, um Ihre Einstellung zu anderen Menschen positiv zu beeinflussen. Diese Techniken können Sie auch bei Ihren Produkten oder Dienstleistungen einsetzen. Versuchen Sie bewusst, die Stärken Ihrer Produkte und ihr Nutzen für die Kunden zu sehen. Nachteile, die Ihr Produkt vielleicht gegenüber dem Konkurrenzprodukt hat, eventuelle Probleme in der Logistik, mögliche Lieferengpässe, sollten Sie bewusst ausblenden. Denn ebenso wie sich Ihre Körpersprache bei negativen Emotionen gegenüber anderen Menschen automatisch anpasst, wird auch Ihre Körpersprache, wenn Sie von Ihrem Produkt sprechen, primär dadurch gesteuert und beeinflusst, was Sie tatsächlich von Ihrem Produkt halten.

Eine positive Einstellung zu Ihrem Produkt entsteht, indem Sie sich häufig auf die positiven Seiten Ihres Produkts konzentrieren. Verschwenden Sie keinen Gedanken daran, dass Sie möglicherweise Ihr Produkt idealisieren. Ihre Kunden werden durch ihre Reklamationen dafür Sorge tragen, dass Sie auch die Schwächen des Produkts nicht vergessen. Sie sollten sich selbst ausschließlich auf die Stärken Ihrer Produkte konzentrieren. Sprechen Sie mit Produktentwicklern und Kollegen, sprechen Sie mit Kunden, die Ihre Produkte schätzen, verbringen Sie also viel Zeit damit, darüber zu sprechen, wo die Stärken und der Nutzen Ihrer Produkte liegen. Und halten Sie sich fern von Verkäuferkollegen, die Ihre eigene Verkaufsschwäche mit den Nachteilen gegenüber den Konkurrenzprodukten begründen wollen. Ihr Unbewusstes wird es Ihnen danken, indem es Begeisterung vermittelt, ein Lächeln auf Ihre Lippen zaubert und Ihre Körperhaltung stärkt, sobald Sie beginnen, von Ihrem Produkt zu sprechen.

2.4 Wie Sie Ihre Verkäuferpersönlichkeit trainieren

Nice Guy oder Powerseller – zu welchem Persönlichkeitstyp tendieren Sie? Jeder Persönlichkeitstyp hat – wie wir gesehen haben – spezifische Stärken und Schwächen im Hinblick auf den Verkauf. Hier finden Sie ein Trainingsprogramm, mit dem Sie Ihre Schwächen als *Nice Guy* oder *Powerseller* gezielt bearbeiten können.

2.4.1 Training für Nice Guys

Die Grundeinstellung eines Nice Guy lautet: „Sei gefällig, dann erhältst du positives Feedback und erlebst angenehme Emotionen!"

Ziele des Trainings

In dem Training sollten Sie lernen, positive Emotionen mit dem Erreichen Ihrer Ziele zu verknüpfen, und sich weniger Gedanken darüber machen, wie andere Ihr Verhalten bewerten. Lernen Sie, auf sich selbst stolz zu sein, und machen Sie sich unabhängig vom positiven Feedback anderer. Sagen Sie sich: „Es fühlt sich nicht nur gut an, wenn du gefällst, sondern auch, wenn du deine eigenen Ziele durchsetzt." Lernen Sie, mit Ablehnung umzugehen. Dies ist eine der wichtigsten Fähigkeiten für Ihren Erfolg im Verkauf. Sie werden zwei Dinge feststellen:

- Die Angst vor Ablehnung ist immer schlimmer als die Ablehnung selbst.
- Die Angst vor Ablehnung nimmt mit der Routine deutlich ab.

TRAINING für Nice Guys	
Notieren Sie fünf Ziele, die Sie im Verkauf in den nächsten zwölf Monaten erreichen möchten.	
Was würde es für Sie persönlich bedeuten, wenn Sie diese Ziele erreichen? Nennen Sie fünf Gründe.	
Wie wäre es, wenn Sie Ihre Ziele erreicht haben? Nehmen Sie sich täglich zehn Minuten Zeit, um das Ergebnis zu visualisieren.	
Brechen Sie Ihre Ziele auf den Monat und die Woche herunter.	
Was können Sie noch heute als ersten Schritt unternehmen für jedes dieser fünf Ziele?	
Schreiben Sie fünf Bereiche auf, in denen Sie sich privat oder beruflich gerne durchsetzen würden.	
Was würde es für Sie bedeuten, wenn Sie Ihre Vorstellungen in diesen Bereichen durchsetzen können?	
Übung: Rufen Sie zwanzig potenzielle Kunden „kalt" an. Notieren Sie auf einer Skala von –10 bis 0 (*Panik* bis *macht mir gar nichts aus*) Ihre Emotionen. Und zwar vor jedem Anruf und danach. Sie werden sehen, wie die negativen Emotionen sich immer mehr verringern.	

2.4.2 Training für Powersellers

Die Grundeinstellung eines Powersellers lautet: „Sei erfolgreich, dann fühlst du dich gut!"

Ziele des Trainings

In dem Training sollten Sie lernen, nicht nur die eigenen Ziele im Auge zu behalten, sondern auch die des Kunden. Versuchen Sie Ihre Kunden auch emotional zu verstehen. Lernen Sie, sich selbst zurückzunehmen und den Kunden in den Mittelpunkt zu stellen. Bedenken Sie, dass Ihr eigener Erfolg langfristig nur über den Erfolg des Kunden möglich ist. Sagen Sie sich: „Du bist besonders erfolgreich, wenn du deinen Kunden erfolgreich machst. Indem du dich in ihn hineinversetzt, versuchst du, seine Probleme und Ziele wirklich zu verstehen und erzeugst positive Emotionen."

TRAINING für Powersellers

1. Wie Sie von anderen wahrgenommen werden und sich in Ihren Kunden besser hineinversetzen	
Bitten Sie fünf Freunde oder Bekannte um persönliches Feedback.	
Wie werden Sie von diesen Personen gesehen?	
Welche negativen Aspekte nehmen diese bei Ihnen war?	
Fragen Sie nach und bitten Sie Ihre Freunde oder Bekannte, ihre Sichtweise zu begründen (Warum? Weshalb? Wie genau?).	
Versuchen Sie sich in Gesprächen gedanklich in die Position des Anderen hineinzuversetzen.	
Wie fühlt sich der andere jetzt möglicherweise?	
Nehmen Sie sich vor jedem Verkaufsgespräch fünf Minuten, um sich in die Person des Gesprächspartners hineinzuversetzen.	
Reduzieren Sie Ihren Gesprächsanteil auf 40 % und hören Sie aktiv zu.	
2. Wie es Ihnen leichter fällt, schwierige Kunden zu mögen	
Welche negativen Erfahrungen könnte der Kunde gemacht haben, die verständlich machen, weswegen er sich so verhält?	
Was müsste Ihnen widerfahren, damit Sie sich so verhalten?	
In welchen Situationen haben Sie sich schon einmal ähnlich verhalten?	
Was können Sie jetzt tun, um das Verhalten des Kunden positiv zu beeinflussen?	
3. Wie Sie die Einstellung zu Ihren Produkten verbessern und den Kundennutzen im Auge behalten	
Rufen Sie Ihre Kunden nach erledigten Reklamationen an und holen Sie sich positives Feedback ab.	
Rufen Sie jeden Tag zwei Kunden an, bei denen Sie wissen, dass es gut läuft. (Die anderen melden sich ohnehin von selbst.)	
Fragen Sie Ihre Kunden einige Wochen nach dem Kauf, welchen Nutzen das Produkt bei der Anwendung geschaffen hat.	
Fragen Sie den Kunden bei Produktverbesserungen, welche Vorteile diese für den Kunden gebracht haben.	
Sprechen Sie mit Technikern, Produktentwicklern und Produktmanagern über die Stärken Ihrer Produkte.	

3 Die Verkaufsstrategie des Neuro Associative Selling

Wenn der Verkaufserfolg ausbleibt, versuchen Verkäufer häufig, die Schlagzahl zu erhöhen. So wird manchmal — auch auf Druck des Verkaufsleiters — die Anzahl der Kalttelefonate, die Anzahl der Neukundentermine oder auch die Anzahl der Kundenbesuche erhöht. Top-Verkäufer sind meistens auch fleißig. Leider gilt der Umkehrschluss nicht: Mit Fleiß allein werden sie nicht automatisch erfolgreicher. Häufig tritt sogar der gegenteilige Effekt ein. Der Kunde spürt den Druck, dem der Verkäufer ausgesetzt ist, und die Verkaufsresultate werden noch schlechter. Was hier fehlt, ist eine klare Analyse, warum der Verkaufserfolg ausbleibt, sowie eine Verkaufsstrategie, die die Bedürfnisse des Kunden in den Mittelpunkt des Verkaufsgesprächs stellt. Mit der Verkaufsstrategie des Neuro Associative Selling (kurz NAS-Strategie) lässt sich der Verkaufserfolg systematisch steigern. In diesem Kapitel lernen Sie die wirtschaftsmathematische Formel des Neuro Associative Selling sowie den Aufbau und die einzelnen Verkaufstechniken der NAS-Strategie kennen.

Einleitung

Die Kaufmotivation des Kunden steigern

Die Hauptaufgabe eines Verkäufers ist klar umrissen. Er soll die Kaufmotivation des Kunden steigern. In Gegenwart des Verkäufers soll das Produkt für den Kunden attraktiver erscheinen, als wenn dieser sich alleine mit dem Produkt beschäftigt. Ansonsten hätte die Investition in einen Verkäufer keinen Sinn. Die Kaufmotivation des Kunden wird umso größer, je mehr sich die Situation eines Kunden durch ein Produkt oder eine Dienstleistung verbessert.

Die NAS-Strategie setzt genau hier an. Sie beruht im Wesentlichen darauf, dass wir positive Assoziationen beim Kunden hervorrufen, indem wir den Nutzen des Produkts für ihn deutlich machen, und zum anderen stark negative Assoziationen mit der bisherigen Situation des Kunden verknüpfen. Auf diese Weise soll die Kaufmotivation des Kunden beeinflusst werden.

Welche Faktoren haben Einfluss auf den Erfolg eines Verkaufsgesprächs?

Die NAS-Strategie wurde auf der empirischen Grundlage von über 1.000 Verkaufsgesprächen entwickelt. Dabei wurde beobachtet und analysiert, inwieweit die Erfüllung verschiedener Parameter den positiven Ausgang eines Verkaufsgesprächs begünstigen. Auf Grundlage dieser Analyse wurden die zehn wichtigsten Parameter ausgewählt, die offensichtlich einen entscheidenden Einfluss auf den Ausgang eines Verkaufsgesprächs haben. Wichtig ist, dass nur solche Parameter ausgewählt wurden, die vom Verkäufer auch beeinflusst werden können. Sonniges Wetter oder ein gutes Abschneiden Deutschlands bei der Fußball-WM mag viele Kunden in Kauflaune versetzen, jedoch bringen diese Faktoren dem Verkäufer nicht viel, da sie außerhalb seines Einflussbereiches liegen.

Die zehn ausgewählten Erfolgsfaktoren wurden in eine Reihenfolge gebracht, um deren Erfüllung zum richtigen Zeitpunkt **im Verlauf eines Verkaufsgesprächs** zu gewährleisten.

STUDIE 4: Untersuchung zum Neuro-Associative-Selling-Konzept

Zwischen 1997 und 2007 wurden durch Angerbauer & Partner sales performance improvement 1.027 Verkaufsgespräche anhand von zwölf unterschiedlichen Kriterien analysiert. Dabei wurde überprüft, inwieweit die analysierten Parameter eine Korrelation mit dem Erfolg von Verkaufsgesprächen aufwiesen.

Von den 1.027 Verkaufsgesprächen waren 495 erfolgreich und 532 erfolglos. Als erfolgreich wurden Verkaufsgespräche gewertet, bei denen der Kunde entweder kaufte oder eine weiterführende Vereinbarung traf, die auf Seiten des Kunden mit einem nicht unerheblichen Aufwand verbunden war (z. B. bezahlte Teststellungen, gemeinsame Reise zu Referenzkunden, weiterer Termin mit Entscheidern usw.). Die einzelnen Parameter wurden auf einer Skala von 1 (trifft überhaupt nicht zu) bis 6 (trifft in vollem Umfang zu) bewertet.

Parameter	Erfolgreiche Verkaufsgespräche	Erfolglose Verkaufsgespräche
Images korrelieren	4,8	2,9
Sympathie	4,9	3,4
Vertrauen	5,1	3,9
Kompetenz	5,0	3,7
Situationsfragen	5,5	5,3
Unzufriedenheitsfragen	4,0	2,1
Problemfragen	3,9	1,9
Erwartungsfragen	3,9	4,6
Resultatfragen	3,8	2,9
Assoziative Argumentation	4,5	2,9
Fair Handeln (Preis/Einwände)	3,7	4,2
Entscheidung	5,0	2,1

Als zusammenfassendes Ergebnis der Untersuchung kann festgehalten werden, dass sich die folgenden Verhaltensweisen bei erfolgreichen und erfolglosen Verkaufsgesprächen besonders stark unterschieden (vgl. Abbildung auf der folgenden Seite):

- Images korrelierten. Das heißt, es gab eine hohe Übereinstimmung im Auftreten von Kunde und Verkäufer.
- Sympathie, Vertrauen und Kompetenz wurden in einem hohen Ausmaß mit dem Verkäufer assoziiert.
- Der Verkäufer verstand es, Unzufriedenheit mit der bisherigen Situation beim Kunden zu erzeugen.
- Die Folgeprobleme, die auftreten würden, wenn nichts an der bisherigen Situation verändert wird, wurden dem Kunden bewusst.
- Der Verkäufer verwendete in seiner Argumentation die Begrifflichkeit und Ausdrucksweise des Kunden und bezog sich mit seiner Lösung stark auf die Kundensituation.
- Der Verkäufer brachte den Kunden zu einer Entscheidung, indem er weiterführende Vereinbarungen vorschlug.

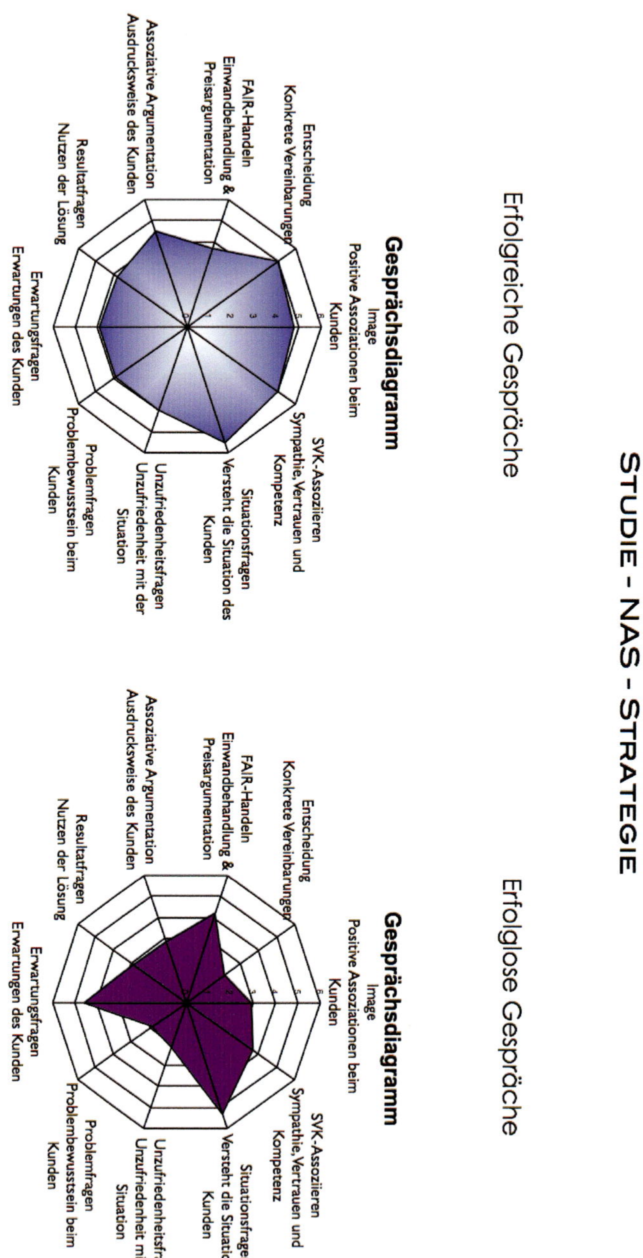
STUDIE - NAS - STRATEGIE
Erfolgreiche Gespräche
Gesprächsdiagramm
Image
Positive Assoziationen beim Kunden
SVK-Assoziieren
Sympathie, Vertrauen und Kompetenz
Situationsfragen
Versteht die Situation des Kunden
Unzufriedenheitsfragen
Unzufriedenheit mit der Situation
Problemfragen
Problembewusstsein beim Kunden
Erwartungsfragen
Erwartungen des Kunden
Resultatfragen
Nutzen der Lösung
Assoziative Argumentation
Ausdrucksweise des Kunden
FAIR-Handeln
Einwandbehandlung & Preisargumentation
Entscheidung
Konkrete Vereinbarungen
Erfolglose Gespräche
Gesprächsdiagramm
Image
Positive Assoziationen beim Kunden
SVK-Assoziieren
Sympathie, Vertrauen und Kompetenz
Situationsfragen
Versteht die Situation des Kunden
Unzufriedenheitsfragen
Unzufriedenheit mit der Situation
Problemfragen
Problembewusstsein beim Kunden
Erwartungsfragen
Erwartungen des Kunden
Resultatfragen
Nutzen der Lösung
Assoziative Argumentation
Ausdrucksweise des Kunden
FAIR-Handeln
Einwandbehandlung & Preisargumentation
Entscheidung
Konkrete Vereinbarungen

Welche Verkaufserfolge sind mit der NAS-Strategie möglich?

Bei unerfahrenen Verkäufern und Verkäufern mit unterdurchschnittlicher bis maximal durchschnittlicher Verkaufsperformance steigt die Quote der erfolgreich geführten Verkaufsgespräche häufig um 100 % an. Bei erfahrenen Verkäufern und Verkäufern mit überdurchschnittlicher Verkaufsperformance stieg durch den Einsatz der NAS-Strategie die Erfolgsquote in Verkaufsgesprächen regelmäßig um 50 % an. Dazu ein Beispiel:

BEISPIEL: Deutliche Steigerung der Erfolgsquote mit der NAS-Strategie

Gehen wir davon aus, dass ein erfahrener Verkäufer die NAS-Strategie trainiert. Er steigert seine Abschlussquoten sowohl bei den Telefonaten als auch bei den Gesprächen um jeweils 50 %. Der Verkäufer ruft 50 potenzielle Neukunden pro Woche an und bekommt dabei zehn Termine. Dies ergibt eine Erfolgsquote von 20 %. Bei diesen Terminen gewinnt er zwei Neukunden. Was ebenfalls einer Abschlussquote von 20 % entspricht. Nach dem Training haben wir folgendes Ergebnis: Der Verkäufer erhält statt zehn Terminen aus den Telefongesprächen fünfzehn Termine, also eine Steigerung um 50 %. Er steigert jetzt seine Abschlussquote in den Verkaufsgesprächen ebenfalls um 50 %, von 20 % auf 30 %. Er gewinnt somit aus den fünfzehn Terminen, vier bis fünf Neukunden. Dies bedeutet: Obwohl der Verkäufer seine Erfolgsquote in den einzelnen Gesprächen nur um 50 % gesteigert hat, ist die Anzahl seiner akquirierten Neukunden um über 100 % gestiegen.

In der Praxis hat zum Beispiel ein deutscher Logistikkonzern durch das Training seiner erfahrenen Verkäufer die Zahl der Neukunden von 2007 bis 2009 um über 100 % steigern können. Ein weltweit tätiger Fensterproduzent konnte durch die Anwendung der NAS-Strategie den Umsatz im Serviceverkauf innerhalb von fünf Jahren um über 400 % steigern. Eine der größten Kaffeehausketten konnte nach wenigen Monaten Training den Umsatz von Kuchen um 100 % steigern. Diese Erfolgszahlen sollen Sie motivieren, diese leider nicht ganz einfache Verkaufsstrategie zu erlernen.

Kann man mit der NAS-Strategie an jeden alles verkaufen?

Die NAS-Strategie ermöglicht eine starke Einflussnahme auf die Kaufentscheidung des Kunden. Ihr sind aber zwei natürliche Grenzen gesetzt:

1. Wir haben als Schutz vor Manipulationen eine stark ausgeprägte Fähigkeit entwickelt, um zu beurteilen, ob jemand authentisch agiert. Ein Verkäufer, der uns übervorteilen will, sagt etwas anderes als er denkt. In diesem Fall stimmen die unbewusste Körpersprache und die Worte, die jemand bewusst wählt, nicht mehr überein. Die Psychologie spricht hier von fehlender Kongruenz. Indem wir das komplexe Verhalten unseres Gegenübers, Worte und Körpersprache, ständig in unserem Unbewussten abgleichen, werden wir misstrauisch. Irgendwann blinkt die innere rote Warnleuchte auf, die uns sagt, dass hier irgendetwas nicht stimmen kann.
2. Wenn der Kunde trotz einer ausgefeilten Fragestrategie des Verkäufers keine negativen Aspekte an seiner Ist-Situation erkennen kann und auch keine positiven Assoziationen mit dem Einsatz des neuen Produktes verknüpft, dann entsteht auch keine Kaufmotivation.

Wenn Sie an jeden Kunden, der irgendeinen emotionalen oder sachlichen Nutzen aus Ihrem Produkt zieht, etwas verkaufen können, gehören Sie zu den besten fünf Prozent aller Verkäufer. Dann haben Sie es gar nicht mehr nötig, denjenigen Kunden ein Produkt aufzuschwatzen, für die es gar keinen Wert hat.

3.1 Die Formel des Neuro Associative Selling

3.1.1 Grundbegriffe der NAS-Verkaufsstrategie

In Kapitel 1 „Das Gehirn — der Ort, wo die Kaufentscheidung fällt" wurden die neuropsychologischen Grundlagen der NAS-Strategie behandelt. Welche Prozesse im Gehirn veranlassen den Kunden zum Kauf? Es wurde deutlich, welch großen Einfluss das Unbewusste auf unser Handeln und damit auch auf unsere Kaufentscheidung hat. Wir haben uns mit dem unbewussten Filter beschäftigt, der je nach emotionaler Lage nur ausgewählte Informationen in das Bewusstsein dringen lässt. Aber selbstverständlich haben auch sachliche Informationen und Gründe einen Einfluss auf unsere Kaufentscheidung. Wenn unser Unbewusstes aufgrund von bisherigen Erfahrungen sachliche Informationen über ein Produkt mit positiven Emotionen verknüpft, löst dies eine Handlungsmotivation bei dem Kunden aus. Wenn wir zusätzlich negative Emotionen mit unserer Ist-Situation verbinden, wird diese Handlungsmotivation noch verstärkt. Sind die negativen Emotionen, die wir mit einer Situation verknüpfen, besonders stark, sprechen wir von einem Problem. In Kaufsituationen bezeichnen wir die Handlungsmotivation, um das Problem zu lösen, als Kaufmotivation.

Damit jemand etwas kauft, muss diese Kaufmotivation größer sein, als der Aufwand, der mit dem Kauf des Produktes verbunden ist. Da es hierbei meistens um Geld geht, bilden die Kosten einen Großteil des Aufwands, der mit dem Kauf eines Produktes verbunden ist. Gerade im Geschäftskundenvertrieb, also im Business-to-Business-Verkauf, entstehen mit dem Kauf noch zusätzliche Aufwände: Umstellung der Prozesse, Schulung der Mitarbeiter, zusätzlicher Arbeitsaufwand und vieles mehr. Aber auch im Privatkundenverkauf — dem Business-to-Consumer-Verkauf — fallen neben dem Preis des Produktes häufig weitere Aufwände an.

Auf den folgenden Seiten lernen Sie eine mathematische Formel kennen, die diese Theorie auf den Punkt bringt.[1]

3.1.2 Herleitung der NAS-Formel

Die Gesamtkosten einer Lösung, also der Preis des Produktes zuzüglich aller sonstigen Aufwendungen, die mit dem Kauf verbunden sind, bezeichnen wir mit dem englischen Begriff **Cost of Solution (C_S)**. Und die Kaufmotivation bezeichnen wir als **Motivation to buy (M_B)**. Damit es zum Kauf kommt, muss die Kaufmotivation größer als die Gesamtkosten sein:

[1] Die Entwicklung der NAS-Formel erfolgte in Zusammenarbeit mit dem Wirtschaftsmathematiker Dipl. Ing. Joseph Fischer.

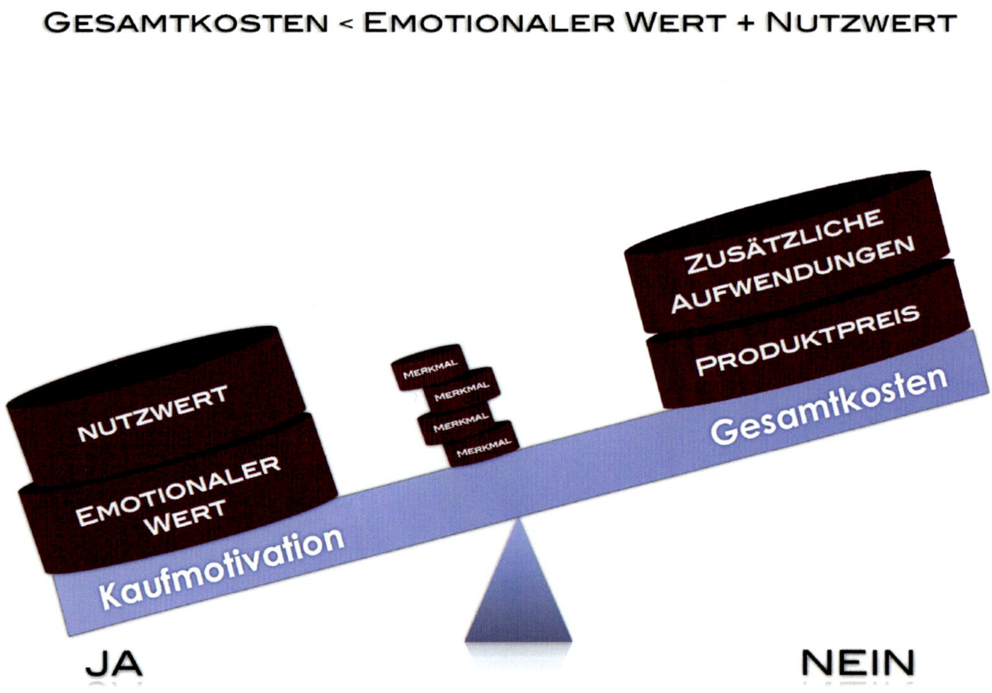

Der emotionale Wert – Was bringt mir der Kauf?

Schauen wir uns jetzt die **Kaufmotivation (Motivation to buy M_B)** näher an. Unser Unbewusstes fragt sich beim Kauf, welche Vorteile er ihm aus emotionaler Sicht bringt. Wir wollen diesen Aspekt der Kaufmotivation als emotionalen Wert einer Lösung bezeichnen. Dieser emotionale Wert setzt sich wiederum aus den positiven Emotionen, die wir mit einer Lösung verknüpfen, und den negativen Emotionen, die wir mit dem bisherigen Problem verknüpfen, zusammen. Diejenigen Emotionen, die mit der Lösung verbunden sind, bezeichnen wir als **Emotions of Result (E_R)**. Die negativen Emotionen, die mit dem Problem verknüpft sind, bezeichnen wir als **Emotions of Problem (E_P)**. Da wir aus unserer Alltagserfahrung wissen, dass unterschiedliche Menschen auf unterschiedliche Weise emotional reagieren, potenzieren wir E_R^e und E_P^e jeweils mit dem Faktor **e**, um der unterschiedlichen Emotionalität verschiedener Kunden Rechnung zu tragen.

Mit einer Lösung verbinden wir häufig mehrere positive Emotionen, mit einem Problem mehrere negative. Deshalb setzen wir das mathematische Summenzeichen $\sum$ vor die beiden Werte. In der mathematischen Schreibweise fügen wir dem $E^e_{R_i}$ und dem $E^e_{P_i}$ den Index i bei und setzen unter dem Summenzeichen i = 1....x.

Diese Formel bezeichnet die Summe der Emotionen, die der Kunde mit der **Lösung** (*result*) verbindet, potenziert mit seiner Emotionalität:

$$\sum_{i=1....x} E^e_{R_i}$$

Diese Formel bedeutet die Summe der Emotionen, die der Kunde mit dem **Problem** verbindet, potenziert mit seiner Emotionalität:

$$\sum_{i=1....x} E^e_{P_i}$$

Um die Summe der positiven und negativen Emotionen zu bilden, versehen wir die negativen Emotionen mit einem negativen Wert. So werden die negativen Emotionen von den positiven Emotionen subtrahiert. Zusammengefasst lässt sich der emotionale Wert einer Lösung in einer Formel daher wie folgt darstellen:

$$M_B = \left[\sum_{i=1....x} E^e_{R_i} - \sum_{i=1....x} E^e_{P_i} \right]$$

Die Variable M_B bezeichnet hier die **Kaufmotivation** (Motivation to buy). Sie ergibt sich, wenn man die Summe der negativen Emotionen von der Summe der positiven Emotionen subtrahiert.

Nutzwert — Welchen Nutzen hat der Kauf?

Auch wenn das Unbewusste — und damit die Emotionen — den größten Anteil an Kaufentscheidungen haben, so gibt es natürlich auch rationale Gründe für den Kauf eines Produktes. Diese rationalen Gründe nennen wir den **Nutzwert**. Der Nutzwert gibt an, welche sachlichen Vorteile durch eine neue Lösung im Alltag entstehen. Wir bezeichnen diesen Wert auch deshalb als Nutzwert, weil er nur beim **Einsatz des Produktes**, also bei der Nutzung entstehen kann. Vielleicht haben Sie auch schon einmal Produkte gekauft, die dann in irgendeiner Schublade oder einem Schrank verschwunden sind. Beim Kauf des Produktes haben Sie möglicherweise einen emotionalen Wert erzielt, wie zum Beispiel die Freude beim Kauf, die Preisersparnis oder das Gefühl, jetzt auf alle Eventualitäten vorbereitet zu sein.

Da Sie das Produkt aber gar nicht im Einsatz hatten, ist der Nutzwert in diesem Fall gleich Null.

Ähnlich wie im Fall des emotionalen Wertes setzt sich auch der Nutzwert aus zwei Komponenten zusammen: Dem wirtschaftlichen Profit, den Sie aus einer Lösung ziehen. Diesen nennen wir **Profit of Result (P_R)**. Sowie zweitens den Kosten, die durch das Problem verursacht werden, und die wir uns mit der neuen Lösung ersparen wollen. Diese Kosten nennen wir **Cost of Problem (C_P)**. Wir versehen diesen Wert — wie die negativen Emotionen oben — mit einem negativen Vorzeichen und subtrahieren diese von dem Profit, den wir durch die neue Lösung generieren. Da ein Produkt häufig mehrere unterschiedliche wirtschaftliche Vorteile generiert und auch verschiedene Probleme löst, setzen wir — wie bei dem emotionalen Wert — wieder das mathematisches Summenzeichen $\sum$ vor die beiden Werte. Und analog zur Formel für den emotionalen Wert fügen wir in der Formel für den Nutzwert dem PR und dem CP den Index i bei und setzen unter dem Summenzeichen i = 1....x.

Dann lautet die gesamte NAS-Formel:

Kaufmotivation = Emotionalen Wert + Nutzwert

$$M_B = \left[\sum_{i=1....x} E^e_{R_i} - \sum_{i=1....x} E^e_{P_i} \right] + \left[\sum_{i=1....x} P_{R_i} - \sum_{i=1....x} C_{P_i} \right]$$

M_B ... Kaufmotivation (Motivation to buy)
$E^e_{P_i}$ ... Emotionen durch das Problem
$E^e_{R_i}$ ... Emotionen durch die Lösung (Result)
P_{R_i} ... Profit durch die Lösung (Result)
C_{P_i} ... Kosten des Problems (Cost of Problem)

Mit dieser Formel können Sie mathematisch ausdrücken, wie stark die Motivation eines Kunden ist, ein Produkt zu kaufen.

Wenn Sie ausdrücken wollen, wie viel jemand bereit ist, für die Lösung seines Problems auszugeben, gelangen Sie entsprechend zu der folgenden Formel:

Gesamtkosten Lösung < Emotionaler Wert + Nutzwert

$$C_S < \left[\sum_{i=1....x} E^e_{R_i} - \sum_{i=1....x} E^e_{P_i} \right] + \left[\sum_{i=1....x} P_{R_i} - \sum_{i=1....x} C_{P_i} \right]$$

Ein Gedankenexperiment zur NAS-Formel

Sehen wir uns nun ein konkreten Beispiel an, das zeigt, was hinter diesen theoretischen Überlegungen aus der Wirtschaftsmathematik steht. Um den emotionalen Wert einer Lösung zu veranschaulichen, führe ich mit meinen Seminarteilnehmern häufig eine spielerische Übung durch:

BEISPIEL: Was eine Flasche Wasser wert sein kann

In den Hotel-Seminaren stehen auf den Tischen der Teilnehmer meist Getränke in Kühlboxen zur freien Verfügung. Ich entnehme dann aus einer dieser Kühlboxen einige Getränkeflaschen und biete sie einen beliebigen Teilnehmer an. Meist erhalte ich dafür einen Euro. Die ganz schlauen Einkäufer handeln mich auf bis zu 50 Cent runter und sind dann stolz, ein Schnäppchen gemacht zu haben. Ich habe dann meist vier bis fünf Flaschen verkauft, bis der erste Teilnehmer auf den Gedanken kommt, dass das Wasser gratis zur Verfügung steht und er deshalb aus seinem günstigen Kauf weder einen weiteren emotionalen Wert schöpft, noch ein Nutzwert entsteht. Für mich persönlich bietet dieses Beispiel eine zusätzliche Einnahmequelle zu meinem kargen Trainerhonorar und für meine Teilnehmer die Erkenntnis, dass man Geld zum Fenster rausschmeißt, wenn man etwas kauft, das weder einen emotionalen noch einen rationalen Nutzwert schafft.
Anschließend bitte ich einen Teilnehmer, sich vorzustellen, er hätte eine Stunde Fußball gespielt und sei nun sehr durstig. Die nächste Möglichkeit, ein Getränk zu erwerben, gibt es in einem Supermarkt, der etwa zehn Minuten Fußmarsch entfernt liegt. Dann frage ich ihn, wie viel er in dieser Situation für das Getränk ausgeben würde. Die meisten sind bereit, in dieser Situation zwischen fünf und sechs Euro für das Getränk zu bezahlen. Einen Euro kostet das Wasser auch im Supermarkt, und der emotionale Wert, den die meisten Seminarteilnehmer der Einsparung eines zehnminütigen Fußmarsches beimessen, liegt bei etwa vier bis fünf Euro. Wie wenig rational wir bei unseren emotionalen Entscheidungen vorgehen, sieht man, wenn ich nun folgende Anschlussfrage stelle: Für wie viel Euro würden Sie losgehen und im nächsten Supermarkt, der etwa ein Kilometer entfernt ist, einen Schokoriegel für mich besorgen? Die meisten Teilnehmer bewerten nun diese Dienstleistung mit fünfzehn bis zwanzig Euro. Also etwa viermal so hoch wie im ersten Fall. Der amerikanische Psychologieprofessor Dan Ariely hat ein ganzes Buch mit dem Titel „Predictably Irrational" zu diesem Thema verfasst.[2]

[2] Dan Ariely: *Predictably Irrational: The Hidden Forces That Shape Our Decisions*, Harper Perennial 2010.

Zum Schluss bitte ich einen Teilnehmer, sich die folgende Situation vorzustellen: „Sie haben eine Erkundungstour mit Ihrem Jeep in der Sahara unternommen. Leider hat Ihr Jeep Sie im Stich gelassen und Sie kriechen seit zwei Tagen und Nächten durch die Wüste, um einen Ausgang oder zumindest eine Oase zu finden. In dieser Situation stehe ich nun wieder vor Ihnen, der Getränkeverkäufer." Die meisten Teilnehmer antworten nach kurzer Überlegung, dass sie in dieser Situation für das Getränk alles hergeben würden, was sie besitzen. Ihr Haus, ihr Auto und ihre ganzen Ersparnisse. Schließlich geht es in diesem Moment ums Überleben und das ist mit Geld nicht aufzuwiegen.

Dieses Gedankenspiel zeigt: Der Wert desselben Produkts kann zwischen null Euro und fast unendlich liegen, je nachdem, in welcher Situation sich ein Kunde befindet und mit welchen Problemen er gerade konfrontiert ist.

In der folgenden Abbildung sehen wir das Tafelbild unserer Seminarsitzung. Es zeigt die drei Situationen aus dem Beispiel in der mathematischen Sprache der NAS-Formel.

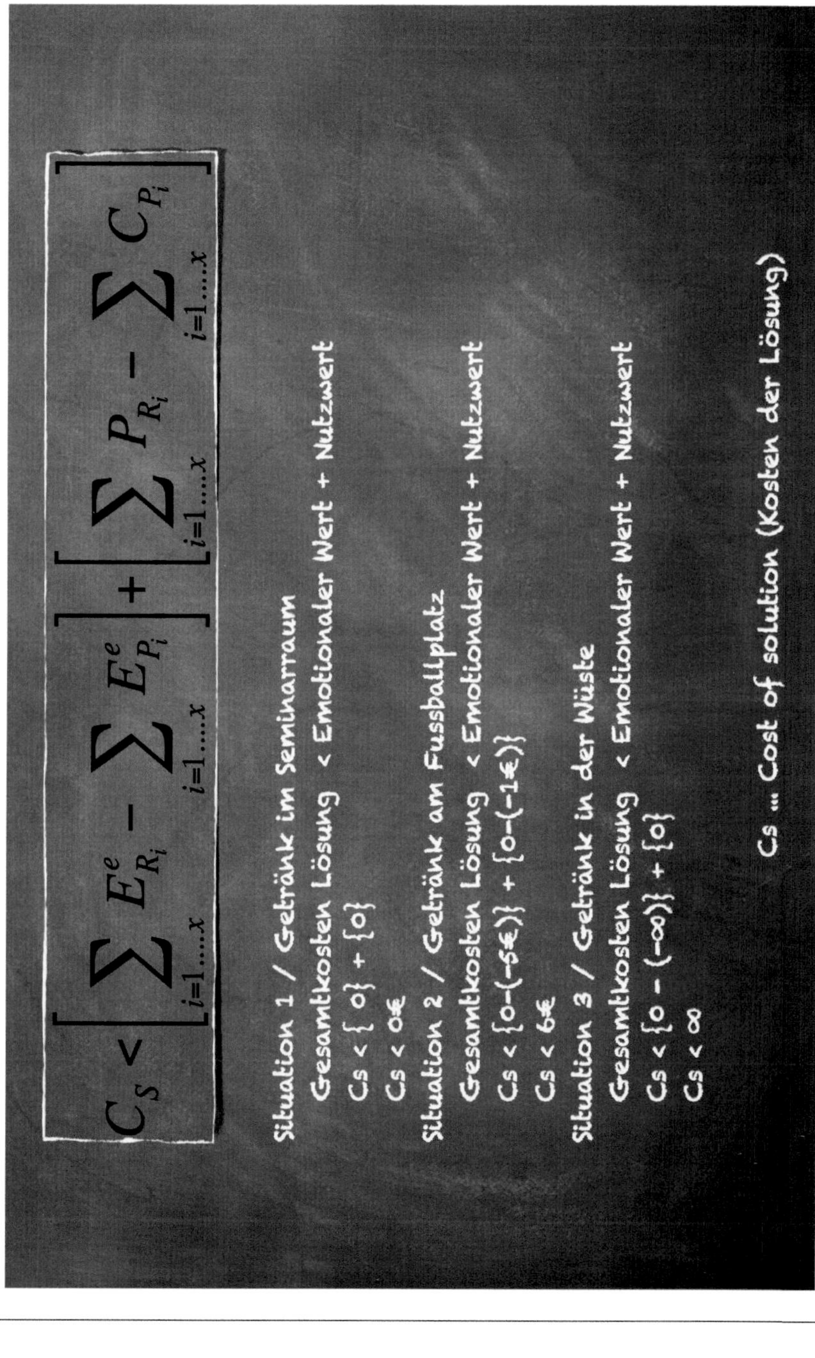
$C_S < \left[\sum_{i=1....x} E^e_{R_i} - \sum_{i=1....x} E^e_{P_i}\right] + \left[\sum_{i=1....x} P_{R_i} - \sum_{i=1....x} C_{P_i}\right]$
Situation 1 / Getränk im Seminarraum
Gesamtkosten Lösung < Emotionaler Wert + Nutzwert
Cs < { 0} + {0}
Cs < 0€
Situation 2 / Getränk am Fussballplatz
Gesamtkosten Lösung < Emotionaler Wert + Nutzwert
Cs < {0-(-5€)} + {0-(-1€)}
Cs < 6€
Situation 3 / Getränk in der Wüste
Gesamtkosten Lösung < Emotionaler Wert + Nutzwert
Cs < {0 - (-∞)} + {0}
Cs < ∞
Cs ... Cost of solution (Kosten der Lösung)

Wir werden uns in Kapitel 3.4 noch damit beschäftigen, wie Sie mithilfe der NAS-Strategie Kunden finden, die genau diejenigen Probleme haben, die Ihr Produkt am besten lösen kann. Diese Vorgehensweise hat dramatische Auswirkungen auf ihre Abschlussquote im Verkauf.

3.2 Aufbau und Bestandteile der NAS-Strategie

Lassen Sie sich auf eine kleine Reise mitnehmen! Stellen Sie sich vor, Sie wollen Ihren Traum von einem eigenen Haus erfüllen. Sie haben ein ideales Grundstück für Ihr Haus gefunden. Und weil Sie es gar nicht mehr erwarten können, fahren Sie mit einem Lkw voller Baumaterialien auf die Baustelle, um dort Ihr Haus zu errichten. Sie stellen Wände und Säulen auf, betonieren eine Decke und beginnen mit dem zweiten Stockwerk. Aber je höher Sie bauen, je weiter der Bau fortschreitet, desto tiefer versinkt Ihr Haus im Boden. Stellen Sie sich jetzt vor, wie sich das Gebäude langsam zur Seite neigt und schließlich krachend in sich zusammenstürzt. Ihre ganze Mühe war umsonst. Statt vor Ihrem Traumhaus stehen Sie vor einem Trümmerhaufen.

Stellen wir uns nun den Verkaufsprozess als ein Gebäude vor. Ganz oben wäre das Dach. In unserem Verkaufsgebäude entspricht die Kaufentscheidung des Kunden dem Dach. Das Baumaterial sind die Argumente, mit denen Sie den Kunden von Ihrem Produkt überzeugen wollen. Das geeignete Grundstück entspricht einem passenden Kunden, bei dem Sie davon ausgehen, dass er Ihr Produkt auch gebrauchen kann. Zur Auswahl des richtigen Grundstücks kommen wir später noch in Kapitel 3.4, in dem es um die Neukundenakquise geht. Schließlich ist nicht jedes Grundstück für jedes Haus passend.

Schritt 1: Das Verkaufsfundament wird gelegt

Um irgendwann ein Dach auf das Gebäude setzen können, sind zuvor viele Schritte notwendig. Beginnen wir mit dem Fundament des Hauses. Damit ein Gebäude überhaupt stehen kann und nicht im Boden versinkt, benötigt es ein Fundament und eine Bodenplatte. Das Fundament ist das positive Image, das der Verkäufer in den ersten Sekunden und Minuten bei seinem Kunden schafft. Die Bodenplatte besteht aus **Sympathie**, **Vertrauen** und **Kompetenz** — Eigenschaften, die der

Kunde seinem Verkäufer zuschreiben sollte. Was Sie im Verkaufsgespräch für dieses Fundament tun können, erfahren Sie in Kapitel 3.5.

Schritt 2: Die fünf Säulen der SUPER-Fragestrategie

Auf diesem Fundament einer von Sympathie und Vertrauen getragenen Kundenbeziehung werden die fünf Säulen der SUPER-Fragestrategie platziert:

1. **S**ituationsfragen
2. **U**nzufriedenheitsfragen
3. **P**roblemfragen
4. **E**rwartungsfragen
5. **R**esultatfragen

Diese fünf Fragetechniken bilden zusammen die SUPER-Fragestrategie, die in Kapitel 3.6 behandelt wird.

Schritt 3: Decke des Gebäudes – Die Verkaufsargumentation

Im dritten Schritt geht es um die Verkaufsargumentation. Ein wichtiger Bestandteil der NAS-Strategie ist die Technik der Assoziativen Argumentation (Kapitel 3.7), die auch für das Verhandeln von Konditionen und Preisen eingesetzt wird (Kapitel 4).

Schritt 4: Dach des Verkaufsgebäudes – Die Entscheidung des Kunden

Ebenso wie jedes Haus ein Dach braucht, damit es nicht hineinregnet, so braucht unser Verkaufsgebäude immer eine Entscheidung des Kunden. Gerade bei größeren Verkäufen führt nicht jedes Verkaufsgespräch zu einer Kaufentscheidung. Aber es sollte immer eine klare Entscheidung des Kunden über die nächsten Schritte geben. Wie Sie Ihren Kunden zur Kaufentscheidung bringen, erfahren Sie in Kapitel 4.4.

Die folgende Abbildung zeigt den Aufbau und die Bestandteile der NAS-Strategie als stabiles Verkaufsgebäude.

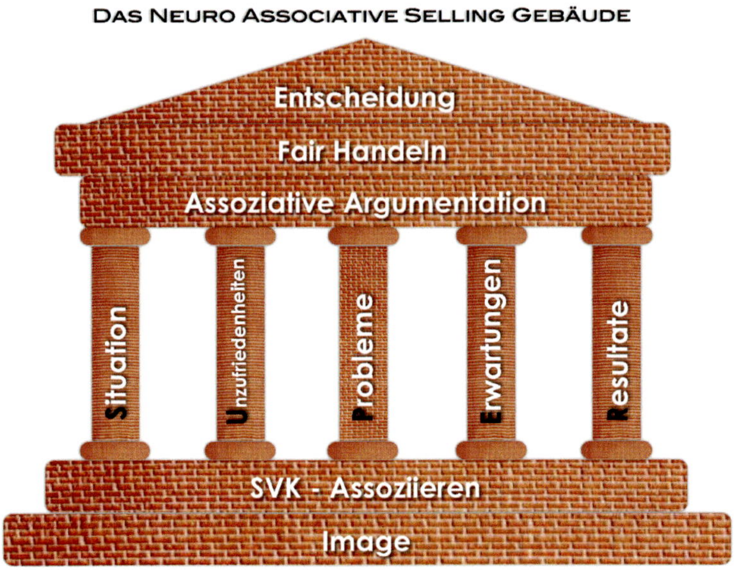

3.3 Fundament des Verkaufsgesprächs: Das Image

Zuerst müssen wir ein sicheres Fundament für das Verkaufsgespräch legen. Ohne Fundament kann ein Gebäude nicht stehen, egal wie gut es konstruiert wurde. Das Fundament, auf das wir beim Verkaufsgespräch bauen, ist das Image des Verkäufers. In dieser Phase geht es darum, welches Bild der Verkäufer beim Kunden erzeugt.

Häufig ist in diesem Zusammenhang von dem berühmten „ersten Eindruck" die Rede, den der Kunde vom Verkäufer im ersten Augenblick des Kennenlernens gewinnt. Im Unterschied dazu verstehen wir jedoch die Phase, in der das Verkäufer-Image aufgebaut wird, als eine fließende Phase, die von dem Verkäufer aktiv gestaltet werden kann. Von der ersten Sekunde, in der uns der Kunde wahrnimmt, bis vielleicht ein, zwei Minuten danach, versucht er sich einen Eindruck von dem Verkäufer zu machen. In dieser Phase müssen wir als Verkäufer beim Kunden positive Assoziationen mit unserer Person zu verknüpfen.

3.3.1 Wie entstehen positive Assoziationen zum Verkäufer?

In Kapitel 1.4 wurde das Prinzip der Assoziation von positiven oder negativen Emotionen mit bestimmten Situationen oder Produkten vorgestellt. Vereinfacht dargestellt lässt sich Folgendes sagen: Jeder Mensch hat mit anderen Menschen eine Vielzahl von Erfahrungen gemacht. Und diese Erfahrungen waren sowohl positiver als auch negativer Natur. Verknüpft der Kunde mit dem Verkäufer negative Erfahrungen oder negativen Annahmen und Einstellungen, dann entwickelt er negative Assoziationen zum Verkäufer. Der Verkäufer löst — ungewollt — ein negatives Image beim Kunden aus.

Ziel des Verkäufers ist es selbstverständlich, ein möglichst positives Image zu schaffen, also positive Assoziationen beim Kunden hervorzurufen. Wir können nicht wissen, welche Assoziationen wir beim Kunden hervorrufen. Sie können z. B. jemandem sehr ähnlich sehen, der beim Kunden negative Emotionen wachruft. Das lässt sich nicht ändern. Man weiß vorab nie, welche Assoziationen beim Kunde durch bestimmten Personen ausgelöst werden.

Aber es gibt Grundsätze, deren Befolgung es sehr wahrscheinlich macht, dass der Kunde ein positives Image mit Ihnen verbindet, und die Gefahr verringert, dass der Kunden einen negativen Eindruck von Ihnen hat. Eines kann man aber mit Sicherheit sagen: Da Verkaufsberufe in der Gesellschaft ein schlechtes Image haben und Verkäufern häufig mit Misstrauen begegnet wird (vgl. Einleitung), können wir eine Grundregel aufstellen: Jede Art von typisch verkäuferischem Verhalten — typische Verkäufersprüche, typische Verkäuferauftritte — lösen bei den meisten Kunden eher negative Assoziationen aus.

3.3.2 Kleidung des Verkäufers

Menschen beurteilen Personen, die ihnen ähnlich sind, immer positiver als andere. Dieser Grundsatz wird durch viele Studien bestätigt. Auf dem Campus einer kalifornischen Universität kleideten sich Versuchspersonen entweder als Hippies oder eher konservativ und baten vorbeilaufende Studenten um Münzgeld für die Telefonzelle. Waren die angesprochenen Studenten ähnlich angezogen, wurde in 70 % der Fälle der Bitte entsprochen, bei unterschiedlicher Kleidung reduzierte sich die positive Reaktion auf 30 %.

Vorbereitung auf das Verkaufsgespräch

Was kann man tun, um mit seinem Äußeren möglichst positive Assoziationen hervorzurufen? Vor einigen Jahren hatte ich einen Termin in Frankfurt, in der Investmentabteilung einer großen internationalen Bank. Es ging um Verhandlungstrainings für eine größere Gruppe von Investmentbankern. Als ersten Schritt rief ich einen Freund an, der in einer Investmentbank tätig ist, und stellte ihm mehrere Fragen:

- An welchen Verhaltensweisen erkennt man typischerweise Investmentbanker?
- Welche Ausdrucksweisen benutzen sie häufig?
- Für welche Themen interessieren sich Investmentbanker in der Regel?
- Welche Faktoren machen Investmentbanker erfolgreich?
- Wie laufen typischerweise Verhandlungen ab, bei denen es um das Thema Leverage-Financing geht?

Das typische Kleidungsstück der Bankbranche kennen Sie aus dem Film „Wall Street“ von Oliver Stone: Es ist der Anzug, gerne auch als Dreiteiler. In Anthrazit oder Dunkelblau, mit weißem Hemd, dezenter, nicht zu bunter Krawatte und edlen Manschettenknöpfen. Die Schweizer Armbanduhr als Statussymbol darf natürlich nicht fehlen. Als Schuhwerk kommen nur hochwertige rahmengenähte Schuhe in Frage.

Da ich auf der Wirtschaftsuniversität einmal eine Seminararbeit über „Aktienkursprognose mithilfe von neuronalen Netzen“ geschrieben habe, hatte ich auch schon ein passendes Thema für den Smalltalk, das gleichzeitig auch Kompetenz in der Welt des Kunden signalisierte.

Meine Mitbewerber, die der Kunde natürlich auch eingeladen hatte, waren ebenfalls kompetente Verhandlungstrainer, die den Auftrag auch zur Zufriedenheit des Kunden hätten abwickeln können. Ich aber war der Einzige, der aussah, wie ein Investmentbanker, sich so ausdrückte, sich so bewegte und auch ähnliche Interessen hatte.

TIPP: Passen Sie Ihre Kleidung der des Kunden an

Sie sollten sich vor dem Verkaufsgespräch Gedanken darüber machen, auf welche Art von Kunden Sie treffen, und diese Überlegung in Ihrer Kleiderauswahl berücksichtigen. Ihre Kunden, die Sie während des Tages treffen, können natürlich unterschiedlich gekleidet sein, und es ist nun wirklich nicht sinnvoll, sich im Laufe des Tages mehrfach umzuziehen. Aber man kann sich für den

Großteil der Kunden oder für die wichtigsten Termine passend anziehen. Die passendste Kleidung ist exakt die Kleidung, die der Kunde trägt. Das müssen nicht dieselben Farben, Materialien und Marken sein, aber Sie sollten die Wertigkeit der Kleidung, die Kleidungshierarchie und den Kleidungsstil Ihrer Kunden treffen.

Passen Sie sich an Ihre Kunden an, aber verbiegen Sie sich nicht. Wenn Sie sich in der Umgebung Ihrer Kunden, in Ihrer Kleidung unwohl fühlen, dann sind Sie definitiv im falschen Geschäftsbereich tätig. Sie werden sich ständig unwohl fühlen, Ihre Kunden werden es spüren und Sie werden viel weniger erfolgreich sein, als Sie es sein könnten.

! **ACHTUNG Aufbau der Kleidungshierarchie**

Stufe 1: Jeans und T-Shirt
Stufe 2: Jeans und Hemd
Stufe 3: Stoffhose und Hemd
Stufe 4: Stoffhose, Hemd und Sakko
Stufe 5: Stoffhose, Hemd, Sakko, Krawatte
Stufe 6: Anzug
Stufe 7: Dunkler Anzug (eventuell dreiteilig) in schwarz, grau, blau

Für Frauen gilt eine ähnliche Kleidungshierarchie, nur dass die Hose durch einen Rock ersetzt werden kann und sie zum Businesskostüm anstelle einer Krawatte manchmal ein Tuch trägt. Im Verkaufsgespräch sollten wir in dieser Kleidungshierarchie dem Kunden möglichst nahekommen.

Im Zweifelsfall ist es vorteilhafter, hochwertiger als der Kunde angezogen zu sein, als eine Kleidung zu tragen, die im Vergleich zur Kleidung des Kunden sehr locker wirkt. Auf diesen Punkt sollten Sie achten, weil die Kleidung des Verkäufers immer auch eine gewisse Wertschätzung für den Kunden ausdrückt. Im schlimmsten Fall fühlt sich der Kunde durch eine nicht-adäquate Kleidung des Verkäufers in seiner Wertschätzung verletzt. Das würde beim Kunden sehr negative Assoziationen hervorrufen.

Bei der Kleidungsauswahl erlebe ich immer wieder, dass viele Verkäufer, häufig auch Verkaufsleiter, der Ansicht sind, dass es eine typische Businesskleidung gibt, die bei Kunden immer sehr gut ankommt. Dies ist Irrtum, der häufig dazu führt, dass Verkäufer standardmäßig in Anzug und Krawatte zu Kunden geschickt werden.

Für eine zu hochwertige Businesskleidung wird man wahrscheinlich niemals Kritik erfahren. Wenn beispielsweise ein Unternehmer, der einen Installationsbetrieb führt, von einem Außendienstmitarbeiter besucht wird, und der Außendienstmitarbeiter mit Anzug und Krawatte erscheint, während der Installateur Jeans und T-Shirt trägt, wird der Installateur sicherlich niemals bei der Firma des Verkäufers anrufen und sich dort über die Kleidung des Kunden beschweren. Man kann sich aber auch vorstellen, dass zwischen den beiden nicht so schnell eine positive Beziehung entsteht, weil immer eine starke Differenz im Auftritt zurückbleibt. Umgekehrt aber, wenn ein Verkäufer im Büromöbelbereich einen Termin beim Geschäftsführer hat und der Geschäftsführer im dreiteiligen Anzug im Büro sitzt, der Verkäufer dagegen in Jeans und T-Shirt erscheint, kann man davon ausgehen, dass es nicht lange dauern wird, bis sich der Kunde über den Auftritt des Verkäufers beschwert.

Die erfolgversprechendste Kleidung für ein Verkaufsgespräch ist diejenige Kleidung, die dem Erscheinungsbild des Kunden möglichst nahe kommt.

BEISPIEL: Imageprobleme eines Trainers

Vor etwa fünfzehn Jahren war ich in Wien Partner bei einer der größten Trainingsfirmen Österreichs. Unsere Telefonakquise hatte für mich einen Termin bei einem Kunden in Oberösterreich vereinbart. Die Firma hatte ihren Sitz in einer 500-Seelen-Gemeinde und stellte Stalleinrichtungen für die Viehhaltung her. Der Geschäftsführer der Firma empfing mich in kurzen Hosen, einem weißen Hemd, das er über der Hose trug, und Birkenstocks. Unglücklicherweise hatte ich vorher einen Termin bei einem Kunden aus der Bankbranche. Ich trug einen dunkelblauen Anzug mit Krawatte und die in Banken üblichen rahmengenähten Schuhe. Als ich dem Geschäftsführer gegenüberstand, konnte ich seine Gedanken zu meiner Person schon erahnen. Nachdem wir an seinem Schreibtisch Platz genommen hatten, rutschte er auf seinen Ellbogen langsam nach vorne in meine Richtung und hielt mit seinem Kopf etwa 30 cm über meiner Schweizer IWC-Uhr an. „Als Trainer muss man ganz schön viel Geld verdienen, damit man sich so eine Uhr leisten kann!“ Darauf ich: „Wenn man gut ist, schon!“ Da mir klar war, dass der Kunde von Anfang an keine großen Sympathien für mich empfand, hoffte ich, dass er wenigstens etwas für meinen Humor übrig hatte.

Nachdem ich in der Image-Phase, also beim Fundament des Verkaufsgespräches, total versagt hatte, versuchte ich in der zweiten Phase, die – um im Bild zu bleiben – die Bodenplatte des Gebäudes darstellt, wieder Boden gut zu machen. Ich erzählte von meinem Banktermin, für den ich mich extra schick gemacht hatte, zog dabei mein Sakko aus und lockerte die Krawatte. Da ich in Oberösterreich geboren bin, bediente ich mich der landesüblichen Mundart, die dem Bayerischen nicht unähnlich ist. Und siehe da: Das Klima im Gespräch hellte sich deutlich auf. Das Verkaufsgespräch dauerte ca. eine Stunde und ich

hatte das Gefühl, mein Verkaufsgebäude sei nun so stabil, dass es vielleicht auch ohne Fundament stehen könnte. Zum Schluss vereinbarte ich mit dem Kunden, ihm — nach Zusendung einiger weiteren Informationen seinerseits — ein Angebot zu erstellen.
Am Ende des Gesprächs wollte mich der Geschäftsführer noch vor die Tür bringen. Dort bot er mir an, mich noch zum Auto zu begleiten. Ich sagte ihm, dies sei nicht notwendig, da ich mein Auto ganz hinten bei der Produktionshalle gepackt hätte. Doch er bestand darauf. Als wir hinten angekommen waren, stand es da, mein schwarz-metallic Cabrio, das Verdeck offen und die Ray-Ban-Sonnenbrille lässig auf den hoch geklappten Sonnenblenden drapiert. Damit habe ich das Bild vom Wiener Beraterschnösel für den Kunden komplett gemacht. Seine letzten Worten waren: „Hab ich‘s mir doch gedacht!“ Diese Geschichte liegt fünfzehn Jahre zurück und der Kunde hat mir selbstverständlich und trotz zweimaliger Erinnerung niemals irgendwelche Unterlagen zugeschickt.

Der Nutzen, den Sie aus diesem Buch ziehen können, besteht darin, dass Sie sich all die Fehler, die ich im Laufe meiner Verkäuferkarriere gemacht habe, ersparen können. Achten Sie darauf, dass Sie nicht zu modisch und extravagant auftreten. Auch die Frisur sollte ebenso wie Accessoires wie Uhren und Schmuck keinesfalls besonders auffällig sein. Tragen Sie als Mann keine Ohrringe, es sei denn, Sie arbeiten für ein Tattoo-Studio oder einen Piercing-Hersteller. Natürlich finden Sie mit einem außergewöhnlichen Auftreten auch immer ein Gegenüber, das Ihr Erscheinungsbild möglicherweise besonders anziehend findet, aber mindestens ebenso häufig werden viele Kunden bei Ihrem Anblick negative Assoziationen entwickeln.

Was wir als besonders attraktiv empfinden

Einem attraktiven äußeren Erscheinungsbild wird mehr Sympathie entgegengebracht. Evolutionsbiologen gehen davon aus, dass wir eine Person besonders attraktiv empfinden, wenn die Gesichtszüge symmetrisch sind. Diese Symmetrie wird unbewusst mit Gesundheit und Vitalität verknüpft, ein evolutionärer Vorteil im Überlebenskampf. Abgesehen davon spricht man optisch attraktiveren Personen auch positive Persönlichkeitseigenschaften zu. Da wir alle mit unserer angeborenen Attraktivität leben müssen, sollten wir uns nicht zu lange bei diesem Aspekt aufhalten. Wichtig ist, aus unseren Möglichkeiten das Beste zu machen und einen gepflegten, korrekten Eindruck zu hinterlassen. Es ist tröstlich, dass es in puncto Attraktivität auch eine ausgleichende Gerechtigkeit gibt: Ein besonders attraktives Aussehen des Verkäufers wird vom Kunden häufig mit einem Mangel an Kompetenz assoziiert.

Ziele beim ersten Kundenkontakt

Es ist nicht das Ziel des Verkäufers, bei einigen wenigen Kunden ein besonders positives Image zu erreichen und dafür bei einem Großteil der Kunden ein negatives Image zu produzieren. Das Ziel beim Erstkontakt sollte es sein, bei einer möglichst großen Anzahl von Kunden positive Assoziationen zu wecken. Deshalb sollten Kleidung, Outfit und Accessoires dem gesellschaftlichen Mainstream entsprechen und nach Möglichkeit an die Kleidungsgewohnheiten unserer jeweiligen Gesprächspartner angepasst sein. Es geht in der Image-Phase darum, zu vermeiden, dass bei Kunden negative Assoziationen wachgerufen werden. Wir wollen ein neutrales bis positives Image beim Kunden assoziieren und negative Assoziationen vermeiden.

TIPP: Wählen Sie im Zweifel konservative Kleidung

Seien Sie bei der Kleidungswahl professionell. Schließlich tragen Chirurgen ihre grüne OP-Kleidung auch nicht, weil sie alle dieselbe Lieblingsfarbe haben. Tragen Sie in Verkaufssituationen nicht die Kleidung, die Ihnen persönlich am besten gefällt, sondern treffen Sie die Auswahl Ihrer Kleidung anhand der Kriterien: Kleidungshierarchie (siehe oben), Wertigkeit und Stil. Versuchen Sie dabei möglichst ähnlich wie Ihre Kunden gekleidet zu sein. Wenn Sie an einem Tag mehrere Kunden besuchen, dann richten Sie sich nach dem wichtigsten Termin an diesem Tag. Wählen Sie Ihre Kleidung im Zweifelsfall eher konservativ und unauffällig. Vermeiden Sie extravagante und allzu modische Kleidung, es sei denn, Sie verkaufen in einem besonders extravaganten Bereich der Modebranche. Konservative Kleidung wird von Kunden eher mit Verlässlichkeit, Vertrauen und Kompetenz assoziiert.

Vermeiden Sie ebenso extravagante, auffällige Accessoires. Die Gefahr, dadurch negative Assoziationen beim Kunden hervorzurufen, ist größer als der mögliche Nutzen. Dasselbe gilt im Übrigen auch für auffällig platzierte Markennamen. Markenfirmen investieren ein Vermögen, um ihre Produkte mit einem bestimmten Image aufzuladen, und dieses Image überträgt sich auf den Besitzer. Vermeiden Sie jede Form von Statussymbolen, die nicht auch von Ihren Kunden geteilt werden. Die Wahrscheinlichkeit, dass Sie etwa mit einer Rolex Bewunderung bei Ihren Kunden auslösen, ist geringer, als dass Sie Neidgefühle hervorrufen. Welche dieser beiden Emotionen beim Kunden entsteht, können Sie im Vorhinein nur sehr schwer einschätzen. Neid ist absolut die letzte Emotion, die Sie bei Ihren Kunden hervorrufen wollen.

Autos sind besonders in Deutschland sehr stark emotional besetzt. Das optimale Fahrzeug für den Vertrieb ist ein deutscher Mittelklassewagen, viertürig oder als

Kombi, in einer eher unauffälligen Farbwahl. Cabrios, Coupés, Sportwagen oder Geländewagen führen unter Umständen bei Kunden zu negativen Assoziationen und sind daher ungünstig.

3.3.3 Auftreten und Ausdrucksweise des Verkäufers

Nach dem ersten Eindruck vom Erscheinungsbild des Verkäufers nimmt der Kunde den Auftritt des Verkäufers wahr: von introvertiert bis extrem extrovertiert, zurückhaltend oder besonders dynamisch. Auch hier gilt: Je ähnlicher der Auftritt des Verkäufers dem des Kunden ist, desto besser. Zwei dynamisch auftretende Personen mit kräftigem Händedruck werden sich häufig auf Anhieb sympathisch finden. Zwei zurückhaltende, vorsichtige Menschen werden sich mit großer Wahrscheinlichkeit ebenfalls im ersten Moment sympathisch finden.

Aussprache und Dialekt

Ähnliches trifft auch auf die Ausdrucksweise zu. Grundsätzlich kann man sagen: Wenn zwei Personen denselben lokalen Dialekt sprechen, schafft dies sofort Sympathie. Ein Bayer, der bayerisch spricht, wird sofort eine positive Assoziation zu einem Bayern haben, der auch bayerisch spricht. Ist ein Verkäufer aus Bayern dagegen in Hamburg unterwegs, lässt sich im Vorfeld nicht klar voraussagen, wie er dort ankommen wird. Es mag Leute in Hamburg geben, die mögen Bayern und ihre Sprachmelodie, es kann aber auch anders sein.

Für die meisten Branchen lässt sich feststellen, dass ein Verkäufer in der Hochsprache am erfolgreichsten ist. Das gilt zumindest in Deutschland. Viele Kunden assoziieren mit einem Dialekt geringere Fachkompetenz. Ausnahmen bilden Verkäufer, die in ländlichen Gebieten an kleine Unternehmen verkaufen. Weil dort häufig auch Umgangssprache und Dialekt gesprochen wird, hat es sich aus unserer Erfahrung gezeigt, dass Verkäufer, die den lokalen Dialekt beherrschen, erfolgreicher im Beziehungsaufbau mit den Kunden sind. Als Folge davon war auch die Quote an erfolgreichen Verkaufsgesprächen höher als bei Verkäufern ohne Lokalkolorit.

Im Gegenzug hat es sich als Handicap herausgestellt, wenn Verkäufer mit deutlicher Sprachfärbung in Technologiefirmen oder großen Unternehmen Gespräche mit Entscheidern führen. Für Österreich und die Schweiz lässt sich feststellen, dass dort von Entscheidern in größeren Unternehmen häufiger die Umgangssprache gesprochen wird.

Grundsätzlich lässt sich festhalten: Im besten Fall ist der Verkäufer in der Lage, sich auch sprachlich dem Kunden anzupassen. Nicht empfehlenswert ist es, eine Umgangssprache, die man nicht beherrscht, zu simulieren, was dem gesamten Auftritt die Authentizität nimmt. Sobald der Verkäufer nicht mehr authentisch wirkt, also Verhalten, Körpersprache, Stimme und Ausdrucksweise nicht stimmig sind, wird der Kunde misstrauisch. Denn nicht authentisches Verhalten wird immer mit Unehrlichkeit assoziiert — und dies ist das Letzte, was wir als Verkäufer vermitteln wollen.

Wortwahl

Bei der Wortwahl sollten Sie versuchen, sich sprachlich dem Kunden auch im Fachvokabular anzupassen. Verwendet der Kunde sehr viele Fachwörter und Spezialausdrücke, sollte dies der Verkäufer auch tun. Drückt sich der Kunde einfach aus, dann ist es wichtig, dass der Verkäufer sich dieser Ausdrucksweise ebenso anpasst. In der Image-Phase ist es wichtig, dass der Verkäufer sich mit dem Kunden auf der fachlichen Ebene immer auf Augenhöhe bewegt. Selbstverständlich ist es nicht Sinn und Zweck des Verkaufsgesprächs, dass wir dem Kunden eine fachliche Überlegenheit beweisen. Im Gegenteil: Der Kunde würde sich schlecht fühlen, hätte negative Assoziationen und würde diese früher oder später mit dem Verkäufer verknüpfen.

Für Verkaufssituationen gilt der alte Leitspruch „Gleich und gleich gesellt sich gern!“ Das Motto „Gegensätze ziehen sich an“ gilt nur für die Wahl eines Partners und führt laut Studien auch dort nicht zu langfristigen Erfolgen.

TIPP: Visitenkarten richtig überreichen

Visitenkarten professionell zu überreichen ist im Geschäftskontakt ein wichtiges Ritual. Sie rücken damit sich selbst und Ihre Firma in ein positives Licht. Am besten bewahren Sie Visitenkarten in der inneren Brusttasche eines Sakkos oder Blazers auf. Falls Sie diese nicht zur Verfügung haben, ist auch die Brusttasche eines Hemdes oder einer Bluse ein guter Platz. Stecken Sie die Visitenkarten dann so ein, dass die bedruckte Seite zu Ihrem Körper zeigt und die obere Seite der Karte in Richtung der Knopfleiste zeigt. So können Sie die Visitenkarten mit einem Griff richtig an den Kunden übergeben, ohne dabei den Blickkontakt zu unterbrechen. Probieren Sie es aus. Sie werden sehen, dies verleiht Ihnen Sicherheit und vermittelt schon in den ersten Sekunden der Begegnung einen hochprofessionellen Eindruck.

Stecken Sie die Visitenkarten, die Sie von Ihren Gesprächspartnern erhalten haben, niemals in dieselbe Tasche wie Ihre eigenen Karten. Nichts ist peinlicher, als versehentlich die Karte des letzten Kunden zu übergeben. Etuis für Visitenkarten sind unpraktisch, weil es einfach zu lange dauert, bis Sie daraus eine Karte übergeben haben. Wenn Sie immer mindestens zehn Visitenkarten eingesteckt haben, knicken diese auch ohne zusätzlichen Schutz nicht.

Selbstsicheres Auftreten des Verkäufers

Um einen ersten positiven Eindruck beim Kunden zu hinterlassen und in der Image-Phase beim Kunden zu bestehen, ist selbstsicheres Auftreten unabdingbar. Damit ist nicht ein überdynamisches oder extrem extrovertiertes Auftreten gemeint, vielmehr soll der Kunde spüren, dass sich der Verkäufer sicher im Umgang mit den Kunden fühlt. Dies wiederum weckt beim Kunden die Assoziation, dass der Verkäufer fachlich und sozial kompetent ist und nichts zu verbergen hat.

Unsicheres Auftreten wird fast immer assoziiert mit

- fachlicher Inkompetenz,
- mangelhafte Erfahrung in der Kundenberatung,
- Misstrauen, weil ein unsicherer Verkäufer möglicherweise etwas zu verbergen hat.

Offene und geschlossene Körpersprache

Ein Kind, das seine Eltern angelogen hat, blickt zu Boden, die Hände hinter dem Rücken verschränkt. Es schaut seinen Eltern nicht in die Augen. Man ahnt in der Situation, dass das Kind nicht die Wahrheit sagen will. Wenn jemand lügt, wählt er unbewusst meist eine geschlossene Körpersprache und eine sehr sparsame Gestik, zum Beispiel versteckt er seine Hände in den Hosentaschen oder hinter dem Rücken. Wer lügt, vermeidet häufig direkten Blickkontakt, dessen Mimik ist schwach ausgeprägt oder wie eingefroren. Die Stimme wird leiser und ist wenig moduliert.

Leider ähnelt diese Körpersprache und Stimme sehr stark der eines Menschen, der sich unsicher fühlt. Der Grund dafür ist übrigens sehr einfach. Wenn wir unsicher sind, fühlen wir uns ein wenig als würden wir lügen, unwohl bis ängstlich. Die Körpersprache und unsere Stimme sind deshalb so angelegt, dass wir uns möglichst unauffällig verhalten und nicht auffallen wollen. In diesen Zusammenhang gehört auch das Phänomen, dass jemand – um auf keinen Fall unsicher oder unehrlich zu wirken — eine Körpersprache und Stimmlage einnimmt, die man am ehesten mit arrogant beschreiben könnte. Extrovertierte Personen haben manchmal die Tendenz, bei Unsicherheit mit einem übertrieben dynamischen Verhalten zu reagieren. Auch dieses Verhalten dient wieder dazu, die Unsicherheit zu verbergen. Deswegen ist eine offene Körpersprache so wichtig. Denn sie signalisiert dem Gesprächspartner, dass wir nichts zu verbergen haben und hinter unseren Aussagen und Handlungen zu 100 Prozent stehen. Offenheit signalisiert dem Kunden auch, dass der Verkäufer ehrlich ist.

Ein selbstsicherer Auftritt besteht im Wesentlichen darin, dass man

- eine offene, positive Körpersprache hat,
- dauerhaft Blickkontakt hält (direkt in die Augen und nicht an andere Stellen wie z. B. den Mund),
- weder unterwürfiges noch arrogantes Verhalten zeigt.

Unterwürfiges Verhalten

Unterwürfiges Verhalten erkennt man meistens an Gesten wie einer gebückten Körperhaltung, einer leichten Neigung des Halses (den Hals anbieten) und zögerlichen Bewegungen (z. B. einen halben Schritt nach vorne, halben Schritt zurück, keine klaren Bewegungen mit Anfang und Ende). Nachteilig im Hinblick auf einen selbstsicheren Auftritt sind auch zu schnelles oder zu langsames Sprechen oder das Einfügen von Füllwörtern und Relativierungen (zum Beispiel „äh“, „na ja“, „ich denke“, „ich meine“, „ich wollte mal“). Dagegen sorgen klare Aussagen wie „Ich möchte“, „Können Sie bitte“, „Darf ich Sie bitten“ für ein positives Image.

Freundliches Lächeln

Grundsätzlich ist es so, dass wir das Lächeln eines anderen Menschen auf uns beziehen. Wenn wir angelächelt werden, ist dies für uns ein Signal, dass wir wertgeschätzt werden und als sympathisch gelten. Und im Sinne der Gegenseitigkeit tendieren wir dazu, dass wir das Lächeln zurückgeben. Wann auch immer wir angelächelt werden, haben wir eine starke Tendenz zurückzulächeln. Dies geschieht meist automatisch und unwillkürlich, weil wir einen uns gegebenen Sympathievorschuss auch zurückgeben wollen. Diese Gegenseitigkeit gilt auch für Komplimente. Wenn jemand ein Kompliment erhält, gibt er dieses häufig auch zurück.

Ein freundliches Lächeln ist allerdings nur wirksam, wenn es auch glaubwürdig rüberkommt. Das aufgesetzte Verkäuferlächeln weckt beim Kunden eher negative Assoziationen, weil es nicht authentisch ist. Aber woran erkennt man ein authentisches Lächeln? Wenn wir aus echter positiver Empfindung heraus lächeln, dann tendieren die Augen dazu mitzulachen. Das erkennen wir an den kleinen Lachfalten in den Augenwinkeln. Beim kühlen Grinsen oder aufgesetzten Lächeln lachen die Augen nicht mit. Da wir die Körpersprache intuitiv richtig verstehen, können wir ein falsches von einem echten Lächeln gut unterscheiden. Und deswegen führt ein aufgesetztes, nicht ehrliches Lächeln häufig zu negativen Assoziationen beim Kunden.

Für Verkäufer bedeutet das: Um im Verkaufsgespräch das richtige Image zu produzieren, ist es wichtig, die Verhaltensweisen, die wir hier besprechen, nicht aufgesetzt und künstlich einzusetzen, sondern eine zugrundeliegende positive Grundhaltung zu entwickeln.

Positive Grundhaltung des Verkäufers

Mit der positiven Grundhaltung des Verkäufers ist gemeint, dass wir das, was wir nach außen transportieren, in uns auch fühlen. Wenn Sie sich also nicht freuen können, wenn Sie Ihre Kunden sehen, wenn Sie keine positiven Emotionen zu Ihren Kunden entwickeln können, dann wird es sehr schwer sein, den Kunden dieses positive Gefühl zu vermitteln. Denn irgendwann beginnt die eigene Körpersprache Ihnen gewissermaßen zu widersprechen. Ihre Kunden werden Sie als nicht authentisch erleben, was wiederum bei ihm negative Emotionen hervorruft.

TIPP: Üben Sie vor dem Spiegel!

Wenn wir uns morgens anziehen, überprüfen wir meist vor dem Spiegel, ob wir unser Äußeres der Umwelt so zumuten wollen. Machen Sie dies in Zukunft auch mit Ihrem Auftritt. Stellen Sie sich vor, Sie treffen auf einen Kunden. Überprüfen Sie nun im Spiegel ihre Wirkung. Ist Ihre Körperhaltung aufrecht? Sind die Schultern nicht nach vorne gekrümmt, der Kopf nicht zur Seite geneigt? Geht der Blick geradeaus und nicht nach unten? Wenn Sie gestikulieren, sollten Ihre Handflächen sichtbar sein. Der Stand sollte maximal Schulterbreit sein, alles, was darüber hinausgeht, wirkt aufgesetzt. Wenn Sie mit sich selbst im Spiegel den Blickkontakt aufrechterhalten können, dann gelingt Ihnen dies auch mit Ihren Kunden. Wenn Sie dem Kunden die Hand reichen, sollte Ihr Arm etwa einen rechten Winkel bilden, daraus ergibt sich eine Distanz zum Kunden von etwa 70 bis 90 cm. Dies entspricht auch der optimalen Distanz für den geschäftlichen Kontakt. Wenn Sie lächeln, achten Sie darauf, dass Ihre Augen das Lächeln mitvollziehen. Dies erkennt man an den Lachfalten im Augenwinkel.

Wenn Sie sich während dieser Übungen vor dem Spiegel etwas komisch fühlen, dann machen Sie sich keine Sorgen. Das geht jedem so. Wenn Sie gar nicht üben, dann wäre das so, als würden Sie ein Diätbuch kaufen und das Buch nur durchlesen. Denken Sie immer daran: Verhaltensweisen, die Sie nicht durch häufiges Üben in Ihrem Unbewussten verankern, werden Sie im Verkaufsgespräch nicht umsetzen können.

Fähigkeit zur Empathie

Wahrscheinlich haben Sie auch diese oder ähnliche Kindheitserinnerungen: Wir sind wild herumgetobt und irgendwann ist es dann passiert: Das Knie, der Ellbogen, irgendwo haben wir uns verletzt und dann vor Schmerz geweint. Vielleicht haben wir versucht, unseren Schmerz ein bisschen zu unterdrücken, als der Vater gesagt hat: „Stell dich nicht so an. Das ist doch nur eine Kleinigkeit!" Und wie gut tat es dagegen, als wir die schmerzende Stelle der Mutter gezeigt hatten. Sofort veränderte sie ihre Körpersprache und ihre Stimmlage. Sie wurde ganz einfühlsam und vermittelte uns so, dass sie die Schmerzen fast ebenso stark verspürte wie wir. Dieses Verhalten behielt sie für ein paar Minuten bei, bis sie auf einmal ihre Stimme ins Positive veränderte und fragte, ob es nun schon ein bisschen besser ist. Als wir dann nickend zustimmten, zauberte sie ein Lächeln auf ihr Gesicht und fragte: „Na, wie wäre es jetzt mit einem Eis?" In diesem Moment huschte auch ein Lächeln über unser Gesicht und die Schmerzen waren wie weggeblasen. Wir freuten uns nur noch auf das leckere Eis.

Pacing und Leading

Unsere Mutter brauchte keine Verkaufstrainings oder Seminare zum Thema soziale Kompetenz zu besuchen, um diese Fähigkeit der Empathie einzusetzen. Sie ist uns von Natur gegeben. Wir können uns automatisch in die Situation eines anderen hineinversetzen. Wir müssen nicht darüber nachdenken, was wir im Einzelnen tun. Dieser Prozess läuft ganz von selbst ab. Aber eben nur, wenn wir wirklich eine emotionale Verbindung zu unserem Gegenüber spüren. In der Psychologie nennt man dieses Verhalten Pacing und Leading, also Nachfolgen und Führen. Damit ist die Fähigkeit gemeint, zuerst mit jemandem in seiner emotionalen Situation Verbindung aufzunehmen, indem man die Körpersprache angleicht, und — wenn das gelungen ist — zu versuchen, dessen Emotionen zu verändern, indem man Körpersprache und Stimmlage verändert.

Wie die Spiegelneuronen Sympathie erzeugen

Mit der Entdeckung der Spiegelneuronen beim Menschen im Jahr 2002 ist es den Neurowissenschaftlern gelungen, den Teil im Gehirn, der für die Empathie, also das Einfühlungsvermögen, zuständig ist, zu lokalisieren. Die Spiegelneuronen bewirken Folgendes: Sie können durch Körpersprache und Stimmlage einer Person deren Emotionen deuten, und erzeugen eine ähnliche Emotionen in unserem Gehirn. Das heißt, wir entwickeln ein passendes Gefühl zu der wahrgenommenen Körpersprache und Stimme der anderen Person und können uns so in deren Situation hineinfühlen. In dem Moment, wo diese Emotion in uns aufsteigt, haben wir die Möglichkeit, unsere Körpersprache und unsere Stimme an diese Emotion anzupassen. Dies hat zur Folge, dass unser Gegenüber bei uns eine ähnliche Körpersprache und Stimmlage wahrnimmt, wie wir sie gerade selbst passend zu seinen Emotionen entwickeln. Damit fühlt er wiederum, dass wir dasselbe fühlen wie er. Man kann sich vorstellen, dass auf diese Weise in kurzer Zeit eine starke Übereinstimmung zwischen zwei Personen entsteht. Denn dieser wechselseitige Prozess tendiert dazu sich hochzuschaukeln. Wir fühlen immer deutlicher, was der andere fühlt, und fühlen uns dem anderen so immer näher.

KÖRPERSPRACHE ANPASSEN

Anwendung der neuropsychologischen Erkenntnisse im Verkaufsgespräch

Die Frage ist nun, wie sich diese neuropsychologischen Erkenntnisse konkret im Verkaufsgespräch anwenden lassen. Jeder von Ihnen hat die Fähigkeit der Empathie schon häufig, wenn auch möglicherweise unbewusst, eingesetzt. Vielleicht nicht in einem Verkaufsgespräch, aber sicherlich doch, wenn es Freunden oder Bekannten schlecht ging.

Vermutlich waren Sie schon einmal bei einem Begräbnis und haben einem nahen Angehörigen Ihr Beileid ausgesprochen. Und obwohl Sie die Person vielleicht nicht so gut kannten und nicht so tiefe Trauer verspürten, haben Sie die gleiche Kleidung angezogen, die auch die Trauernden trugen, wahrscheinlich ein schwarzes Kostüm oder einen schwarzen Anzug. Beim Betreten des Friedhofs wurden Ihre Schritte bedächtiger, Sie blickten zu Boden und in Ihnen stiegen langsam Gefühle der Trauer auf. Als Sie dann Ihr Beileid aussprachen, senkten Sie Ihre Stimme, sprachen gefasst, um dem Angehörigen das Gefühl zu vermitteln, dass Sie seinen Schmerz verstehen und mittrauern.

Wir alle verfügen über die Fähigkeit, unsere Spiegelneuronen zum Einsatz zu bringen und damit in kurzer Zeit eine tiefe Verbundenheit mit dem Gegenüber herzustellen und Sympathie zu erzeugen.

TIPP: Holen Sie den Kunden dort ab, wo er emotional steht

Beobachten Sie vom ersten Moment an, wenn Sie auf den Kunden treffen, seine Körpersprache. Gleichen Sie Ihre Körperhaltung, die Schrittgeschwindigkeit, die Schrittlänge und Ihre Armbewegung so weit als möglich an. Wirkt der Kunde eher introvertiert und zurückhaltend in seiner Körpersprache oder dynamisch? Wie ist sein Gesichtsausdruck? Freundlich lächelnd, sachlich-neutral oder gar deprimiert? Wenn Sie einen Kunden, der niedergeschlagen wirkt, mit einem strahlenden Verkäuferlächeln begrüßen, dann bringen Sie ihn damit nicht zum Lächeln, sondern nerven oder verletzen ihn gar. Zu Beginn des Kundengesprächs holen wir den Kunden dort ab, wo er sich emotional befindet. Erst später, wenn wir eine emotionale Verbindung geschaffen haben, versuchen wir den Kunden in eine positive Stimmung zu führen. Denken Sie immer daran: Zuerst kommt das *Pacing*, erst anschließend können wir zum *Leading* übergehen.

Werden Sie ein Spiegelbild Ihres Kunden

Warten Sie ab, wie stark der Händedruck des Kunden ausfällt, um dann Ihren Händedruck daran anzupassen. Passen Sie die Sprechgeschwindigkeit, die Lautstärke und die Modulation an die Verhaltensweisen Ihres Gesprächspartners an. Passen Sie auch die Worte, die Sie verwenden, an die des Kunden an. Drückt er sich einfach oder gewählt aus? Verwendet er Fachwörter oder Laienbegriffe? Hören Sie gut zu und merken Sie sich prägnante Wörter, die der Kunde in seiner Ausdrucksweise verwendet. Bauen Sie diese Wörter dann immer wieder geschickt in Ihre Kommunikation ein. Stellen Sie sich vor, Sie werden optisch und akustisch ein Spiegelbild Ihres Kunden.

TRAINING

Sie können diese Fähigkeit sehr gut vor dem Fernseher trainieren. Sehen Sie sich eine Talkshow an und passen Sie Ihre Körperhaltung, Gestik, Mimik, Sprechgeschwindigkeit, Lautstärke, Modulation, Wortwahl und Sprachmuster abwechselnd an die Verhaltensweisen einzelner Talkshowgäste an. Wenn Sie das ca. ein bis zwei Stunden geübt haben, sind Sie reif für die Praxis, um es an einem realen Kunden auch wirklich auszuprobieren. Nach zehn bis zwanzig Verkaufsgesprächen sollte sich das Verhaltensmuster des Pacing („verfolgen, imitieren") soweit automatisiert haben, dass Sie in Zukunft nicht mehr darüber nachdenken müssen.

Halten Sie die angepasste Körpersprache und Wortwahl während des gesamten Gespräches aufrecht. Machen Sie sich ein unauffälliges Zeichen in Ihrem Notizblock, das Sie während des Gesprächs ständig daran erinnert, das Pacing im Gespräch aufrecht zu erhalten.

3.4 Telefonische Neukundenakquise

Wenn man als Verkäufer einen potenziellen Kunden anruft, wird man entweder sofort abgewiesen oder es fällt sehr, sehr schwer, einen Termin zu vereinbaren. Deshalb versuchen viele Verkäufer, die telefonische Kaltakquise nach Möglichkeit zu vermeiden. Dies ist wenig verwunderlich, wenn man bedenkt, wie negativ Verkäufer in der Öffentlichkeit wahrgenommen werden und auf wie viel Ablehnung sie bei ihren Kunden stoßen.

Die Einstiegsfrage aus Sicht der NAS-Strategie

Die typische Einstiegsfrage des Verkäufers lautet: „Wie zufrieden sind Sie mit Ihrem bisherigen Lieferanten?“ Dies ist ein schlechter Einstieg in das Kundengespräch. Warum? Die Frage nach der Kundenzufriedenheit kommt hier viel zu früh. Wie wir bereits gesehen haben, besteht eines der Ziele der NAS-Strategie darin, die Zufriedenheit einer Person mit der bisherigen Lösung im Verkaufsgespräch zu senken. Also macht es überhaupt keinen Sinn, schon am Anfang nach der Zufriedenheit zu fragen. Dennoch agieren viele Verkäufer so — und dies mit sehr geringem Erfolg. Ohne eine klare Strategie sprechen sie Kunden an und fragen, ob sie mit ihrer bisherigen Lösung oder ihrem Lieferaten zufrieden sind.

Stellen Sie sich folgende Situation vor: Sie sind Single und suchen einen Partner. Also gehen Sie in die Stadt und sprechen auf der Straße Personen an und fragen, wie zufrieden sie mit ihrem Partner sind. Selbst wenn die angesprochene Person tatsächlich unzufrieden ist, so ist es doch unrealistisch, dass sie Ihnen dies sogleich offen mitteilt. Denken Sie immer daran, dass alle Kunden, die Sie als Verkäufer ansprechen, schon einen „Partner“ haben: also entweder eine andere Lösung oder einen anderen Lieferanten. Der bisherige Lieferant ist der Partner des Kunden, den er selbst ausgewählt hat. Warum sollte er einem Fremden mitteilen, dass seine Lieferantenauswahl vielleicht doch nicht so optimal war. Damit Ihnen ein Kunde seine Probleme offen mitteilt, müssen Sie erst das Vertrauen des Kunden gewinnen.

Die Neugier des Kunden wecken

Neue Kunden am Telefon zu akquirieren ist nur bei wenig komplexen und geringwertigen Gütern möglich. In allen anderen Fällen dient die telefonische Kontaktaufnahme mit einem potenziellen Neukunden dazu, einen Termin zu fixieren. Damit verändert sich auch die Zielsetzung des Gesprächs: weg vom Verkauf eines Produkts hin zum Wecken des Kundeninteresses mit nachfolgender Terminvereinbarung.

!

ACHTUNG Grenzen der Überzeugungskraft im Akquisetelefonat

Die Besonderheit eines Telefongesprächs besteht darin, dass die Wirkung der Körpersprache entfällt. Die Körpersprache ist mit 50 % an der Überzeugungskraft beteiligt ist, die Stimme zu 40 % und die Sachinhalte nur zu 10 %. Deshalb gehen in einem Telefongespräch 50 % der Überzeugungskraft verloren. Der große Beitrag der Körpersprache für die Überzeugungskraft des Verkäufers hat damit zu tun, dass wir Informationen in hohem Maße visuell wahrnehmen und

diese Informationen dann mit neu aufgenommenen visuellen Informationen abgleichen. Dadurch können wir uns in sehr kurzer Zeit ein Bild von unserem Kunden machen. Am Telefon entfällt diese Möglichkeit, so dass wir die Person am anderen Ende der Leitung nur schwer einschätzen können. Es stehen dem Verkäufer deutlich weniger Mittel zur Verfügung, um den Kunden gut zu überzeugen. Daher sind jegliche Versuche, einen Kunden am Telefon von einem komplexeren Produkt zu überzeugen, zum Scheitern verurteilt.

Dies ist auch einer der häufigsten Fehler beim Akquisetelefonat mit Kunden. Als Verkäufer sollten Sie sich nicht vom Kunden am Telefon in ein Verkaufsgespräch hineinziehen lassen. Verlieren Sie nie Ihr Ziel aus den Augen: Sie wollen mit dem Kunden einen Termin vereinbaren. Was wir dem Kunden in Aussicht stellen, ist eine mögliche Verbesserung seiner Situation, und der Preis für diese mögliche Verbesserung ist eine halbe bis eine Stunde seiner persönlichen Zeit.

Wir wollen also die Neugier des Kunden wecken. Wie geht das? Vielleicht haben Sie in Ihrer Kindheit einmal mit einer Katze gespielt, zum Beispiel glitzerndes Weihnachtspapier zu kleinen Kugeln geknüllt und an Schnüre gebunden. Das Funkeln erregte die Aufmerksamkeit der Katze. Jedes Mal, wenn sie versucht, die bunte Kugel zu erwischen, ziehen wir an der Schnur, so dass sie es nicht erhaschen konnte. So kann man stundenlang mit der Katze herumspielen. Wenn man aber das Spielzeug ruhen lässt und die Katze die Kugel untersuchen kann, verliert sie sofort ihr Interesse. Ähnlich verhält es sich beim Kunden. Sie dürfen ihm nur so viel Information geben, dass das Thema ihn zu interessieren beginnt. Falls er dann weitere Fragen hat und genauer über die Leistung Bescheid wissen möchte, verweisen Sie ihn auf den persönlichen Gesprächstermin. Und ebenso wie wir als Kinder wussten, dass eine glitzernde Papierkugel für Katzen interessant ist, so müssen wir uns als Verkäufer überlegen, was für den Kunden grundsätzlich von Interesse sein kann.

Wenn Sie Business-to-Business verkaufen, denken Sie an das Ziel des Kundenunternehmens. Das Ziel eines jeden Unternehmens ist es, den Gewinn zu maximieren oder — im negativen Fall — die Verluste zu minimieren. Stellen Sie sich als Verkäufer die Frage, was an Ihrer Leistung dem Kunden helfen kann, seinen Gewinn zu steigern. Denken Sie dabei entweder an Möglichkeiten, wie Sie dem Unternehmen helfen können, mehr Umsatz zu erwirtschaften oder seine Kosten zu reduzieren, also beispielsweise attraktivere Produkte zu produzieren, mehr Kunden zu gewinnen, Personal einzusparen und Ähnliches.

Zielkunden identifizieren

In der Akquise sind Ihre Zielkunden die Kunden, von denen Sie annehmen können, dass Sie deren Problemstellungen möglicherweise besser lösen als Ihre Mitbewerber. Dazu müssen Sie zuerst Ihre Kompetenzfelder definieren. Auf welchen Feldern kann Ihr Produkt bzw. Ihre Dienstleistung Kundenprobleme besser lösen als der Mitbewerber? Dann identifizieren Sie jene Kundengruppen, die in einem hohen Ausmaß Problemstellungen oder Situationen haben, die Sie mithilfe Ihres Produkts oder Ihrer Dienstleistung verbessern können. Dies sind Ihre Zielkunden, also diejenigen, die — um beim obigen Bild zu bleiben — wahrscheinlich unglücklich verpartnert sind.

Orientieren Sie Ihre Strategie am Pareto-Prinzip

Kümmern Sie sich um Kunden, die ein hohes Potenzial haben. Wenn man die Kunden und die Erträge, die man mit diesen Kunden erwirtschaftet, betrachtet, stellt man im Vertrieb häufig fest, dass die 80-20-Regel gilt, das sogenannte Pareto-Prinzip. Es besagt, dass man mit 20 % der besten Kunden 80 % des Umsatzes, mit den übrigen 80 % der Kunden entsprechend nur 20 % des Umsatzes macht. Auch bei Ihren neu gewonnenen Kunden wird dieses Verhältnis in ähnlicher Weise zutreffen. Passen Sie also Ihre Akquisestrategie an. Investieren Sie 80 % Ihrer Zeit in die wichtigen 20 % Ihrer Zielkunden, die das höchste Potenzial haben — Ihre High Potentials. Und stecken Sie 20 % Ihrer Akquisezeit in die 80 % der Kunden, die nur über ein geringeres Potenzial verfügen.

Sie werden Sich fragen, warum man sich dann überhaupt mit den kleineren Kunden beschäftigen soll. Kleine Kunden sind häufig rascher und einfacher zu gewinnen als große Kunden. Wenn Sie also all Ihre Energie für die Gewinnung der großen Kunden aufwenden, könnte es passieren, dass es sehr lange dauert, bis Sie die ersten Akquiseerfolge vorweisen können. Unabhängig davon, ob Sie angestellt oder selbstständig sind, könnte diese Durststrecke zu Problemen führen.

Vernachlässigen Sie Ihre Bestandskunden nicht

Langfristig können Sie mit der 80-20-Regel in der Neukundenakquise sehr viel höhere Erträge erzielen. Planen Sie die Akquise, aber vergessen Sie Ihre Bestandskunden nicht! Viele Unternehmen legen in ihrer Vertriebsstrategie immer noch das Hauptaugenmerk auf die Gewinnung neuer Kunden. Bei der Neubearbeitung eines Gebietes ist die Neukundengewinnung natürlich erst einmal unumgänglich. Doch sobald Bestandskunden vorhanden sind, lohnt es sich meist, mehr Zeit in den Ausbau und die Sicherung dieser Kunden zu investieren.

Die 1-3-7-Regel

Die Neukundengewinnung ist um ein Vielfaches zeitintensiver als der Ausbau eines bestehenden Kundenstamms. Studien in verschiedenen Branchen belegen, dass die Gewinnung eines Neukunden mindestens den siebenfachen Aufwand erfordert als der Verkauf an einen aktiven Kunden, während die Reaktivierung eines gerade nicht kaufenden Bestandskunden nur den dreifachen Aufwand darstellt. Diese 1-3-7-Regel gilt für die meisten Branchen. Gerade der Faktor für die Neukundengewinnung kann sich je nach Branche auch noch weiter nach oben verschieben. So liegt im Investitionsgüterbereich der erhöhte Aufwand oft beim Fünfzigfachen im Vergleich zum Verkauf an bestehende Kunden.

Betreuen Sie Kunden immer mit folgender Priorität:

1. Bestandskunden mit Potenzial
2. Kunden ohne Ausbaupotenzial
3. Inaktive Kunden
4. Neukunden

Bewerten Sie Ihre Kunden

Definieren Sie, welche Kunden Ihnen helfen, besonders erfolgreich zu sein. Am besten orientieren Sie sich dabei an dem Deckungsbeitrag und dem möglichen Potenzial. Aber Sie können den Kundenwert auch individuell bestimmen. Wenn Sie festgelegt haben, wonach Sie den Kundenwert in Ihrem Unternehmen am besten messen können, führen Sie diese Bewertung für alle Kunden durch. Stimmen Sie die Kontaktfrequenz auf den Kundenwert ab. Entscheiden Sie, welche Kunden besucht, angerufen oder zu Veranstaltungen eingeladen werden. Konzentrieren Sie den Hauptteil Ihrer Zeit auf wertvolle Kunden. Gerade unwichtige Kunden nehmen sonst schnell viel Zeit in Anspruch.

Kein Gespräch ohne Ziel

Einen Kunden zu besuchen, weil man gerade in der Nähe ist oder er lange nicht besucht wurde, ist Zeitverschwendung. Kundenbesuche, zu denen der Außendienst ohne Ziel geht, führen in der Regel auch zu keinem Ergebnis. Legen Sie sich schon bei der Terminvereinbarung auf zwei Ziele fest:

1. Maximalziel: Was ist möglich, wenn das Gespräch bestmöglich läuft?
2. Minimalziel: Was wollen Sie auf jeden Fall erreichen?

3.5 Basis der Kundenbeziehung: Sympathie, Vertrauen und Kompetenz

Nachdem wir in der Image-Phase das Fundament für das Verkaufsgespräch gelegt haben, beginnen wir jetzt mit dem Verkaufsgebäude. In der Image-Phase ging es im Wesentlichen darum, dass der Kunde generell ein positives Bild von Ihnen gewinnt. In Kapitel 1.3 haben wir uns mit dem Limbischen System, unserem unbewussten Filter beschäftigt. Nur wenn es dem Verkäufer in der Image-Phase gelingt, positive Assoziationen beim Kunden hervorzurufen, wird dieser Filter auf positiv gestellt. Und nur so ist gewährleistet, dass der Kunde überhaupt bereit ist, dem Verkäufer positive Persönlichkeitseigenschaften zuzuschreiben und die positiven Aspekte des Produkts unverzerrt wahrzunehmen. Die Basis des Verkaufsgebäudes besteht darin, Sympathie, Vertrauen und Kompetenz mit der Person des Verkäufers zu assoziieren. Wir bezeichnen diese Phase auch kurz als SVK-Assoziieren. Nur wenn der Kunde diese Assoziationen mit dem Verkäufer verbindet, wird er in der Analysephase (Kapitel 3.6) zielführende Antworten auf die SUPER-Fragestrategie geben. Nur wenn dem Verkäufer Vertrauen und Kompetenz zugeschrieben werden, wird der Kunde für die Argumentation des Verkäufers offen sein. Das Fehlen von Vertrauen und Kompetenz ist neben der fehlenden Kundenanalyse einer der Hauptgründe für das Scheitern eines Verkaufsgesprächs.

3.5.1 Sympathie aufbauen

Ein Außendienstmitarbeiter eines Unternehmens hatte in München einen wichtigen Kundentermin, zu dem ich ihn begleitete. Vor dem Gespräch waren wir eine halbe Stunde auf Parkplatzsuche. Gleich zu Beginn des Gesprächs entschuldigte der Außendienstler unsere dreiminütige Verspätung mit den Worten: „Es ist ja hier fast unmöglich, einen Parkplatz zu finden." Daraufhin erklärte uns der Kunde in epischer Länge, wie unmöglich die Parkplatzsituation hier sei und wie schwierig es daher ist, Mitarbeiter zu finden, da nur etwa 20 Tiefgaragenplätze für 200 Mitarbeiter zur Verfügung stehen. Im anschließenden Feedback nach dem Kundengespräch fragte mich der Verkäufer, ob es denn nicht gut gewesen wäre, dass der Kunde so viel über sich gesprochen hat. Meine Antwort war: „Wenn Sie Parkplätze verkaufen würden, wäre es ein super Verkaufsgespräch gewesen!"

Beim anschließenden Kundenbesuch außerhalb der Stadt, abgelegen in einem Gewerbegebiet, befanden sich über 100 Parkplätze vor dem Firmengebäude, von denen sicherlich 20 frei waren. Meine Hoffnung, dass der Verkäufer bei diesem Kundentermin die entspannte Parkplatzsituation ansprechen würde, wurde leider nicht erfüllt. Da der kleine Weg, an dem das Firmengebäude lag, nicht im Navigationssystem zu finden war, begann der Verkäufer den Smalltalk mit dem Hinweis, dass die Firmenadresse schlecht aufzufinden sei, was der Kunde bestätigte und zu einem ausgiebigen Gespräch über die Auswirkungen dieses Problems führte.

Vermeiden Sie negative Themen beim Smalltalk

Im Smalltalk werden häufig negativen Themen angesprochen, zum Beispiel Themen wie eine wirtschaftliche Schieflage oder politische Probleme. Da ein Großteil der in den Zeitungen veröffentlichten Meinung negative Themen betrifft, sind die neuesten Nachrichten häufig eher negativ ausgerichtet. Negative Gesprächsthemen können zwar auch zur Entstehung von Sympathie beitragen, sofern beide Gesprächspartner eine ähnliche Meinung zu einem Thema haben, aber diese Themen versetzen den Kunden in eine negative Stimmung. Tatsächlich verringert ein Problembewusstsein zu einem Thema, das der Verkäufer in keiner Weise lösen kann, die Kauflaune des Kunden.

Nach der NAS-Strategie soll der Verkäufer zwar negative Assoziationen mit der gegenwärtigen Situation verbinden, aber nur diejenigen, die Probleme betreffen, die er mit seinem Produkt auch lösen kann! Ein Kollege von mir hat ein Buch geschrieben, das den Titel trägt: „Kunden kaufen nur von Siegern“ Ich weiß nicht, ob Kunden nur von Siegern kaufen, aber sicher nicht von jemandem, der überall ein Problem sieht, aber nirgends eine Lösung.

Ebenso gibt es sehr sachorientierte Kunden oder Kunden, die einfach unter Zeitdruck stehen und kein Interesse am Smalltalk haben. Auch in diesem Fall kann der Smalltalk oder der zwanghafte Versuch, Smalltalk zu führen, negative Assoziationen beim Kunden wachrufen. Überhaupt wirkt der Verkäufer-Smalltalk häufig sehr gezwungen und geplant. Sobald der Smalltalk dem Kunden als Teil einer Verkaufsstrategie bewusst wird, verkehrt sich der Effekt meist ins Negative.

Sympathie entsteht durch Ähnlichkeit

Sympathie entsteht durch Ähnlichkeit. Der Grundstein dafür wird in der Image-Phase gelegt. Registrieren wir viele Gemeinsamkeiten mit einer Person, werden positive Emotionen mit ihr verbunden. Der Filter im Limbischen System nimmt verstärkt positive Aspekte der Person war und blendet negative aus. Um die gewonnene Sympathie nun weiter zu verstärken, haben wir die Möglichkeit, Wertschätzung für den Kunden zu vermitteln oder gemeinsame Sichtweisen zu finden.

Wertschätzung vermitteln Sie Ihrem Kunden am besten, indem Sie zum Beispiel Firma und Arbeitsumgebung des Kunden positiv kommentieren. Schon in Ihrer Vorbereitung auf den Kundentermin können Sie damit beginnen, Themen zur Vermittlung Ihrer Wertschätzung für den Kunden zu sammeln. Betrachten Sie den Webauftritt des Kunden und überlegen Sie dabei, was Ihnen positiv auffällt. Welche interessanten Fragen kommen Ihnen zum Unternehmen in den Sinn? Wenn Sie zum Kundentermin unterwegs sind, betrachten Sie die Lage, die Verkehrsanbindung sowie das Firmengebäude. Ergeben sich hier Ansatzpunkte für eine positive Kundenansprache. Sehr wichtig: Sprechen Sie dabei nur Themen an, die Sie selbst positiv empfinden. Der Kunde spürt den Unterschied. Ansonsten wirken Sie nicht mehr authentisch und verlieren damit das Vertrauen des Kunden.

Positive Themen für den Erstkontakt mit dem Kunden

Für den ersten Kundenkontakt ist es empfehlenswert, gemeinsame Sichtweisen nur im Bereich des Kundenunternehmens zu suchen. Private Themen wie Urlaub, Hobbys und Familie sind für den ersten Kontakt meist zu intim. Diese Themen können Sie in den folgenden Kundengesprächen langsam einfließen lassen.

Zu den toxischen Themen, die Sie unbedingt vermeiden sollten, gehören politische Ansichten, polarisierende Gesellschaftsthemen, Religion und Gesundheit. Bei diesen Themen ist die Gefahr zu groß, dass der Kunde und Sie unterschiedliche Ansichten haben und der Kunde negative Assoziationen entwickelt.

Gemeinsame Sichtweisen und Einstellungen findet man am besten, indem man dem Kunden genau zuhört und die Aussagen des Kunden nach Gemeinsamkeiten durchforstet. Wenn seine Sichtweisen mit Ihren übereinstimmen, greifen Sie das Thema auf, weichen die Sichtweisen des Kunden von Ihren ab, so hören Sie nur aktiv und wertschätzend zu.

Achten Sie darauf, dass Sie Ihre Einstellungen nicht thematisieren, solange Sie nicht sicher sind, dass sie denen des Kunden entsprechen. Das erscheint kompliziert, ist aber in der Praxis mit ein wenig Übung leicht erlernbar. Lassen Sie uns dies anhand eines Beispiels durchspielen. Nehmen wir an, Sie haben einen Kundentermin, der in einem Firmengebäude mit einer ausgefallenen, modernen Architektur stattfindet. Nehmen wir weiter an, Sie finden das Gebäude furchtbar hässlich. In diesem Fall würden Sie vielleicht erwähnen, wie leicht die Firma durch das auffällige Firmengebäude zu finden war. Sie würden vermeiden, über die Architektur des Gebäudes zu sprechen. Denn dieses Thema verbietet sich, weil Sie die moderne Firmenarchitektur nicht positiv kommentieren könnten, ohne Ihre Authentizität zu verlieren. Gefällt Ihnen das Gebäude jedoch und interessieren Sie sich zudem für moderne Architektur, dann würden Sie kurz die Sichtweise des Kunden erfragen und dann die Gebäudearchitektur im Smalltalk thematisieren können.

Sie müssen als Verkäufer nicht alles sagen, was Sie denken, aber Sie sollten alles denken, was Sie sagen.

Themen für den Smalltalk vorbereiten

Damit Ihr Kunde Sympathie, Vertrauen und Kompetenz mit Ihnen, dem Verkäufer, assoziiert, sollten Sie die Themen für den Smalltalk vorher auswählen. Um sich diese Arbeit etwas zu erleichtern, können Sie spezielle Apps auf Ihr Smartphone laden, die Sie dabei unterstützen. Ein Beispiel dafür ist die **Haufe Smalltalk App**. Mit dieser Anwendung können Sie Ihren Kontakten passende Themen zuweisen und erhalten dann über einen News Feed die neuesten Artikel zu diesen Themen, die gerade in der Presse veröffentlicht wurden. Sobald Sie auf den Namen des Kunden klicken und ein Thema auswählen, erscheinen die aktuellsten News auf Ihrem Smartphone. Die folgende Abbildung zeigt einen Screenshot des Smalltalk-Apps von Haufe.

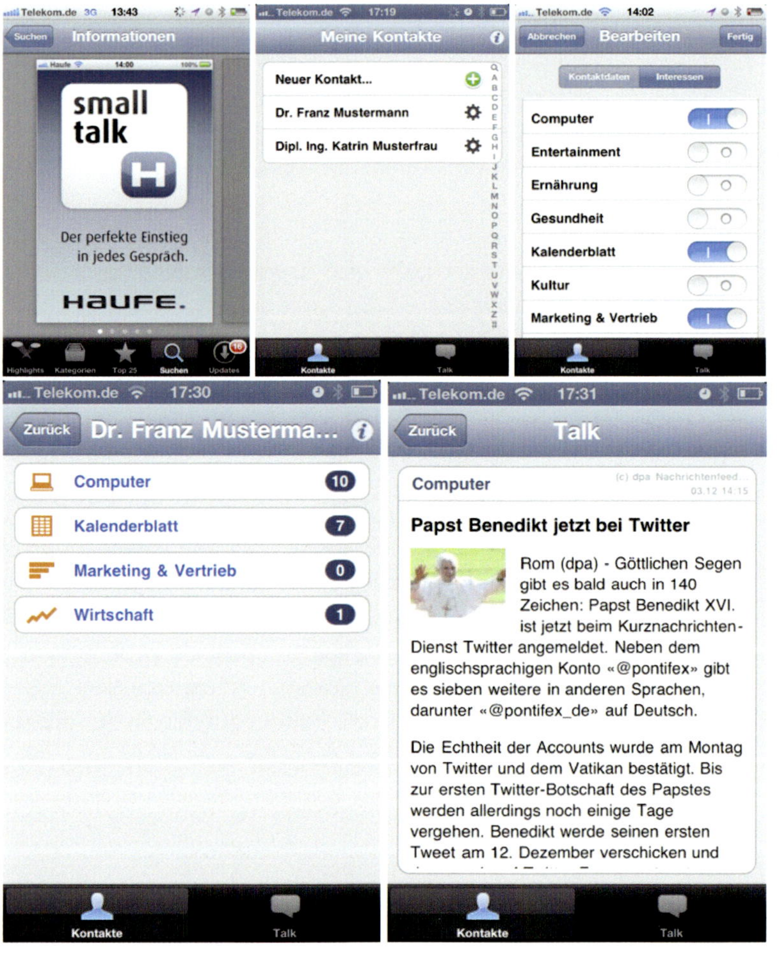

Smalltalk-App von Haufe (Screenshot)

Sie können zu Beginn des Gesprächs Sympathie bei Kunden hervorrufen, indem Sie Interesse an denselben Themen äußern. Sie vermitteln Vertrauen, weil Sie sich für die Belange des Kunden interessieren. Und darüber hinaus vermitteln Sie Kompetenz, weil Sie den aktuellen Wissensstand zu den verschiedenen Themen darstellen können.

Höflichkeit und Wertschätzung

Ein weiterer wichtiger Punkt ist Höflichkeit. Es gibt gewisse Höflichkeitsregeln, deren Einhaltung dem Kunden in hohem Maße Wertschätzung signalisiert. Höflichkeitsregeln dienen in unserer Gesellschaft dazu, anderen Wertschätzung zu vermitteln. Die Nichteinhaltung dieser Regeln signalisiert beim Gegenüber sofort Geringschätzung. Ob Sie einer Dame die Tür nicht aufhalten, einem Kunden kein Getränk anbieten oder sich selbst setzen, bevor Sie Ihrem Gast einen Platz angeboten haben, Sie vermitteln mit solchen unhöflichen Verhaltensweisen Ihrem Gegenüber eine mangelnde Wertschätzung.

Die Höflichkeitsregeln haben in unserer Gesellschaft aber noch eine andere Bedeutung. Jene, die diese Regeln beherrschen, signalisieren anderen, die mit diesen Regeln nicht so vertraut sind, einen höheren Status aufgrund ihrer besseren Erziehung. Besonders wenn Ihre Kunden in höheren Hierarchieebenen angesiedelt sind, ist es wichtig, die Höflichkeitsregeln perfekt zu beherrschen. Im gehobenen sozialen Schichten signalisiert das Beherrschen dieser Regeln die Zugehörigkeit zu dieser Klasse. Wenn Sie diese Regeln nicht sicher beherrschen, sind Sie zwar dabei, aber gehören nicht dazu. Ebenso wie ein teurer Wagen einen hohen Einkommensstatus signalisiert, verweist das Beherrschen der Umgangsregeln auf eine gute Erziehung und damit eine gute Herkunft.

Dennoch ist es zutiefst unhöflich und widerspricht damit dem Grundgedanken der Umgangsregeln, wenn Sie jemanden darauf hinweisen, dass er diese Regeln verletzt hat. Ich erlebe immer wieder, dass jemand einen angebotenen Handschlag mit den Worten: „Zuerst die Dame“ verweigert. Abgesehen davon, dass diese Abweisung ausgesprochen unhöflich ist, widerspricht es auch den Anstandsregeln, einer Dame ohne Vorstellung selbstständig die Hand zu geben.

Die Anstandsregeln sind durchaus geschlechtsspezifisch geprägt. So geht der Mann, wenn man eine Treppe aufwärts geht, hinter der Frau, während treppab der Mann vorangeht. Wenn Sie in einem Lokal mit einer Kundin zum Tisch gehen, dann geht der Mann voraus. Werden Sie aber von einem Kellner zum Tisch begleitet, geht zuerst der Kellner, dann die Kundin und zuletzt Sie.

Sollten Sie sich in diesem Bereich nicht ganz sicher fühlen, kann ich Ihnen zwei Quellen empfehlen. Wenn Sie eher zu den Höflichkeitsregeln der alten Wiener Schule tendieren, ist der Ratgeber von Willy Elmayer „Gutes Benehmen wieder gefragt“ eine gute Wahl. Ansonsten halten Sie sich an den guten alten Freiherrn von Knigge, der Klassiker der Benimmregeln.[3]

[3] Willy Elmayer: *Gutes Benehmen gefragt*, Zsolnay 1957; Adolph Freiherr von Knigge: *Über den Umgang mit Menschen*, Nikol Verlag 2009.

3.5.2 Vertrauen schaffen

Betrachten Sie die folgenden drei Situationen:

- **Situation 1:** Sie kaufen eine Solaranlage für Ihr Dach und der Verkäufer kalkuliert mit Ihnen die Amortisation der Anlage auf 25 Jahre durch. Denn die Anlage, so verspricht es Ihnen der Verkäufer, ist mindestens für diese Lebensdauer konstruiert.
- **Situation 2:** Sie verkaufen Ihr altes Handy bei eBay. Da Sie dem Käufer versprochen haben, dass er das Telefon bereits am nächsten Tag hat, begeben Sie sich zur Post. Dort empfiehlt man Ihnen, das Paket per Express zu versenden. Da nur so gewährleistet ist, dass es am nächsten Tag beim Empfänger eintrifft.
- **Situation 3:** Da Sie mit Ihrer gesetzlichen Rente aller Wahrscheinlichkeit nach im Alter kein Auskommen finden, entschließen Sie sich, eine private Vorsorge abzuschließen. Der Versicherungsvertreter, bei dem Sie die private Altersvorsorge abgeschlossen haben, hat Ihnen eine 5,4-prozentige Verzinsung des eingesetzten Kapitals in Aussicht gestellt.

Wir denken immer, dass wir ein Produkt oder eine Dienstleistung kaufen. Aber wenn man sich diese drei Situationen ansieht, wird deutlich, dass wir eigentlich das **Versprechen eines Wertes** kaufen. Nur wenn dieser versprochene Wert eintrifft, haben wir das bekommen, wofür wir ursprünglich bezahlt haben. Wie wir schon aus der NAS-Formel wissen, setzt sich der Wert einer Sache aus dem Nutzwert und dem emotionalen Wert zusammen, zudem müssen die Kosten kleiner sein als der Wert, damit der Kauf für uns Sinn macht (vgl. Kapitel 3.1).

Kosten < Wert

Gesamtkosten Lösung < Emotionaler Wert + Nutzwert

$$C_S < \left[\sum_{i=1 \ldots x} E^e_{R_i} - \sum_{i=1 \ldots x} E^e_{P_i} \right] + \left[\sum_{i=1 \ldots x} P_{R_i} - \sum_{i=1 \ldots x} C_{P_i} \right]$$

Für ein billiges Produkt bezahlen Sie weniger als für ein hochwertiges Produkt. Dafür ist auch das **Wertversprechen** geringer. Wenn Sie ein hochwertiges Produkt erwerben, dann bezahlen Sie mehr, dafür wird Ihnen meist auch ein höherer Wert versprochen. Die höheren Wertversprechen von hochwertigen Produkten sind meist Produkteigenschaften, wie eine längere Lebensdauer, bequemere Nutzung, größerer Effizienz und dergleichen. Der Vorteil des günstigen Produktes liegt also primär in seinem geringen Preis, der Vorteil des hochwertigen Produktes in seinem höheren Wert.

Da Sie den Preis sofort beim Bezahlen des Produktes entrichten, lösen Sie den Vorteil sofort ein. Bei hochwertigen Produkten hingegen löst sich der höhere Wert erst im Laufe der gesamten Nutzungszeit ein. Irgendwann ist der ROI (Return of Investment) erreicht, also jener Zeitpunkt, zu dem sich die vergleichsweise hohe Investitionen durch den höheren Wert zu rechnen beginnt.

Über das billige Produkt freuen Sie sich an der Kasse, über das hochwertige Produkt solange Sie es nutzen.

Diese Überlegungen machen deutlich, dass wir umso mehr Vertrauen in die Aussagen des Verkäufers haben müssen, je hochwertiger das Produkt ist, das wir erwerben. Für Sie als Verkäufer heißt das: Je hochwertiger die Produkte sind, die Sie verkaufen, desto wichtiger wird es, Vertrauen zu vermitteln. Nur so entsteht beim Kunden die Sicherheit, dass er mit dem Produkt auch den Wert erhält, der den hohen Preis rechtfertigt.

Ein typisches Beispiel habe ich in einem Elektronikfachgeschäft erlebt, wo ich über Fernseher beraten wurde und der Verkäufer mir erklärt hat, dass das Gerät in etwa 400 Watt braucht, was auch richtig war. Allerdings hatte der Verkäufer dann gemeint, die Stromkosten für das Gerät würden in etwa 40 Euro im Jahr betragen. Da gibt es nur zwei Möglichkeiten: Entweder scheiterte der Verkäufer an der Kompetenz, d. h. ihm war nicht bewusst, wie hoch der Stromverbrauch tatsächlich ist. Oder aber der Verkäufer hat zwar die fachliche Qualifikation, aber er belügt den Kunden, um möglicherweise ein Gerät zu verkaufen, das einen sehr hohen Stromverbrauch hat. In diesem Fall wäre entweder der Vertrauens-Check oder der Kompetenz-Check negativ ausgefallen.

Vertrauen entsteht durch die Faktoren Ehrlichkeit, Offenheit und Interesse am Gesprächspartner. Vertrauen gewinnt ein Verkäufer, der ...

- dem Kunden tatsächlich die Informationen gibt, die für ihn wichtig sind, um zu entscheiden, ob das Produkt für ihn optimal ist.
- dem Kunden das Gefühl gibt, dass er ihm nur Informationen gibt, nach bestem Wissen und Gewissen.
- dem Kunden das Gefühl gibt, dass er fachlich in der Lage ist, eine qualifizierte Beratung durchzuführen.
- dem Kunden das Gefühl gibt, dass er eher an seinem Nutzen interessiert ist als an dem eigenen Vorteil.

Vertrauensvorschuss – Wenn wir jemandem Vertrauen entgegenbringen

Warum ist häufig der erste Satz, wenn wir jemanden treffen, die Frage: Wie geht es Ihnen? Weil das Interesse am anderen positive Emotionen bei dem Gegenüber auslöst. Das Interesse am Kunden ist deswegen für den Kunden ein sehr wichtiger Aspekt, weil ein Verkäufer, der primär nur verkauft, um damit Geld zu verdienen, den Kunden wahrscheinlich so beraten wird, dass nicht der Kunde, sondern der Verkäufer selbst den maximalen Nutzen aus dem Geschäft zieht.

BEISPIEL: „Kann ich Ihnen helfen?“

Stellen wir uns einen Einzelhandelsverkäufer vor, der in seiner Modeboutique steht und dort auf Kunden wartet. Immer wenn ein Kunde sein Geschäft betritt, spricht der Verkäufer ihn an: „Kann ich Ihnen helfen?“ Von zehn Kunden antworten sieben darauf mit „Nein, danke. Ich schau nur.“ Und machen sich dann alleine auf die Suche nach dem passenden Kleidungsstück. Das wäre nicht weiter schlimm, wenn es tatsächlich wahr wäre, dass von diesen zehn Kunden, die die Modeboutique betreten, tatsächlich nur drei vorhaben, irgendetwas zu kaufen, falls sie das richtige Produkt finden. In Wahrheit ist es genau umgekehrt: Wahrscheinlich können sich über 80 % der Kunden, die einen Laden betreten, vorstellen, etwas zu kaufen, sofern sie das richtige Produkt sehen. Warum also versuchen sie den Kontakt oder das Gespräch mit dem Verkäufer zu vermeiden?

Wenn die Verkaufsberatung mehr schadet als nützt

Menschen lernen durch Erfahrung. Und viele von uns haben die Erfahrung gemacht, dass die Beratung durch einen Verkäufer nicht zu einer besseren Lösung führt, als wenn man selbst Informationen zum Produkt einholt. Kunden kaufen in der Gegenwart eines Verkäufers Dinge, die sie ohne ihn niemals gekauft hätten. Wie so etwas passiert, habe ich einmal am eigenen Leib erlebt. Ich besuchte eine potenzielle Kundin, für deren Unternehmen ich tätig sein sollte. Diese Kundin war in dem Laden, den ich aufsuchte, Geschäftsführerin. Es war ein Modeladen. Ich kannte sie privat. Während ich auf sie wartete, habe ich mir einige Hemden angesehen. Da in meinem Hemdenschrank genau drei Farben zu finden sind, nämlich weiße, hellblaue und schwarze, habe ich mich auch bei diesen Farben umgesehen. Während ich mit den schwarzen und grauen Hemden beschäftigt war, trat sie an mich heran und schlug vor, ich solle doch mal ein rotes Hemd anprobieren, was ich ihr zuliebe auch tat. Sie war vollends begeistert und meinte, dies sei für mich das perfekte Hemd. Als ich einwenden wollte, dass ich eigentlich nur schwarze, weiße und blaue Hemden trage, empfahl sie mir mehr Mut zur Farbe. Nach diesem Beratungsgespräch kaufte ich dann das rote Hemd. Am ersten Abend, als ich mein neues rotes Hemd ausführte, starrten mich meine Freunde verwundert an. Ich fühlte mich überhaupt nicht wohl und das Hemd endete — wie so manche Fehlkäufe — im Schrank und hing dort Jahre vor sich hin, bis ich es schließlich entsorgte. Es stellt sich die Frage: Was ist in diesem Fall schief gelaufen?

Die meisten Verkäufer machen zwei grundsätzliche Dinge falsch. Entweder sie beraten den Kunden nur mit Blick auf den möglichen Ertrag bzw. Umsatz, den sie erzielen wollen. Sie versuchen dem Kunden, das zu verkaufen, was für sie wirtschaftlich am Sinnvollsten ist — ohne dabei den Nutzen oder die Situation des Kunden im Auge zu behalten. Der zweite Fehler, den Verkäufer häufig machen, selbst wenn sie nicht ihren Umsatz in den Vordergrund stellen, besteht darin, dass sie die Verkaufsberatung mit ihrer eigenen persönlichen Sichtweise dominieren. Verkäufer preisen an dem Produkt diejenigen Eigenschaften, die sie selbst gut finden. Sie teilen dem Kunden ihre eigenen Überzeugungen mit. In vielen Verkaufsbüchern findet man auch den Ratschlag, der Verkäufer müsse selbst von seinem Produkt begeistert sein. Das mag zutreffen, allerdings sollte man bei aller persönlichen Begeisterung für das Produkt auch überzeugt sein, dass es da draußen Kunden gibt, für die dieses spezielle Produkt oder diese Lösung eine Verbesserung ihrer Situation darstellt. Ein Verkäufer sollte von einem Produkt begeistert sein, das für seine Kunden Nutzen stiftet, und nicht von einem Produkt, von dem er selbst überzeugt ist.

Begeistern Sie sich nicht für Ihr Produkt, sondern für den Nutzen, den es bei Ihrem Kunden schafft.

Kehren wir noch einmal zurück zum Beispiel des Hemdenladens. Es ist nicht wichtig, ob die Verkäuferin findet, dass dem Kunde ein rotes Hemd steht, sondern es ist primär wichtig, dass der Kunde sich in dem Hemd, das ihm die Verkäuferin anbietet, wohl fühlt. Es ist auch wichtig, dass der Kunde in dem Hemd, das ihm angeboten wird, eine positive Wirkung erzielt und er das Gefühl hat, das Hemd steht ihm und passt zu seinem Typ. Der Verkäufer muss also vorsichtig sein, wenn er seine eigene Sichtweise und seinen eigenen Geschmack in das Beratungsgespräch einbringt.

Vertrauen in den Verkäufer bekommt der Kunde auch dadurch, dass der Verkäufer authentisch wirkt. Die Worte, die Stimme und die Körpersprache, die der Kunde wahrnimmt, müssen dieselbe Botschaft aussenden. Nicht authentisches Verhalten ist immer ein Verhalten, in dem einer dieser drei Bereiche inkongruent ist. Der Kunde bemerkt dies und entwickelt ein unangenehmes Gefühl und Misstrauen dem Verkäufer gegenüber, weil er den Absichten des Verkäufers nicht traut. Authentizität ist deswegen so wichtig, weil der Kunde nicht das Gefühl bekommen darf, dass der Verkäufer das Interesse seiner Firma, seines eigenen Ertrages und seines eigenen Nutzens über die Interessen des Kunden stellt. Einer der Gründe, warum Empfehlungen so gut funktionieren, ist, dass der Freund oder gute Bekannte, der uns ein Produkt empfiehlt, erfolgreicher damit ist, uns zu vermitteln, dass er nur an uns und nicht am Verkauf interessiert ist.

Sympathie entsteht, indem man sich gegenseitig ansieht, Vertrauen entsteht, indem man in dieselbe Richtung blickt.

Vermitteln Sie dem Kunden, dass Sie an der Verbesserung seiner Situation, an der Lösung seiner Probleme und an der Erreichung seiner Ziele mindestens genauso interessiert sind wie er. Sehen Sie den Kunden nicht als Gegner, der zwischen Ihnen und dem Verkauf steht, sondern als jemanden, mit dem Sie gemeinsam eine Lösung entwickeln. Rufen Sie sich in Erinnerung, wie eine Lösung überhaupt entsteht. Für eine Lösung braucht man ein Problem oder zumindest eine unbefriedigende Ausgangssituation. Auf der anderen Seite benötigt man ein Produkt oder eine Dienstleistung, die dieses Problem lösen kann. Der Kunde und Sie gehen also im Verkaufsgespräch eine Partnerschaft ein. Der Kunde liefert das Problem und Sie liefern das Produkt, das dieses Problem lösen kann. Der Nutzen für den Kunden liegt in der Lösung seines Problems, während der Nutzen für den Verkäufer in dem Absatz seines Produktes liegt. In einer guten Partnerschaft sollte man immer die Interessen des Partners im Auge behalten. Deshalb liegt unser Fokus im Verkaufsgespräch auf der Situation des Kunden: seiner Unzufriedenheit, seinen Probleme, aber auch auf seinen Erwartungen und Ansprüchen an die optimale Lösung.

Wenn Sie sich darum kümmern, dass der Kunde erfolgreicher wird, dann kümmert sich der Kunde darum, dass Sie erfolgreicher werden.

STUDIE 5: Kundenorientierung

Waldemar Pelz (Fachhochschule Gießen-Friedberg) hat eine empirische Studie zur Ermittlung von Schlüsselkompetenzen im Vertrieb durchgeführt. Befragt wurden 153 Unternehmen. Von den Befragten waren rund 31 % Geschäftsführer, 29 % Personalverantwortliche und 22 % der Befragten hatten verschiedene Aufgaben im Vertrieb. Rund 60 % aller Befragten hatten mehr als sieben Jahre disziplinarische Führungsverantwortung.

Ergebnis der Studie: Die Kompetenz Kundenorientierung haben die Befragten mit durchschnittlich 6,42 bewertet (auf einer Skala von 1 = „sehr unwichtig" bis 7 = „sehr wichtig"). Bei den Teilkompetenzen der Kundenorientierung handelt es sich im Einzelnen um folgende Verhaltensweisen:

1. Wertschätzung des Kunden
2. Bedarfsorientierte Leistungspräsentation
3. Kundeninteresse in den Vordergrund stellen
4. Systematische Bedarfsermittlung
5. Konstruktives Konfliktverhalten

Stellen Sie den Kunden in den Mittelpunkt

Stellen Sie im Verkaufsgespräch von Anfang an den Kunden und seine Situation in das Zentrum Ihres Interesses. Verzichten Sie darauf, sich und Ihr Unternehmen zu stark in den Vordergrund zu rücken. Verzichten Sie auf ausführliche Unternehmenspräsentationen zu Beginn des Gesprächs. Stellen Sie lieber Fragen zur Situation des Kunden, seinen Sichtweisen, sein Arbeitsumfeld und seine Firma. Stellen Sie sich eine Bühne vor, dann wäre der Kunde der Hauptdarsteller und Sie sind der Spot, der ihm die Möglichkeit gibt sich darzustellen.

Sitzordnung im Verkaufsgespräch

95 % aller Menschen haben einen Linksdrall. Das heißt, sie orientieren sich räumlich tendenziell nach links. Deshalb sind auch Supermärkte fast ausschließlich so gestaltet, dass man rechts den Eingang vorfindet und links den Ausgang. Dadurch läuft der Kunde links herum, also gegen den Uhrzeigersinn. Berücksichtigen Sie dies im Verkaufsgespräch. Versuchen Sie, immer links vom Kunden zu stehen oder zu sitzen. Die folgende Abbildung zeigt die empfohlene Sitzordnung im Verkaufsgespräch.

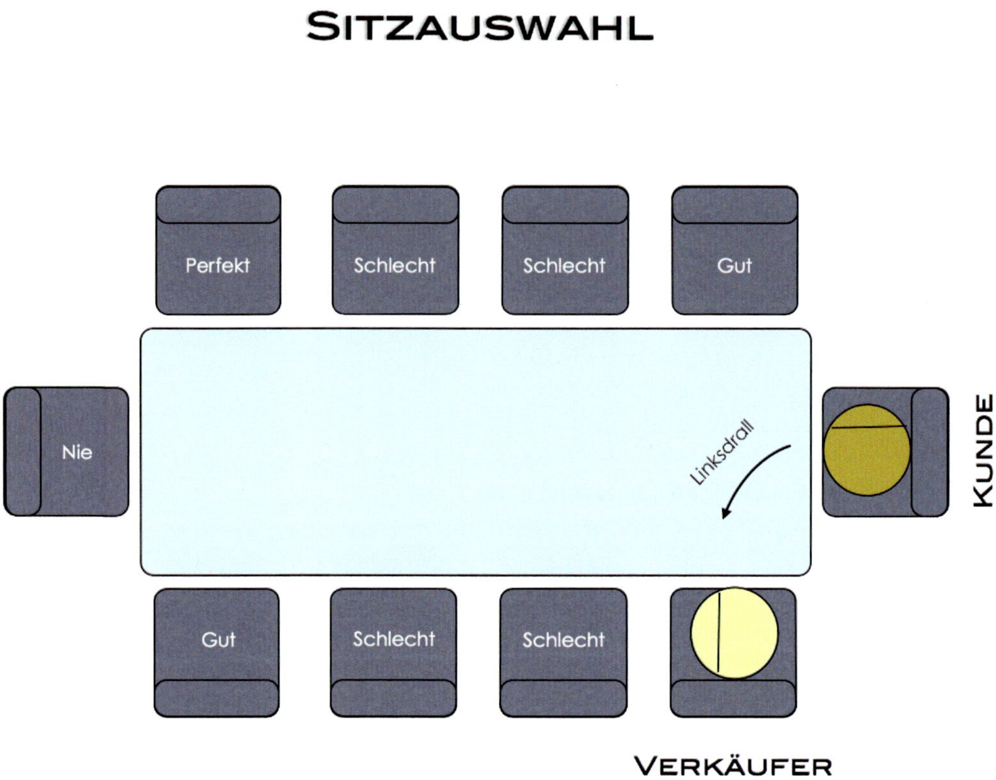

Das Prinzip der sozialen Gültigkeit

In einem sozialpsychologischen Experiment in den USA ließ man an einer Straßenecke in New York eine Person nach oben sehen. Die Leute gingen vorbei und machten nichts. Dann platzierte man an der Ecke drei Personen, die gleichzeitig nach oben sahen. Daraufhin blickte jeder vierte der vorbeigehenden Personen nach oben. Als man dann zehn Personen gleichzeitig nach oben blicken ließ, tat dies auch jede Person, die vorbeiging.

Dieses Experiment beschreibt die Wirksamkeit des Prinzips der sozialen Gültigkeit, das tief in uns verankert ist. Es lautet: So viele Leute können einfach nicht irren. Immer wenn wir bemerken, dass eine große Gruppe von Menschen irgendetwas tut, denken wir, diese Personen werden sich schon richtig entscheiden. Typischerweise sehen wir das Prinzip der sozialen Gültigkeit vor Diskotheken am Werk. Meist wird ein

Bereich vor dem Lokal abgesperrt und man sieht eine größere Personengruppe, die draußen vor der Tür warten muss. Denn nur eine große wartende Menschenmenge signalisiert im Sinne des Lokalbetreibers, dass es sich dabei um ein angesagtes, attraktives Lokal handelt. Auch in Homeshopping-Sendungen werden immer Zahlen der bereits verkauften Produkten eingeblendet. Dazu kommt der obligate Anruf eines zufriedenen Kunden, um das Vertrauen in das Produkt weiter zu steigern.

TIPPS: Das Prinzip der sozialen Gültigkeit im Verkaufsgespräch

Treten Sie selbstsicher auf. Damit vermitteln Sie dem Kunden, dass Sie mit Ihrem Produkt auch von vielen anderen Kunden geschätzt werden.
Sind Sie in irgendeinem Bereich Marktführer, erwähnen Sie dies. Schließlich zeigt es, dass Sie zu den erfolgreichsten Unternehmen gehören. Und so viele Kunden können nicht irren.
Zeigen Sie möglichst viele Referenzen und Referenzschreiben. Referenzen wirken umso überzeugender, je ähnlicher die Unternehmen dem potenziellen Kundenunternehmen sind.
Lassen Sie sich von Ihrem Kunden bestätigen, dass Sie ihn als Referenzkunden angeben dürfen, wenn möglich mit Telefonnummer, so dass der neue Kunde auch persönlich Kontakt aufnehmen kann.

3.5.3 Kompetenz vermitteln

STUDIE 6: Einfluss des Fachwissens auf den Verkaufserfolg

Die Studie wurde von Dr. Alexander Haas (Lehrstuhl für Allgemeine Betriebswirtschaftslehre der Universität Erlangen-Nürnberg) durchgeführt. Sie untersucht den Einfluss des Fachwissens auf den Erfolg von Verkaufsgesprächen. Dabei wurde festgestellt, dass auf einer Skala von 1 (trifft gar nicht zu) bis 5 (trifft völlig zu) ein signifikanter Unterschied zwischen erfolglosen und erfolgreichen Verkaufsgesprächen auftrat. In erfolglosen Verkaufsgesprächen wurde das Fachwissen des Verkäufers mit 3,0 bewertet, während in erfolgreichen Verkaufsgesprächen das Fachwissen des Verkäufers mit 4,9 bewertet wurde.

Die Kompetenz des Verkäufers erkennt der Kunde zuerst an dessen strukturierter Gesprächsführung. Je mehr der Kunde das Gefühl hat, dass der Verkäufer klar strukturiert ist und genau weiß, wie er das Beratungsgespräch zu führen hat, desto eher bekommt er auch das Gefühl, dass der Verkäufer erfahren und sachkundig ist. Die fachliche Kompetenz kann man untermauern, indem man geschickte Fragen stellt und damit dem Kunden signalisiert, dass man mit seiner Problemstellung durch andere Gespräche mit ähnlichen Kunden vertraut ist. Kompetenz sollte nicht vermittelt werden, indem man dem Kunden zeigt, dass man ihm fachlich überlegen ist, weil dies Antipathien und negative Emotionen beim Kunden hervorruft.

STUDIE 7: Bedeutung von Kompetenz im Verkauf

Die Marktstudie zur Bedeutung von Kompetenz im Verkauf wurde von der *Infoteam Sales Process Consulting* und der Marktforschungsabteilung der F.A.Z. durchgeführt. Befragt wurden 181 Anbieter und 302 Kunden in Deutschland, Österreich und der Schweiz. Ergebnisse zur Frage:
Was erwarten Kunden von Verkäufern?

1. Fachkompetenz
2. Professionalität
3. Kommunikative Fähigkeiten und soziale Kompetenz
4. Beratungskompetenz
5. Verständnis für das Geschäft des Kunden

STUDIE 8: Erwartungen der Kunden beim ersten Termin

Die Marktstudie wurde von der *Infoteam Sales Process Consulting* und der Marktforschungsabteilung der F.A.Z. durchgeführt. Befragt wurden 181 Anbieter und 302 Kunden in Deutschland, Österreich und der Schweiz. Ergebnisse zur Frage:
Was erwarten Kunden beim ersten Termin?

1. Der Verkäufer ist auf den Termin vorbereitet.
2. Der Verkäufer versteht die Branche und das Geschäft des Kunden.
3. Dem Kunden wird vermittelt, verstanden worden zu sein.
4. Der Verkäufer zeigt Fachkompetenz und Professionalität.
5. Der Verkäufer liefert nur kundenrelevante Informationen und Unterlagen.
6. Klare nächste Schritte.
7. Gemeinsame Entwicklung der Lösung.

Die Kunden trafen folgende konkrete Aussagen:
„Verkäufer sollten mehr auf meine Bedürfnisse eingehen und nicht nur Standardpräsentationen verwenden, die nichts mit meinem Geschäft zu tun haben."
„Ich bin richtig verärgert, wenn Verkäufer unvorbereitet zu mir kommen. Manchmal haben sie nicht einmal auf unserer Homepage geschaut."
„Ich habe es satt, Verkäufer über unser Geschäft aufzuklären."
„Ich bin nicht gerade geduldig. Wenn ich merke, dass meine Zeit verschwendet wird, dann schalte ich ab."
„Die Qualifizierung des Nutzers hilft mir entscheidend, wenn ich interne Überzeugungsarbeit leisten muss."

Wie Sie den Kompetenz-Check des Kunden bestehen

Überlegen Sie sich im Vorhinein die wichtigsten Fragen, die der Kunde Ihnen stellen wird. Fachwissen besteht nicht nur in dem Wissen über das Produkt, sondern auch in dem Wissen über die Kundensituation und die Probleme des Kunden. Je mehr Fragen Sie dem Kunden stellen, desto fachkundiger wirken Sie auf ihn. Kommunizieren Sie klar und exakt und fachlich richtig. Es ist kein Problem, wenn Sie etwas nicht wissen. Sie sollten dann aber wissen, woher Sie die fehlenden Informationen bekommen und bis wann diese verfügbar sind.

Vermeiden Sie negative Formulierungen, wie zum Beispiel:

Da bin ich mir nicht sicher, möglicherweise, dann müsste ich nachschauen, das lässt sich nicht so genau sagen

Formulieren Sie stattdessen positiv:

Diese Information kann ich Ihnen bis morgen geben, das kläre ich noch heute für Sie ab, dies unterliegt Schwankungen von 5–10 %

TIPP: So präsentieren Sie sich als kompetenter Verkäufer

Streuen Sie Fachkompetenz geschickt im Gespräch ein. Erwähnen Sie, welche Problemlösungen Sie bereits für ähnliche Kunden entwickelt haben. Erwähnen Sie Kunden, die als besonders anspruchsvoll gelten. Sprechen Sie Ihre Qualifikation nicht direkt an, sondern erwähnen Sie diese geschickt in einem Nebensatz. Das macht Sie sympathisch und lässt Sie noch kompetenter erscheinen, weil Sie es anscheinend nicht nötig haben, mit Ihren Qualifikationen zu protzen. Wenn Sie in einem Nebensatz geschickt ein Thema streifen, wird der Kunde auch nachfragen. Dann haben Sie Gelegenheit, Ihre Kompetenz unter Beweis zu stellen. Drücken Sie sich klar und exakt aus, vermeiden Sie die Möglichkeitsform und relativierende Formulierungen. Wenn Sie etwas nicht wissen, sagen Sie klar, bis wann Sie die Information zur Verfügung stellen können.

Ist der Kunde auch der Entscheider?

Versuchen Sie zu Beginn des Gesprächs festzustellen, ob Ihr Gesprächspartner tatsächlich der Entscheider ist oder er noch jemanden in die Entscheidung mit einbinden muss. Ein Verkaufsgespräch mit jemandem zu führen, der nicht die

Entscheidungsgewalt hat, ist vergebliche Liebesmüh'. Möglicherweise werden die Informationen zwar an den Entscheider weitergereicht, aber das wäre so, als würden Sie einen guten Freund ins Kino schicken, damit er sich einen Film ansieht, um Ihnen dann davon zu erzählen. Natürlich geht dabei ein Großteil der Information verloren.

Wie erkennt man, ob der Kunde auch der Entscheider ist? Um dies herauszufinden, sollten Sie gezielt Fragen wie die folgenden stellen:

Entscheiden Sie das ganz alleine oder binden Sie noch jemanden in die Entscheidung ein?

Steht für diese Maßnahme ein Budget zur Verfügung?

Wie läuft der Entscheidungsprozess für den Fall ab, dass Sie an dem Produkt interessiert sind?

3.6 Die SUPER-Fragestrategie

Verkaufsgespräche zielen in der Regel entweder darauf ab, ein Produkt möglichst positiv darzustellen, also es mit positiven Emotionen zu verknüpfen, oder der Kunde soll dazu gebracht werden, unzufrieden mit seiner aktuellen Situation zu sein. In diesem Fall soll das Verkaufsgespräch gezielt negative Emotionen hervorrufen. Eine Versicherung schließt man ja auch nicht ab, weil es so viel Freude macht, versichert zu sein, sondern wegen der befürchteten negativen Konsequenzen im Schadensfall.

BEISPIEL: Sophie beginnt eine Diät

Es ist Frühjahr. Sophie hat es sich über die Wintermonate gut gehen lassen. Jetzt steht sie vor dem Spiegel und betrachtet das Ergebnis ihres winterlichen Schlemmens. Beim Anblick ihrer überschüssigen Pfunde beschleicht sie eine gewisse Unzufriedenheit. Als Sophie beginnt, alle möglichen Verrenkungen durchführen, um ihrer vermeintlichen Problemzonen ansichtig zu werden, sinkt ihre Laune zusehends in den Keller. Jetzt kommt ihr auch noch der Gedanke, dass sie in dieser Verfassung vor dem kritischen Publikum im Schwimmbad bestehen muss, und stellt sich vor, wie ihre Freundinnen über sie lästern. Nun ist Sophies Stimmung endgültig am Tiefpunkt angekommen. Aber, Gott sei Dank, ihre Frauenzeitschrift unterstützt sie in dieser unangenehmen Situation: Rechtzeitig zum Frühjahr bringt ihr Lieblingsmagazin die neueste „Fit-für-den-Sommer-Diät". Jetzt ist Sophie vollends motiviert, ihren Pfunden den Kampf anzusagen.

Wie uns negative Emotionen zum Handeln bringen

Unsere Strategie, uns selbst zum Handeln zu bringen, durchläuft verschiedene Stufen. Zuerst betrachten wir unsere Situation und entwickeln ein gewisses Maß an Unzufriedenheit. Im nächsten Schritt machen wir uns die möglichen negativen Konsequenzen bewusst. Dadurch verstärkt sich unser Problembewusstsein, so dass wir irgendwann beginnen, nach einer Möglichkeit Ausschau zu halten, die unsere negativ erlebte Situation ins Positive verwandelt. Wir verändern also unseren Fokus in Richtung einer positiven Möglichkeit, einer Lösung für unser Problem. Immer wenn wir uns zu einer Handlung motivieren wollen, läuft dieser Prozess in uns automatisiert ab.

Die SUPER-Fragestrategie im Kundengespräch folgt diesem natürlichen Verlauf. Dabei ist es wichtig, dass die Unzufriedenheit des Kunden durch gezielte Fragestellungen gelenkt wird und der Verkäufer zugleich vermeidet, dem Kunden ausdrücklich zu erklären, wie negativ seine Situation ist. Stellen Sie sich vor, Sophie aus dem Beispiel erhielte nicht von ihrem Spiegel ein direktes negatives Feedback über ihre Figur, sondern von ihrem Mann. Sie wäre wahrscheinlich weniger motiviert, eine Diät zu beginnen, wahrscheinlich würde Sophie jetzt lieber ihren Mann austauschen. Denn schon im alten Rom wurde nicht der Schuldige, sondern der Überbringer einer schlechten Nachricht vom Feldherrn geköpft. Aus diesem Grund sollte der Verkäufer eine direkte negative Bewertung der Kundensituation vermeiden.

Differenz zwischen der Ist- und der Sollsituation

Übertragen auf das Verkaufsgespräch lässt sich folgende Parallele ziehen: Der Wert einer Lösung ist umso größer, je unzufriedener der Kunde mit seiner bisherigen Situation ist und je positiver er sich eine mögliche Lösung vorstellt. Man kann den Wert einer Lösung bzw. eines Produkts also gleichsetzen mit der Differenz zwischen der Ist- und der Sollsituation. Wichtig ist dabei, dass wir diesen Wert nie objektiv festlegen können, da wir sowohl die Ist- als auch die Soll-Situation emotional bewerten. Und deshalb wird vom Verkäufer auch der Spagat verlangt, den Kunden sowohl mit viel Empathie beim Betrachten seiner Problemstellungen zu begleiten, als auch Lösungen möglichst begeisternd und bildhaft zu schildern. Wie wir in Kapitel 2 „Die Persönlichkeit des Verkäufers" gesehen haben, besteht ein Spannungsverhältnis zwischen diesen beiden Fähigkeiten eines Verkäufers. Meist sind Verkäufer entweder gute Zuhörer oder begeisternde Präsentatoren. Für einen exzellenten Verkäufer gilt jedoch, dass er beide Verhaltensweisen im richtigen Moment abrufen kann.

! **ACHTUNG**

Ein wesentliches Ziel des neuroassoziativen Verkaufens besteht darin, dass der Kunde selbst eine positive Sichtweise über das neue Produkt gewinnt und seine bisherige Situation als verbesserungswürdig erachtet.

3.6.1 Aufbau und Struktur der SUPER-Fragen

Wir versuchen durch ein Set von Fragen, den sogenannten SUPER-Fragen, den Kunden bei seinen Überlegungen zum Kauf eines Produkts zu begleiten. Die folgende Abbildung zeigt die Abfolge der SUPER-Fragen im Verhältnis zur Entwicklung der Kundenzufriedenheit.

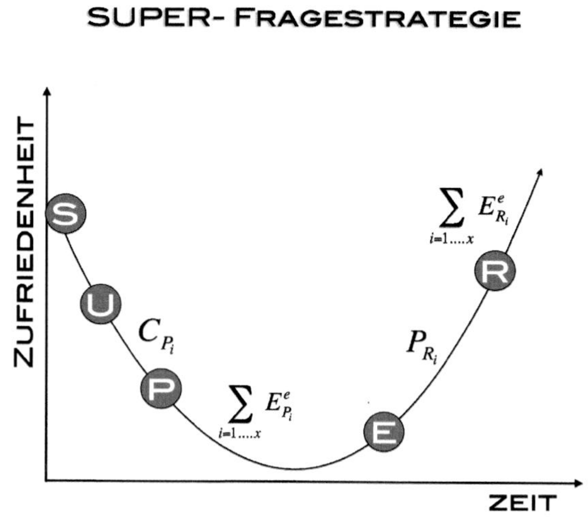

Als Erstes dienen neutrale **Situationsfragen** dazu, dass der Kunde uns zunächst seine Situation schildert. Dem schließen sich die **Unzufriedenheitsfragen** an. Hier wird die Unzufriedenheit mit der bisherigen Situation thematisiert, damit der Kunde über Unzulänglichkeiten und Probleme nachdenkt. Haben wir dann entsprechende unbefriedigende Aspekte an der Kundensituation entdeckt, gehen wir einen weiteren Schritt und bringen den Kunden dazu, sich die Konsequenzen seines bisherigen Verhaltens bewusst zu machen. Dies geschieht durch sogenannte **Problemfragen**, die den Kunden dazu bringen sollen, die Konsequenzen selbst zu durchdenken. In einem nächsten Schritt folgen die **Erwartungsfragen**. Sie sollen beim Kunden positive Assoziationen in Richtung einer Verbesserung seiner Situation wecken. Und schließlich werden die **Resultatfragen** gestellt, um positive Assoziationen mit der Lösung zu verknüpfen und dem Kunden zu vergegenwärtigen, wie sich seine Situation zum Positiven verbessern kann, wenn er die angestrebte Lösung bzw. das angestrebte Produkt kauft.

Die Struktur der SUPER-Fragen folgt dem typischen Ablauf unseres bewussten und unbewussten Entscheidungsprozesses beim Kauf eines neuen Produkts: Wir machen uns unsere bisherige Situation klar, durchdenken alle Nachteile, bauen eine große Unzufriedenheit auf und sehen Probleme und negative Auswirkungen auf uns zukommen. Wenn wir dann eine bessere Lösung bzw. ein besseres Produkt entdecken, stellen wir uns vor, wie lohnend es wäre, dieses Produkt zu besitzen.

Ein Verkäufer, der ohne Kundenanalyse ein Produkt anbietet, ist wie ein Arzt, der den Patienten ohne Untersuchung behandelt.

3.6.2 Situationsfragen

Worauf zielen Situationsfragen?

Situationsfragen dienen dazu, die Situation des Kunden zu verstehen. Der Verkäufer muss sich ein Bild von den Abläufen, Anwendungen und Prozessen des Kunden machen. Je mehr Erfahrung der Verkäufer hat, desto weniger Fragen wird er benötigen, um die Kundensituation zu erfassen. Da Situationsfragen eigentlich nur dem Verkäufer nützen, gilt der Grundsatz: Stellen Sie so wenige wie möglich und so viele wie nötig. Zu viele Situationsfragen lassen den Verkäufer unerfahren wirken, so dass er in den Augen des Kunden an Kompetenz verliert. Um eine möglichst hohe Effizienz zu erreichen, sollten zuerst immer Fragen gestellt werden, die einen großen Bereich abdecken, gefolgt von Fragen, die mehr ins Detail gehen. Beim Kauf eines Notebooks könnten Sie die folgenden Situationsfragen stellen:

BEISPIEL: Situationsfragen beim Kauf eines Notebooks

Wie nutzen Sie das Notebook hauptsächlich?
Welche Programme verwenden Sie auf Ihrem Notebook?
Wie häufig nutzen Sie das Notebook zum Schreiben von Texten?
Wo arbeiten Sie mit dem Notebook?
Wie lange sollte das Notebook unabhängig von einer Stromquelle arbeiten?

Falsch wären dagegen Fragen wie:

Wie schnell soll der Prozessor des Notebooks sein?

Wie viel Zoll soll der Bildschirm haben?

Wie schwer soll das Notebook sein?

Welche Festplattenkapazität soll es haben?

Diese Fragen zählen nicht zu den Situationsfragen, sondern es sind Fragen nach der Lösung. Und da der Kunde meist nicht über das nötige Fachwissen sowie die notwendige Marktkenntnis verfügt, ist es schwer für ihn, diese Fragen zu beantworten.

Grundsätzlich gilt: Der Kunde kennt seine Situation und seine Problemstellungen. Und es ist die Aufgabe des Verkäufers, aus diesen Informationen und mit dem Fachwissen über seine Produkte eine optimale Lösung für den Kunden zu entwickeln.

3.6.3 Unzufriedenheitsfragen

Je stärker sich eine Situation durch ein neues Produkt verbessert, desto größer ist der Wert des Produkts. Damit der Kunde dies erkennen kann, muss er allerdings die momentane Situation negativ erleben. Schließlich lässt sich eine perfekte Situation nicht mehr verbessern. Der Wert eines Produkts besteht also hauptsächlich darin, wie viel emotionalen und sachlichen Nutzen es zukünftig für den Kunden bringt. Denn der Nutzen ist die Verbesserung der bisherigen Situation. Im Umkehrschluss bedeutet dies, dass ein Produkt, das die Situation eines Kunden nicht verbessert, auch keinen Nutzen schafft. Je mehr wir also die negativen Aspekte unserer bisherigen Situation betrachten, desto erstrebenswerter wird die Lösung.

▶ **BEISPIEL: Eine paradoxe, aber wirkungsvolle Motivationsstrategie**

Vielleicht haben Sie sich selbst schon gefragt, warum wir gerne Dinge aufschieben. Aufschieben ist keine unangenehme Persönlichkeitseigenschaft, Aufschieben macht tatsächlich Sinn. Es ist in Wirklichkeit eine sehr clevere Motivationsstrategie. Durch das Warten vergrößern sich die Probleme, bis sie so drängend sind, dass wir genug Motivation aufbringen, die Situation zu verändern.

Worauf zielen Unzufriedenheitsfragen?

Im Kundengespräch geht es im Wesentlichen darum, den Kunden dazu zu bringen, seine bisherige Situation so negativ wie möglich zu betrachten, so dass er den starken Wunsch nach einer Veränderung entwickelt. Und je unbefriedigender jemand seine Situation empfindet, desto mehr Geld und Anstrengung wird er investieren, um eine Lösung für seine Problemstellung zu finden.

Verkauf kann man sich wie eine Waage vorstellen. Auf der einen Seite steht der Gesamtaufwand, den wir betreiben müssen, um das Produkt zu erhalten. Auf der anderen Seite steht der Nutzwert und der emotionale Wert, also der Gesamtwert, der angibt, in welchem Maße sich die jeweilige Situation durch den Kauf des Produkts verbessert. Daraus ergeben sich zwei wesentliche Aspekte. Ist die Situation nahezu perfekt, gibt es wenig Spielraum zur Verbesserung. Dazu gehört der Kauf typischer Nice-to-have-Produkte, getreu dem Motto „Ich habe zwar schon zwanzig Hemden im Schrank, aber ich kaufe dennoch ein weiteres blau gestreiftes, weil es das jetzt für 29 statt 40 Euro gibt." Hier handelt es sich häufig um Spontankäufe, die sich meist auf geringwertige Güter oder Angebotswaren beschränken. Wenn die Investition dagegen größer ist, wird uns schnell klar, dass wir für das viele Geld, das wir ausgeben, auch einen entsprechenden Nutzwert und emotionales Wert erzielen wollen. Es würde beispielsweise niemand sagen, „Ich brauche drei Zimmer, kaufe mir aber jetzt ein Haus mit acht. Wer weiß, das kann ich bestimmt einmal brauchen!"

Wenn sich der Nutzwert nicht mehr vergrößern lässt

Eine Steigerung des Nutzwerts ist bei vielen weit entwickelten Produkten nicht mehr möglich. Dann kann sich die Wertsteigerung nur noch auf den emotionalen Bereich erstrecken. Auf diesem Konzept beruht die gesamte deutsche Autoindustrie. Sie verkauft Statussymbole, die vor allem soziale Anerkennung und damit eine rein emotionale Verbesserung der Situation schaffen. Man fühlt sich mit dem neuen Fahrzeug besser. Dafür geben die Menschen gerne sehr viel Geld aus. Statussymbole und Luxusprodukte verkaufen sich vorwiegend nicht über den rationalen, sachlichen, sondern überwiegend über den emotionalen Wert.

Früher wurden die Produkte verkauft, indem man ihre großartigen Eigenschaften präsentiert hat. Das ging so lange gut, wie es zwischen den Konkurrenzprodukten noch große Unterschiede gab. So brachte beispielsweise ein Maschinenbauer in Deutschland ein Produkt auf den Markt, das 40 % schneller produzierte und viermal so lang hielt wie ein vergleichbares Konkurrenzprodukt und dabei knapp doppelt so viel kostete. Jeder, der wirtschaftlich analysieren kann, wird nun sagen, dies ist eindeutig das bessere Produkt. Entsprechend fiel der Verkauf auch leichter als heute, weil man schnell den Mehrwert, den Nutzwert des Produkts erkennen konnte.

Heute gleichen sich die Produkte zunehmend an und der Weg, ein tatsächlich besseres Produkt anzubieten, ist schwierig. Und wenn er gelingt, dann nur kurzfristig. Denken wir an das iPhone als ein typisches Beispiel für dieses Phänomen. Es hat nicht lange gedauert, bis fast alle Handys der Konkurrenz ihm äußerlich ähnelten und teilweise in Details auch besser waren. Der USP (unique selling proposition) eines neuartigen Produkts wie dem iPhone ist also nur von kurzer Dauer. Der Verkäufer hat demnach nur eine kurze Zeit, den Vorteil des größeren Nutzwerts im Verkauf einzusetzen.

Wo werden Verkäufer am besten bezahlt? Im Versicherungsgeschäft und bei Finanzdienstleistungen. Sie werden einwenden: Aber da verkauft doch jeder dieselben Produkte, die auf dem Markt sind? Stimmt. Und gerade deshalb macht hier der bessere Verkäufer den großen Unterschied aus. Beim Verkauf von Industrieprodukten, die durch Spezifikationen genau definiert sind, ist es leicht, objektive Verbesserungen darzustellen, die von einem fachlich geschulten Kunden entsprechend verstanden werden. Um ein solches Produkt zu verkaufen, muss der Verkäufer nicht rhetorisch brillieren. Bei neuen Produkten, die sich nicht wesentlich vom Vorprodukt unterscheiden, muss es dem Verkäufer dagegen gelingen, dass der Kunden seine bisherige Situation als nicht zufriedenstellend erlebt. Diese Aufgabe stellt viel größere Ansprüche an die Gesprächsstrategie des Verkäufers.

Wie lassen wir eine Situation im negativen Licht erscheinen?

Wie bringen wir uns selbst dazu, unsere Situation als unbefriedigend zu erleben? Im Alltagsleben beherrschen wir das perfekt. Um sich in eine negative Gemütslage zu manövrieren, nimmt man zum Beispiel eine passive Körperhaltung ein (Schulter und Kopf hängen lassen) und denkt über Probleme nach. Nicht nur über ein Problem, nein, am besten gleich über mehrere:

- Meine Tochter ist zurzeit so schlecht in der Schule.
- Mit meiner Frau/meinem Mann habe ich mich auch gestritten.
- Im Job läuft's nicht so rund.
- In meiner Firma wurden gerade 5.000 Mitarbeitern gekündigt. Wer weiß, ob es mich als Nächsten trifft?

Für uns ist es aus Gründen der Psychohygiene wichtig, nicht alle unsere Probleme ständig ins Bewusstsein zu rücken. Wie Sie in Kapitel 1 schon erfahren haben, hat das Bewusstsein zum einen nicht die Kapazität, all diese Gedanken gleichzeitig zu fassen, zum anderen würde diese Allgegenwart von Problemen unsere Stimmung dramatisch ins Negative ziehen. Deshalb tendieren wir dazu, Probleme, die wir nicht sofort lösen können oder müssen, ins Unbewusste zu verdrängen. Das macht auch durchaus Sinn, da unsere Probleme mit negativen Assoziationen verbunden sind, die wir nicht ständig mit uns herumtragen wollen. Die Probleme sind zwar real, doch sie sind uns im Moment nicht bewusst.

Vielleicht kennen Sie die Situation: Jedes Mal, wenn Sie in den Keller gehen und feststellen, dass hier aufgeräumt werden müsste, sind Sie mit dieser Situation unzufrieden. Bevor Sie den Keller betreten haben, waren Sie sich der Unordnung nicht bewusst. Wir verdrängen Problemstellungen und unangenehme Aufgaben so lange, bis sie wieder in unseren Fokus wandern und die negativen Emotionen entstehen lassen, die uns schließlich zum Handeln bringen.

Da wir in der Marktwirtschaft häufig in einem Käufermarkt leben, in dem viele verschiedene Anbieter Kundenprobleme lösen wollen und können, dürfen Sie als Verkäufer davon ausgehen, dass Ihre Kunden bereits versucht haben, ihre Problemstellungen bei anderen Anbietern zu lösen. Allerdings — und hier setzen die Unzufriedenheitsfragen an — hoffen wir, dass wir mit unserem Produkt bzw. mit unserer Dienstleistung die Kundenprobleme besser bewältigen können als unser Mitbewerber. Nicht nur deshalb, weil unser Produkt- oder Dienstleistungsportfolio besser ist als das des Mitbewerbers, sondern auch, weil Sie als Verkäufer durch die bessere Analyse und das bessere Erkennen der Kundenprobleme eine bessere Lösung anbieten können als der Mitbewerber — ebenso wie der bessere Arzt nicht derjenige ist, der die besseren Medikamente hat, sondern derjenige, der durch die bessere Untersuchung das Problem genauer eingrenzt und schließlich das bessere Medikament verschreibt. Gerade weil die Produkte vergleichbar geworden sind, bietet sich für den Verkäufer, der die Unzufriedenheitsfragen beherrscht, die Chance, seine Lösung von der des Mitbewerbers zu differenzieren.

▶ **BEISPIEL: Unzufriedenheitsfragen beim Kauf eines Notebooks**

Welche Schwierigkeiten macht das Arbeiten mit Ihrem 14-Zoll-Notebook im Flugzeug?
Welche Ihrer Programme laufen auf Ihrem Notebook nicht so flüssig wie auf Ihrem Bürocomputer?
Welche Unterschiede sehen Sie bei Ihrer Notebook-Tastatur im Vergleich zu Ihrer Tastatur im Büro, wenn Sie längere Texte schreiben?
In welchen Situationen war die Laufzeit Ihrer Batterie bisher nicht ausreichend?

3.6.4 Problemfragen

Worauf zielen Problemfragen?

Während Unzufriedenheitsfragen auf die Schwächen der bisherigen Lösung abzielen, fragen die Problemfragen nach den Konsequenzen aus der unbefriedigenden

Kundensituation. Häufig sind die Auswirkungen in der Zukunft viel dramatischer als die Unzufriedenheit, die wir im Moment erleben. Daher ist es wichtig, dem Kunden auch die Konsequenzen seiner schlechten Ist-Situation bewusst zu machen.

BEISPIEL: Die Gesprächsstrategie eines Schuldnerberaters

Vielleicht kennen Sie Peter Zwegat, den Schuldnerberater aus dem Fernsehen. Er berät Menschen mit Schulden vor laufender Kamera. Wenn er seine Klientel zuhause besucht, fragt er zuerst nach Mahnungen, Pfändungsbescheiden und ähnlich unangenehmen Unterlagen. Meist zeigen die Leute auf einen Schrank und ganz unten sind die Papiere versteckt, dem Blickfeld entzogen. Wir versuchen nämlich gerne, Probleme und unangenehme Tatsachen zu verdrängen. Was macht nun Peter Zwegat? Er nimmt die Unterlagen heraus, öffnet sie, beschreibt mit toternster, betroffener Miene die drohenden Konsequenzen. Dann nimmt die Kamera erstmals die langen Gesichter der Schuldner in den Blick. Aber es geht noch weiter: Zwegat erklärt, welche massiven Probleme als Nächstes auf die Schuldner zukommen werden. Diese sind jetzt am Tiefpunkt angelangt, manchmal fließen auch Tränen. Erst jetzt zeigt Zwegat, der inzwischen einen zuversichtlich entschlossenen Gesichtsausdruck aufgesetzt hat, einen Lösungsweg auf. Und alle sind dazu bereit. Warum? Weil zwischen der dramatisch negativen Situation, die dem Zuschauer gerade anschaulich vor Augen geführt wurde, und den konstruktiven Lösungsmöglichkeiten, die dann angeboten werden, so ein Riesenunterschied liegt, dass jetzt bei den Schuldnern Handlungsmotivation entsteht.

Wichtig ist, dass Sie die Unzufriedenheits- und Problemfragen zu allen Bereichen stellen. Bieten Sie in dieser Phase keine Lösungen für einzelne Probleme an, sondern machen Sie zuerst einmal auf alle Probleme aufmerksam. Nach und nach wird die Stimmung des Kunden sinken. Aber nicht, weil Sie den Kunden negativ beeinflussen, sondern weil Sie ihn Dinge fragen, die seiner Realität entsprechen. Wir versuchen die Gesamtsituation mit ihren möglichen negativen Auswirkungen dem Kunden zu präsentieren. Und dann soll der Kunde selbst entscheiden, ob er diese Situation ändern will. Was wir hier machen, ähnelt einer medizinischen Untersuchung. Ein Arzt, der Sie untersucht und feststellt, dass einige Ihrer Werte schlecht sind, handelt ja auch nicht verwerflich.

Alle Aspekte eines Problems herausarbeiten

Problemfragen sind deshalb so wichtig, weil Sie auf diese Weise das Problem in seiner ganzen Tragweite offensichtlich machen und dadurch den gesamten Nutzwert der Problemlösung offenbaren. Stellen Sie sich vor, Sie haben etwas für Ihren Kunden produziert und Ihr Logistikpartner liefert das Produkt drei Tage später als vereinbart an Ihren Kunden. Dass der Kunde jetzt möglicherweise reklamiert, macht Sie als Verkäufer sicherlich zunächst unzufrieden. Das eigentliche Problem an dem Lieferverzug ist allerdings, dass der Kunde nun aufgrund seiner Verärgerung bei der nächsten Bestellung einen anderen Lieferanten beauftragen könnte. Erst wenn Ihnen bewusst wird, dass Sie wegen der Lieferverzögerung durch den Logistikpartner einen Kunden verloren haben, rechnet sich die höhere Lieferzuverlässigkeit eines etwas teureren Logistikpartners wirtschaftlich, nachdem Sie die gesamten Verluste, die durch den Wegfall eines Kunden entstanden sind, den Mehrkosten des verlässlicheren Logistikpartners gegenüberstellen können.

An diesem Beispiel sieht man auch gut, dass die SUPER-Fragestrategie keine Manipulation des Kunden zu seinem Nachteil darstellt, vielmehr ist das Gegenteil der Fall: Wenn der Kunde nicht alle Nachteile seiner bisherigen Lösung betrachtet, kann er gar nicht schlüssig beurteilen, ob eine teurere, doch hochwertigere Lösung sich wirtschaftlich auch rechnet.

TIPP: Manchmal ist es besser, auf ein Geschäft zu verzichten

Wenn Ihr Kunde eine Problemstellung hat, die Sie mit Ihren Produkten nicht lösen können, dann ist es besser, auf ein Geschäft zu verzichten, aber dafür langfristig das Vertrauen des Kunden zu gewinnen. Denn dann können Sie guten Gewissens wiederkommen, wenn Sie für seine Problemstellung eine Lösung anbieten können. Leider wählen die meisten Verkäufer einen anderen Weg. Sie bieten dem Kunden zwanghaft irgendeine Lösung an. Verständlicherweise zieht sich der Kunde zurück und will keinen weiteren Kontakt mehr, da er durch dieses Verhalten erkennt, dass es dem Verkäufer mehr auf den eigenen Umsatz als auf die optimale Lösung für den Kunden ankommt.

Unzufriedenheits- und Problemfragen in der NAS-Formel

Mit den Unzufriedenheits- und den Problemfragen erzeugen wir im Kunden negative Assoziationen bezüglich seiner bisherigen Situation. In der NAS-Formel ist das die Summe aller negativen Emotionen, die wir mit dem Problem verbinden, sowie die Summe aller Kosten, die uns durch das Problem erwächst. Wir bringen also den Kunden durch die Unzufriedenheits- und Problemfragen dazu, sich seiner negativen Emotionen, die er mit der bisherigen Situation verknüpft, bewusst zu werden und zu reflektieren,welche Kosten für ihn entstehen. Je nachdem welche Art Produkt Sie verkaufen, werden Sie eher nach den Kosten der Probleme fragen oder nach den emotionalen Aspekten. Wobei nur das, was durch Zahlen zu erfassen ist, unter den Begriff Kosten des Problems fällt. Alles andere gehört zum emotionalen Aspekt des Problems. Dazu gehören zum Beispiel Faktoren, wie geringere Kundenzufriedenheit, höherer Arbeitsaufwand, unzufriedenere Mitarbeiter – eben alles, was Sie oder der Kunde nicht genau in Zahlen darlegen können. Alles, was nicht quantifizierbar ist, wird von unserem Unbewussten emotional bewertet.

Im ersten Teil der SUPER-Fragestrategie steigern wir die Kaufmotivation des Kunden im Sinne der NAS-Formel, indem wir die $\sum_{i=1....x} E^e_{P_i}$ sowie die $\sum_{i=1....x} C_{P_i}$ steigern (vgl. zur NAS-Formel Kapitel 3.1):

$$M_B = \left[\sum_{i=1....x} E^e_{R_i} - \sum_{i=1....x} E^e_{P_i}\right] + \left[\sum_{i=1....x} P_{R_i} - \sum_{i=1....x} C_{P_i}\right]$$

BEISPIEL: Problemfragen beim Kauf eines Notebooks

Welche Folgeauswirkungen für Ihre Arbeitsprozesse hat es, dass manche Programme auf dem Notebook langsamer laufen?
Was für Nachteile hat die Größe Ihres Gerätes, wenn Sie es im Flieger einsetzen?
Wie viel Zeitverlust beim Erstellen längerer Schriftstücke haben Sie durch die unkomfortable Tastatur?
Welche Konsequenzen hat die mangelnde Akkuleistungsfähigkeit für Sie im Alltag?

3.6.5 Erwartungsfragen

Worauf zielen Erwartungsfragen?

An die Problemfragen schließen sich die Erwartungsfragen an, die bei dem Kunden positive Assoziationen auslösen sollen. Wir überlegen uns, was unser Produktportfolio besser kann, suchen nach Lösungen und stellen die entsprechenden Fragen. Erwartungsfragen widmen sich konkreten Vorstellungen, die der Kunde bezüglich einer Problemlösung hat. Es ist wichtig, diese Überlegungen des Kunden zu kennen, um herauszufinden, welche Erwartungshaltung der Kunde an ein neues Produkt oder an eine neue Dienstleistung bereits hat.

Erwartungsfragen sind besonders wichtig

- bei Kunden, die bereits einen sehr hohen Kenntnisstand bezüglich einer Lösung haben, also für die Experten im Kundenunternehmen, die ein mit dem Verkäufer vergleichbares Fachwissen besitzen,
- wenn es bei einem Produkt sehr viele Auswahlmöglichkeiten bezüglich der Ausführung gibt,
- wenn es bei einem Produkt weniger auf die schlüssige sachliche Begründung für Lösungen, sondern eher auf eine geschmackliche und individuelle Sichtweise ankommt.

Erwartungsfragen unterscheiden sich damit deutlich von Resultatfragen, bei denen der Verkäufer eine Lösung vorschlägt, um dann vom Kunden zu erfahren, was er an dieser Lösung als positiv empfindet.

▶ **BEISPIEL: Erwartungsfragen beim Kauf eines Notebooks**

Gibt es irgendwelche konkreten Erwartungen, die Sie an ein neues Notebook haben?
Welche Farben gefallen Ihnen besonders?
Wie lange möchten Sie das Notebook nutzen, bevor Sie es gegen ein neues Modell austauschen?
Welche Erwartungen haben Sie an unseren Kundenservice?
Allgemeine Erwartungsfragen an den Kunden lauten zum Beispiel:
Welche Erwartungen an einen Lieferanten haben Sie grundsätzlich?
Welche konkreten Anforderungen an das Produkt haben Sie bereits?

3.6.6 Resultatfragen

Worauf zielen Resultatfragen?

Resultatfragen sollen den Kunden dazu bewegen, positive Assoziationen zu den Problemlösungen, die das neue Produkt bietet, zu entwickeln. Der Kunde soll sich also vorzustellen, welche positiven Effekte beim Einsatz des neuen Produkts oder bei der Inanspruchnahme der neuen Dienstleistung auftreten. Der Kunde soll demnach visualisieren, wie sich der Alltag mit dem neuen Produkt erleichtern und verbessern lässt. Durch das „Hochladen" der positiven Assoziationen und der damit verknüpften positiven Emotionen steigt die Stimmung beim Kunden stark an. Bei dieser Strategie geht es im Wesentlichen darum, einen möglichst großen emotionalen Unterschied zwischen der negativ erlebten aktuellen Situation und der möglichst positiven visualisierten Zukunft mit der neuen Dienstleistung zu schaffen. Auf diese Weise soll ein möglichst großen Nutzwert erzielt werden.

BEISPIEL: Resultatfragen beim Kauf eines Notebooks

Wie viel besser könnten Sie das kleinere Notebook im Flugzeug zum Arbeiten nutzen?
Inwieweit würden sich Ihre Arbeitsprozesse vereinfachen, wenn die Programme auf Ihrem neuen Notebook flüssiger laufen?
Wo würden Sie im Alltag profitieren, wenn Sie eine Batterielebensdauer von acht Stunden nutzen können?
Wie würden Sie Ihr Notebook einsetzen, wenn der Schreibkomfort Ihrer Tastatur ebenso gut wäre, wie Sie es derzeit im Büro gewohnt sind?

Mit einer Resultatfrage schlagen Sie also dem Kunden eine konkrete Lösung vor, die Sie im Kopf haben, und fragen ihn welchen emotionalen und rationalen Nutzen er daraus ziehen kann.

STUDIE 9: Xerox-Studie zum Thema erfolgreiches Verkaufen

Neil Rackham leitete in den in den siebziger Jahren mit Unterstützung multinationaler Konzerne wie Xerox und IBM, die bis heute wohl umfangreichste, internationale Studie zum Thema erfolgreiches Verkaufen durch. An der Studie waren 30 Forscher beteiligt, die 35.000 Verkaufsvorgänge in 23 Ländern analysierten. Ziel der Studie war es, die Schlüsselfaktoren zu extrahieren, die für den Ausgang eines erfolgreichen Verkaufsgesprächs verantwortlich sind.
Ergebnisse der Studie:
In erfolgreichen Verkaufsgesprächen werden weniger Situationsfragen gestellt. Erfahrene Verkäufer stellen weniger Situationsfragen, da sie sich besser auf das Verkaufsgespräch vorbereiten oder aufgrund ihrer Erfahrung die Situation des Kunden bereits besser verstehen.
Unzufriedenheitsfragen werden von erfahrenen Verkäufern häufiger gestellt. Unzufriedenheitsfragen haben bei Verkäufen von geringwertigen Wirtschaftsgütern eine starke Korrelation mit dem Verkaufserfolg.
Bei höherwertigen Wirtschaftsgütern besteht eine sehr hohe Korrelation zwischen Verkaufserfolg und Problemfragen. Problemfragen haben eine besonders starke Wirkung beim Verkauf an Entscheidungsträger in Unternehmen.
Resultatfragen haben eine starke Wirkung für den Aufbau von Kundennutzen bzw. Bedarf.
Ein klares Ergebnis der Studie war, dass die Kaufmotivation des Kunden umso höher wird, je stärker sich der Kunde mit seinen Unzufriedenheiten und deren Folgeproblemen auseinandersetzt und je mehr Nutzen der Kunde mit der Lösung assoziiert.

Beeinflussung der Kaufmotivation des Kunden

Die Beeinflussung der Kaufmotivation des Kunden entsteht bei der SUPER-Fragestrategie durch einen strukturierten Ablauf der Fragen. Dabei ist die Struktur immer dieselbe: Zuerst werden die negativen Aspekte der bisherigen Situation betrachtet und dann wird im laufenden Gespräch die optimale Lösung entwickelt. Aus dieser Differenz zwischen dem Ist- und dem Sollzustand ergibt sich der Wert des Handelns und dieser wiederum schafft die Motivation, etwas zu verändern. Der Wert einer Lösung entsteht also aus dem tiefsten (emotionalen) Zustand, der nach den Unzufriedenheits- und Problemfragen erreicht wird, und dem bestmöglichen (emotionalen) Zustand, der nach den Erwartungs und Resultatfragen möglich erscheint.

Die Erwartungs- und Resultatfragen in der NAS-Formel

Mit den Erwartungs- und den Resultatfragen bauen wir die positiven Assoziationen des Kunden bezüglich der neuen Lösung auf. In der NAS-Formel ist das die Summe aller positiven Emotionen, die wir mit der Lösung verbinden, sowie die Summe aller Erträge, die uns durch die Lösung erwächst. Wir bringen also den Kunden durch die Erwartungs- und die Resultatfragen dazu, die positiven Emotionen, die er mit der neuen Lösung verbindet, sowie die wirtschaftlichen Vorteile zu reflektieren, die durch die Lösung entstehen. Je nachdem, welche Art Produkt Sie verkaufen, werden Sie eher nach den wirtschaftlichen Vorteilen fragen oder nach den emotionalen Aspekten. Wobei nur das, was durch Zahlen zu erfassen ist, zum Profit der Lösung zählt. Alles andere gehört zum emotionalen Aspekt der Lösung. Also auch Aspekte, wie höhere Kundenzufriedenheit, geringerer Arbeitsaufwand, zufriedenere Mitarbeiter – eben alles, was Sie oder der Kunde nicht genau in Zahlen darlegen können. Alles was nicht quantifizierbar ist, wird von unserem Unbewussten emotional bewertet.

Im zweiten Teil der Fragestrategie steigen wir die Kaufmotivation des Kunden im Sinne der NAS-Formel, indem wir die $\sum_{i=1 \ldots x} E^e_{P_i}$ sowie die $\sum_{i=1 \ldots x} P_{R_i}$ steigern (vgl. zur NAS-Formel Kapitel 3.1):

$$M_B = \left[\sum_{i=1 \ldots x} E^e_{R_i} - \sum_{i=1 \ldots x} E^e_{P_i} \right] + \left[\sum_{i=1 \ldots x} P_{R_i} - \sum_{i=1 \ldots x} C_{P_i} \right]$$

Wenn Sie die SUPER-Fragestrategie perfekt umgesetzt haben, wofür der Kunde natürlich Sympathie, Vertrauen und Kompetenz mit Ihnen als Verkäufer assoziieren muss, dann haben Sie jetzt eine ausgezeichnete Grundlage für die Argumentation Ihres Produktes oder Ihrer Dienstleistung geschaffen. Wenn Sie bis hierher alles richtig gemacht haben, dann sind 80 % der Kaufmotivation des Kunden entstanden. Der Kunde hat gerade alle negativen Emotionen, die er jemals mit seiner bisherigen Lösung verbunden hat, und alle Kosten, die ihm mit der bisherigen Lösung entstanden sind, aus seinem Unbewussten in das Bewusstsein hochgeladen. Danach hat sich der Kunde alle positiven Emotionen bewusst gemacht, die er mit der Lösung verbindet, und er hat sich alle wirtschaftlichen Vorteile selbst vorgerechnet, die er durch die neue Lösung generieren könnte. 80 % der Kaufmotivation sind entstanden, obwohl oder gerade weil Sie für Ihr Produkt noch gar nicht argumentiert haben!

Der Kunde hat sich das Produkt selbst verkauft, weil Sie aufgehört haben zu verkaufen.

Denken Sie noch einmal an das Beispiel vom Arztbesuch aus der Einleitung. Vielleicht geht es Ihnen wie mir: Nachdem mich der Arzt untersucht hat und mir die Ergebnisse der Untersuchung vor Augen geführt hat, ist meine Motivation, mich behandeln zu lassen, schon größtenteils geschaffen. Die Argumentation der Behandlungsstrategie ist für den Arzt meist reine Formsache. Wenn Sie die SUPER-Fragestrategie perfekt beherrschen, wird auch für Sie die Argumentation Ihres Produktes in Zukunft nur Formsache sein. Nehmen Sie mich beim Wort.

3.6.7 Die wichtigsten Fragetechniken im Überblick

Das wichtigste Instrument für eine umfassende Kundenanalyse ist eine perfekte Fragetechnik. Je nachdem, welche Fragentechniken wir im Verkaufsgespräch einsetzen, lösen wir beim Kunden unterschiedliche neuronale Prozesse aus. Hier die verschiedenen Fragetechniken im Überblick:

1. Offene und geschlossene Fragen

Beantworten Sie zunächst folgende Fragen:

Haben Sie eine Eingangstür zu Hause?

und dann …

In welche Richtung geht Ihre Eingangstür zu Hause auf?

Die erste Frage ist eine geschlossene Frage. Hier müssen wir nicht lange überlegen. Geschlossene Fragen werden mit Ja oder Nein beantwortet und sind wenig geeignet, um beim Kunden Assoziationen auszulösen. Deswegen werden auch keine komplexen neuronalen Prozesse ausgelöst und wir müssen in unseren Assoziationen nicht nach Antworten suchen. Abgesehen davon schaffen diese Fragen beim Kunden ein unangenehmes Gefühl. Typischerweise bedient man sich in Verhören dieser Ja/Nein-Fragen. Außerdem gewinnen wir mit dieser Fragestellung nur wenig Information über die Kundensituation. Deshalb sollte man geschlossene Fragen so weit wie möglich vermeiden und sie nur dann einsetzen, wenn sich keine adäquate offene Frage finden lässt. Ganz anders bei der zweiten Frage, der sogenannten offenen Frage.

Offene Fragen beginnen immer mit W-Fragewörtern: wie, wodurch, weshalb, warum usw. Wenn man Fragen mit diesen Fragewörtern einleitet, muss der Kunde zur Beantwortung meistens eine Erfahrung abrufen. Da die meisten Menschen nicht spontan wissen, ob sich die Türe rechts oder links öffnet, stellen sie sich in Gedanken vor ihre Eingangstür, um dann aus den hochgeladenen Bildern, ihren Visualisierungen, die richtige Antwort zu geben. Da an Bilder immer bestimmte Situationen und positive oder negative Emotionen geknüpft sind, kann man sich vorstellen, dass es bei dieser Art von Fragen relativ einfach ist, Emotionen beim Kunden zu erzeugen. Offene Fragen sind ideal, um beim Kunden neuronale Assoziationen zu schaffen. Sie können bei dem Kunden sowohl negative als auch positive Erfahrungen hervorrufen. Mit offenen Fragen kann man den Kunden sehr gut dazu bringen, seine Gedanken in eine bestimmte Richtung zu lenken. Versuchen Sie folgende Fragen zu beantworten:

Welcher Urlaub war der schönste, den Sie je erlebt haben?

Was war in diesem Urlaub das Besondere?

oder:

Welche Person hat Sie in Ihrem Leben am meisten enttäuscht?

Was hat diese Person genau gemacht?

Wie haben Sie sich damals gefühlt?

Wir tendieren bei Fragen dieser Art dazu — selbst wenn wir nicht antworten —, die entsprechenden Bilder hochzuladen, die es uns ermöglichen, eine Antwort zu geben. Und in dem Moment, in dem wir diese Bilder hochladen, laden wir auch die dazugehörigen Emotionen mit. Im Fall der Urlaubsfragen waren dies sicherlich positive Bilder, die Sie auch in eine freudige Stimmung versetzt haben. Im Fall der Person, die Sie enttäuscht hat, waren dies negative Situationen, die auch mit negativen Emotionen verknüpft sind. Demnach können wir mit offenen Fragen in drei Richtungen fragen:

- Situationsfragen, die emotional neutral sind
- negative Assoziationsfragen, die emotional negativ besetzt sind
- positive Assoziationsfragen, die mit positiven Emotionen verbunden sind

2. Die gezielte Frage

Hierbei handelt es sich um Fragen nach Zahlen, Daten und Fakten. Diese Fragen dienen dazu, Sachverhalte zu präzisieren. Da diese Fragen, ähnlich wie geschlossene Fragen, für den Kunden nicht sehr angenehm sind, gilt auch hier: Setzen Sie diese Fragen so sparsam wie möglich ein. Sammeln Sie in Ihrer Vorbereitung auf das Verkaufsgespräch Informationen, um keine gezielten Fragen nach Daten und Fakten mehr stellen zu müssen.

3. Die rhetorische Frage

Rhetorische Fragen gehören zu den psychologischen Sprachtricks, die weder für den Verkäufer noch für den Kunden einen wesentlichen Informationsgehalt bieten. Zudem könnten sich Ihre Kunden von Ihnen manipuliert fühlen, wenn Sie von rhetorischen Fragen Gebrauch machen. Deshalb sollten Sie diese Fragen vermeiden.

BEISPIEL: Rhetorische Frage

Glauben Sie, dass unsere Renten in Zukunft noch sicher sind? Da man davon nicht ausgehen kann, ist es sinnvoll, eine private Vorsorge zu betreiben.

Kunden fühlen sich durch solche rhetorischen Fragen von Verkäufern genervt. Verzichten Sie also auf diese Art von Fragen, da sie keinerlei positiven Einfluss auf das Verkaufsgespräch und die Kundenbeziehung haben.

4. Die Suggestivfrage

Suggestivfragen sind Fragen, auf die die Antwort schon im Vorhinein klar ist. Häufig handelt es sich dabei um Fragen, die mit Ja beantwortet werden sollen. Der Kunde soll damit in eine **Ja-Schleife** gebracht werden, weil man ursprünglich unter Psychologen davon ausging, dass Kunden, die viele Fragen hintereinander mit Ja beantworten, bei der Abschlussfrage mit einer höheren Wahrscheinlichkeit auch mit Ja antworten. Soweit die Theorie. In der Praxis stellt sich immer mehr heraus, dass Kunden auf Suggestivfragen fast schon allergisch reagieren. Gerade im Business-to-Business-Bereich, also bei Geschäftskunden, haben diese Fragen mittlerweile sehr negative Auswirkungen und sind deshalb — wie auch rhetorische Fragen — zu vermeiden. Hier ein Beispiel für eine typische Suggestivfrage:

▶ **BEISPIEL: Suggestivfrage**

Herr Meier, ist es nicht so, dass man sicher sein möchte, keine Verluste einzufahren, wenn man sein Geld anlegt?

5. Die Alternativfrage

Alternativfragen bieten dem Kunden meist zwei Antwortmöglichkeiten. Sie eignen sich besonders gut für terminliche Vereinbarungen.

▶ **BEISPIEL: Alternativfrage**

Geht es bei Ihnen noch diese Woche oder sollen wir den Termin auf nächste Woche legen?
Wäre für Sie Dienstagnachmittag oder Donnerstagvormittag besser?

Es fällt vielen Kunden leichter, sich zwischen zwei alternativen Möglichkeiten zu entscheiden, als eine Unzahl möglicher Termine gegeneinander abzuwägen. Bei einer Alternativfrage überlegt der Kunde bei einem Blick in seinen Kalender, welcher der beiden genannten Termine für ihn besser passt. Bei der Frage „Wie sieht es bei Ihnen nächste oder übernächste Woche aus?“ tendiert der Kunde dazu, seinen vollen Kalender zu betrachten, um dann resigniert festzustellen, dass es momentan überhaupt nicht passt. Es hat sich in bei der Analyse von Verkaufsgesprächen gezeigt, dass Kunden, die zu viele Auswahlmöglichkeiten haben, häufig von einer Entscheidung Abstand nehmen bzw. die Entscheidung nach hinten verschieben. Deswegen bietet sich die Einschränkung auf zwei Alternativen an, um einen Kunden zu einer schnellen Entscheidung zu veranlassen.

3.6.8 Entwicklung der SUPER-Fragen

So gehen Sie bei der Entwicklung der Fragen vor

Um die SUPER-Fragen im Verkaufsalltag auch anwenden zu können, ist es notwendig, die Fragen vorzuformulieren. Denn niemand ist während eines Verkaufsgespräches in der Lage, diese komplexen Fragen aus dem Stand zu entwickeln. Planen Sie für diese Aufgabe etwa zwei Stunden ein. Dies ist die beste Investition in Ihren zukünftigen Verkaufserfolg.

Nehmen Sie am besten Ihre Firmenpräsentation sowie Ihre Produktprospekte zur Hand. Wählen Sie mindestens zehn Merkmale bzw. Besonderheiten Ihres Unternehmens bzw. Ihres Produktes aus. Es müssen keine USPs sein, aber zumindest Stärken, die nicht jedes Unternehmen anbietet. Daneben listen Sie auf, welches Kundenproblem das jeweilige Produktmerkmal lösen kann.

Merkmal	Kundenproblem
24 h-Lieferservice	sehr kurzfristiger Bedarf
....	....
....	....

Im nächsten Schritt entwickeln Sie, soweit möglich, zu jedem Kundenproblem die Situationsfragen, Unzufriedenheitsfragen, Problemfragen, Erwartungsfragen und Resultatfragen. Insgesamt sollten Sie etwa 40 Fragen zusammenstellen. Im Laufe der nächsten Verkaufsgespräche werden neue Fragen dazukommen. Manche Fragen werden Sie ein wenig umformulieren müssen, damit Ihre Kunden darauf besser antworten können.

Überlegen Sie zunächst, welche Ausgangssituation ein Kunde haben muss, damit ein bestimmtes Problem überhaupt auftreten kann. Daraus ergibt sich die Situationsfrage. Der folgende Fragenkatalog gibt Ihnen eine Vorstellung vom Ablauf der Fragen. Er zeigt, wie die fünf Fragearten aus der SUPER-Fragestrategie aufeinander aufbauen und eine Frage aus der anderen hervorgeht.

▶ **BEISPIEL Abfolge der SUPER-Fragen**

Die Situationsfrage: Wie läuft Ihre Produktionsplanung ab?
Welche Unzufriedenheiten treten durch die Problemstellung auf? Daraus ergibt sich die **Unzufriedenheitsfrage**:
Wie häufig kommt es vor, dass Ihr Lieferant die Produkte so kurzfristig nicht liefern kann?
Welche Folgeauswirkungen treten dadurch zutage? Daraus ergibt sich die **Problemfrage**:
Welche Probleme entstehen bei Ihnen dadurch, dass die Ware so kurzfristig nicht verfügbar ist?
Welche Erwartungen hat der Kunde an eine Problemlösung? Daraus ergibt sich die **Erwartungsfrage**:
Welche Anforderungen würden Sie an unsere Lieferfähigkeit stellen?
Welche Verbesserungen würde unsere Lösung beim Kunden bewirken? Daraus ergibt sich die **Resultatfrage**:
Wenn wir innerhalb von 24 Stunden liefern könnten, wie würde sich das auf Ihre Produktion auswirken?

Achten Sie auf die richtige Abfolge der Fragen

Der folgende Fragenkatalog wurde für einen Paketdienst entwickelt. Natürlich werden nicht alle Fragen im Gespräch gestellt. Durch die Antworten auf die Situationsfragen ergeben sich die Unzufriedenheitsfragen, daraus wiederum die Problemfragen, die Erwartungsfragen und die Resultatfragen. Da die Situationsfragen den Kunden langweilen, weil Sie damit nur Fakten abfragen, ist es von Vorteil, vor dem Verkaufsgespräch schon möglichst viele Informationen über die Situation des Kunden gesammelt zu haben.

BEISPIEL SUPER-Fragestrategie für einen Paketdienst

1. Situationsfragen
Damit ich Sie optimal beraten kann, würden Sie mir bitte allgemein etwas über Ihr Unternehmen und ihren Paketversand erzählen?
Welche Produkte versenden Sie?
Wie ist der Paketversand bei Ihnen strukturiert?
Versenden Sie auch gegen Nachnahme?
In welche Länder versenden Sie?
Welche Kundenstruktur (Privat/Business) haben Sie?
Welche Paketgrößen und Gewichte versenden Sie?
Welche Erwartungen haben Ihre Kunden/Sie selbst an die Laufzeit?
Welche Waren haben Sie, die Ihre Kunden am Folgetag der Bestellung bereits benötigen, also z. B. innerhalb von 24 Stunden?
Welche Sendungen gehen von Ihren Kunden an Sie zurück?
An welche Kundengruppen versenden Sie?
Für welche Kunden ist Nachnahme attraktiv?
Welche Pakete gehen von Ihren Kunden an Sie?
Besteht bei Ihren Kunden Bedarf an einem Austausch von Produkten?
Welche Pakete verschicken Sie innerhalb Ihrer Firma?
Haben Sie Pakete, die an bestimmte Personen in Firmen oder spezielle Abteilungen zugestellt werden müssen?
2. Unzufriedenheitsfragen
Wie werden Ihre Kunden derzeit über den Status des Paketversands informiert?
Kommt es beim Versand manchmal zu Beschädigungen?
Welcher Aufwand entsteht Ihnen durch Schadensfälle oder Paketverlust?
Sollen Ihre Pakete manchmal an Abteilungen oder direkt an Personen im Unternehmen zugestellt werden?
Welche Sendungen könnten direkt von Ihren Lieferanten zum Kunden gehen?
Versenden Sie Pakete innerhalb Ihres Unternehmens?
Beauftragen Sie verschieden Logistiker in unterschiedlichen Ländern?
Welcher Aufwand entsteht bei Ihnen durch einen zusätzlichen Paketdienst?
Inwieweit erwarten Ihre Kunden einen 24-Stunden-Service in das europäische Ausland?
Haben Sie unterschiedliche Abläufe und Zustellqualitäten bei Auslandspaketen?
Verwendet Ihr Paketdienst einheitliche Software und Formulare in allen Ländern?
Haben Sie in allen Ländern das gleiche Portfolio an Produkten und Services?
Wie sieht es mit der Erreichbarkeit der Empfänger aus?
Was geschieht mit den Paketen, wenn der Empfänger nicht zuhause ist?
Welcher Aufwand entsteht dadurch bei Ihnen?

Haben Sie derzeit Volumensaufpreise?
Werden Ihre Pakete in ganz Deutschland innerhalb von 24 Stunden zugestellt?
Welche Konsequenzen hat es, wenn die Laufzeiten nicht erreicht werden?
Wie häufig fragen Kunden bei Ihnen wegen der Zustellung an?
Welchen Aufwand verursacht dies bei Ihnen?
Welche Erfahrungen haben Sie mit dem Kundenservice gemacht?
Wie lange sind die Laufzeiten?
Wie ist zurzeit der Ablauf bei Ihren Kunden oder bei Ihnen hinsichtlich von Rücksendungen?
Versenden Sie Ihre Waren direkt vom Hersteller?
Wie lange benötigt Ihr aktueller Dienstleister für die Rücküberweisung der Nachnahmebeträge?
Wie reagieren Sie derzeit auf den Bedarf an Austausch von Produkten?
3. Problemfragen
Welche Konsequenzen hat eine spätere Anlieferung der Waren für Ihre Kunden?
Was passiert, wenn die Waren nicht innerhalb von 24 Stunden bei Ihrem Kunden eintreffen?
Welchen Aufwand hat Ihr Kunde damit? Sind die Kunden mit diesem Ablauf unzufrieden?
Wie reagieren Ihre Kunden darauf?
Zu welchen Verzögerungen im Arbeitsablauf kommt es?
Wie Probleme treten bei Ihrem derzeitigen Versand auf?
Welcher zusätzlicher Arbeitsaufwand entsteht Ihnen dadurch?
Welche zusätzlichen Kosten entstehen Ihnen dadurch?
Welche Konsequenzen ziehen Ihre Kunden daraus?
Welcher Zinsverslust entsteht Ihnen durch die verspätete Rücküberweisung?
Wie wirkt sich dies auf Ihre Kundenzufriedenheit aus?
4. Erwartungsfragen
Wie wichtig ist die Sicherheit bei Ihrem Paketversand?
Für welche Pakete brauchen Sie eine 24-Stunden-Zustellgarantie?
Reicht Ihnen die Überweisung der kassierten Cashbeträge innerhalb von zwei bis drei Tagen?
Welche Paketlaufzeit wünschen Sie sich für Ihre Kunden?
Welche besonderen Anforderungen (Paketabholung, Rücksendung) haben Sie darüber hinaus?
Welche Erwartungen haben Sie hinsichtlich des Rückversands von Paketen?
Wie kann dieser Herausforderung begegnet werden?

5. Resultatfragen
Welchen Zugewinn hätte das für Ihr Unternehmen?
Für welche Kunden wäre der 24-Stunden-Service interessant?
Für welche Waren wäre der Pick-&-Return-Service interessant?
Welche Erleichterung würde es für Sie bedeuten, wenn die Pakete/Sendungen an eine bestimmte Person/Abteilung direkt zugestellt würden?
Wie würden Ihre Kunden darauf reagieren, wenn Sie ein neues Gerät anliefern und dabei gleichzeitig das alte Gerät mitnehmen?
Welchen Vorteil hätte es für Sie und Ihre Kunden, wenn wir Ihnen eine zeitgebundene Zustellung anbieten?
Welchen Vorteil sehen Sie darin, wenn die Unterlagen in 24 Stunden am Zielort eintreffen?
Was würde es für Ihre Kunden bringen, wenn wir Ihnen unsere Arbeitsplatzzustellung anbieten?

3.7 Die Assoziative Argumentationstrategie

In der Assoziativen Argumentationsstrategie verknüpfen wir die negativen und die positiven Assoziationen, die wir in der SUPER-Fragestrategie bei dem Kunden ausgelöst haben, mit den einzelnen Merkmalen unseres Produktes. In dieser Phase des Verkaufsgesprächs ist es unser Ziel, vor der Kaufentscheidung des Kunden die maximale Kaufmotivation beim Kunden zu erzeugen.

3.7.1 So erzeugen Sie die maximale Kaufmotivation

In der SUPER-Fragestrategie haben wir durch Unzufriedenheits- und Problemfragen die negativen Assoziationen des Kunden herausgearbeitet und mit den Erwartungs- und den Resultatfragen die positiven Assoziationen, die der Kunde mit der Lösung verknüpft.

Wie in Kapitel 3.1 behandelt, ergibt sich die Kaufmotivation M_B aus der Differenz von emotionalen und rationalen Problemen des Kunden und den emotionalen und rationalen Resultaten, die die Lösung schafft. Sehen Sie sich dazu noch einmal die Abbildung „SUPER-Fragestrategie“ zu Beginn von Kapitel 3.6.1 an. Die Kaufmotivation ergibt sich aus der folgenden Formel:

Kaufmotivation = emotionaler Wert + Nutzwert

$$M_B = \left[\sum_{i=1....x} E^{e}_{R_i} - \sum_{i=1....x} E^{e}_{P_i} \right] + \left[\sum_{i=1....x} P_{R_i} - \sum_{i=1....x} C_{P_i} \right]$$

M_B ... Kaufmotivation (Motivation to buy)
$E^{e}_{P_i}$ ... Emotionen durch das Problem
$E^{e}_{P_i}$ ... Emotionen durch die Lösung (Result)
P_{R_i} ... Profit durch die Lösung (Result)
C_{P_i} ... Kosten des Problems (Cost of Problem)

Fall 1: Assoziative Argumentation mit dem emotionalen Wert

Unser Unbewusstes fragt sich vor dem Kauf. „Was habe ich davon aus emotionaler Sicht?“ Der emotionale Wert setzt sich aus den positiven Emotionen, die wir mit einer Lösung verknüpfen, und den negativen Emotionen, die wir mit dem aktuellen Problem verknüpfen, zusammen. Was damit konkret gemeint ist, zeigt das folgende Beispiel für den emotionalen Wert eines Produktes.

BEISPIEL 1: Verkauf eines Notebooks mit Fingerabdruckscanner

Ein Notebook besitzt als technische Merkmale einen Fingerabdruckscanner sowie die Möglichkeit, die Daten auf der Festplatte mit 256 Bit zu verschlüsseln. Die Kundin, eine Geschäftsfrau, hat in der SUPER-Fragestrategie große Angst geäußert, dass bei einem Verlust ihres Notebooks sensible geschäftliche Daten in falsche Hände gelangen könnten.

Wie sieht die Assoziative Argumentationsstrategie für dieses Produkt aus?

Der Verkäufer wendet die **Assoziative Argumentationsstrategie** für die Produktmerkmale „Fingerabdruckscanner“ und „Datenverschlüsselung“ in seiner Verkaufsargumentation wie folgt an:

Verkäufer: *Ein wichtiger Punkt für Sie war, dass Ihre sensiblen Daten bei einem Verlust des Notebooks nicht in falsche Hände kommen. Dieses Notebook verfügt über einen Fingerabdruckscanner, der den Zugriff auf die Festplatte direkt steuert. Damit ist es selbst für einen Experten nur sehr schwer möglich, auf Ihre Daten zuzugreifen. Selbst* *bei einem Zugriff auf die Festplatte sind Ihre Daten durch die 256 Bit-Verschlüsselung nicht auslesbar. Diese Sicherheits-Features stellen derzeit bei einem Notebook den höchsten Stand der Sicherheitstechnik dar.*

Sehen wir uns diese emotionale Argumentation jetzt anhand der NAS-Formel an.

$$M_B = \left[\sum_{i=1....x} E^e_{R_i} - \sum_{i=1....x} E^e_{P_i} \right]$$

Der Verkäufer lädt in diesem Fall die negative Emotion $E^e_{P_i}$,die die Kundin mit dem Verlust des Notebooks assoziiert hat, hoch und kurz darauf die positive Emotion $E^e_{R_i}$, die mit dem Resultat verbunden ist, dass das technische Merkmal schafft. Der Verkäufer kann in diesem Fall hier nicht für einen objektiven oder rationalen Nutzwert argumentieren, da sich Angst kaum in Geld messen lässt, ebenso wenig wie das Gefühl der absoluten Sicherheit.

Fall 2: Assoziative Argumentation mit dem Nutzwert

Auch wenn das Unbewusste und damit die Emotionen den größten Anteil bei Kaufentscheidungen haben, so gibt es natürlich auch rationale Gründe für den Kauf eines Produktes. Diese rationalen Gründe nennen wir den Nutzwert. Der Nutzwert gibt an, welcher sachliche Vorteil beim Einsatz einer neuen Lösung im Alltag entsteht. Wir bezeichnen diesen Wert auch deshalb als Nutzwert, weil er nur beim Einsatz des Produktes, also bei der Nutzung entstehen kann.

Sehen wir uns nun ein Beispiel aus der Praxis an, in dem ein Verkäufer für den Nutzwert eines Produktes assoziativ argumentiert.

BEISPIEL 2: Verkauf eines Notebooks mit SIM-Karte

Ein Notebook besitzt als technisches Merkmal die Möglichkeit, neben dem Batteriefach die SIM-Karte eines Mobilfunkanbieters einzustecken. Dadurch ist man mit dem Notebook jederzeit online. Als weiteres Merkmal bietet der Händler seinen Business-Kunden eine Gutschrift von 100 Euro für ihr altes Notebook an.
Der Kunde, ein Verkaufstrainer, verbringt jährlich ca. 140 Tage in Hotels: Der Verkäufer rechnet mit ihm gemeinsam durch, dass seine jährlichen WLAN-Kosten in Hotels bei 400 Euro liegen. In der Situationsanalyse hat der Verkäufer herausgefunden, dass der Kunde ein Smartphone mit einer Datenflatrate der Telekom besitzt. Er weiß von dem Kunden, dass er ein Notebook immer drei

Jahre nutzt, da dies auch der buchhalterischen Abschreibungszeit für Computer entspricht. Der Kunde hat dem Verkäufer erzählt, dass er ein uraltes Notebook besitzt, das sich aber nicht mehr verkaufen lässt.

Wie sieht die Assoziative Argumentationsstrategie für dieses Produkt aus?

Der Verkäufer wendet die **Assoziative Argumentationsstrategie** für die Produktmerkmale „SIM-Karte" und „Gutschrift für alte Notebooks" in seiner Verkaufsargumentation wie folgt an:

Verkäufer: *Sie haben mir gerade erzählt, dass Sie sehr häufig in Hotels übernachten. Wir haben ausgerechnet, dass dies jährlich mit Kosten in Höhe von 400 Euro für die WLAN-Nutzung zu Buche schlägt. Wir bieten zu diesem Notebook als Sonderausstattung die Möglichkeit eines integrierten SIM-Kartenfaches an. Da Sie eine Datenflatrate bei der Telekom nutzen und es dort die Möglichkeit der kostenfreien Nutzung mehrerer SIM-Karten gibt, können Sie eine dieser Karten dauerhaft in Ihrem Notebook lassen und sind damit immer online. Während der Nutzungsdauer Ihres Notebooks von drei Jahren können Sie allein durch die WLAN-Kosten eine Einsparung von 1.200 Euro realisieren. Diese Sonderausstattung kostet 100 Euro. Zusätzlich haben wir derzeit noch eine Aktion für Business-Kunden, bei der wir Ihnen für Ihr altes Notebook 100 Euro gutschreiben.*

Sehen wir uns jetzt dieses Beispiel anhand der NAS-Formel an. Zur Vereinfachung gehen wir davon aus, dass wir keinen emotionalen Wert geschaffen haben. Für die beiden Produktmerkmale sieht die Nutzwertberechnung folgendermaßen aus:

Kosten der Lösung < Emotionaler Wert + Nutzwert

$$C_S < \left[\sum_{i=1....x} E^e_{R_i} - \sum_{i=1....x} E^e_{P_i} \right] + \left[\sum_{i=1....x} P_{R_i} - \sum_{i=1....x} C_{P_i} \right]$$

100 € < Emotionaler Wert + {100 € – (–1.200 €)}

100 € < 1.300 €

In diesem Fall stehen den Mehrkosten von 100 Euro ein Profit P_R von 100 Euro durch die Rücknahmeaktion und eine Einsparung der WLAN-Kosten C_P von 1.200 Euro gegenüber. Das heißt einem Nutzwert von 1.300 Euro stehen Kosten von 100 Euro gegenüber. Dies führt schon rein rational zu einer klaren Kaufentscheidung.

TIPP: Sammeln Sie Argumente für den Wert Ihres Produkts

Damit Sie sich entsprechend auf die Argumentation vorbereiten können, ist es sinnvoll, mögliche **Nutzwertargumente** und **Argumente für den emotionalen Wert** zu kennen. Sprechen Sie mit Technikern, Produktmanagern und Entwicklern aus Ihrem Unternehmen. Diese kennen häufig die Problemstellungen der Kunden und auch den Nutzwert der Lösungen. Gehen Sie in Ihren Produktbeschreibungen sämtliche Merkmale Ihrer Produkte durch und überlegen Sie, welchen Nutzwert diese bei Ihren Kunden schaffen können. Fragen Sie Ihre Kunden, was sich durch den Einsatz Ihrer Produkte bei ihnen verbessert hat. Welche Kosten sie sich erspart haben und welchen zusätzlichen Profit sie durch die Lösung generieren. Dies verschafft Ihnen nicht nur eine stabile Argumentationsgrundlage für Neukunden, sondern vergrößert nebenbei ihr Selbstwertgefühl.

Sprechen Sie auch mit Ihrem Produktmanagement und schlagen Sie vor, eine Argumentationsliste zu erstellen. Jedem Merkmal Ihres Produktes oder Ihrer Dienstleistung werden dabei der Nutzwert und der mögliche emotionale Wert für die verschiedenen Problemstellungen des Kunden zugeordnet.

STUDIE 10: Untersuchung zur Angebotspräsentation

Die Marktstudie wurde von der *Infoteam Sales Process Consulting* und der Marktforschungsabteilung der F.A.Z. durchgeführt. Befragt wurden 181 Anbieter und 302 Kunden in Deutschland, Österreich und der Schweiz. Die Studie brachte u. a. folgende Ergebnisse:

Die wichtigsten Anforderungen der Kunden an eine Präsentation

1. Kurz und verständlich
2. Fokus auf Kundenprobleme, spezifische Lösungen und Nutzen
3. Kunde soll sich auf die Zusammenarbeit mit dem Anbieter freuen
4. Mehr Dialog statt Monolog
5. Überzeugende und passende Referenzen

Dabei trafen die Kunden folgende Aussagen:

„Die Präsentation war zu technisch für die Kaufleute und zu kaufmännisch für die Techniker."

20 % der Kunden verlangten einen stärkeren Fokus auf ihre Schlüsselprobleme.

„Die Lösung unserer Probleme muss im Vordergrund stehen, nicht die Selbstdarstellung."

38 % der Kunden sind bei Angeboten unzufrieden mit der mündlichen Präsentation.

Achtung – Wenn mit dem Preiswert statt dem Nutzwert argumentiert wird

Beim Verkauf von Billigprodukten setzen Verkäufer häufig auf eine andere Strategie: Sie versuchen, den Preis so lange zu verkleinern, bis der Kunde sich gar nicht mehr fragt, ob er aus einem Produkt Nutzen schöpft, sondern der Meinung ist, dass der originäre, innere Wert des Produktes größer ist als der Preis, den er dafür bezahlt. Ein typisches Beispiel ist der Hemdenabverkauf im Herbst. Meistens liegen im Eingangsbereich der Geschäfte die Abverkaufshemden gestapelt. Man entdeckt dort ein blaugestreiftes Hemd und denkt sich: „Ah, von 49 Euro auf 28 Euro reduziert. Was für ein Schnäppchen!" Warum denken wir das? Weil der normale Kaufpreis und der Abverkaufspreis so stark differieren, dass das Hemd an sich mehr wert ist, als es kostet. In dem Moment vergisst der Kunde komplett, sich die Frage zu stellen, wie viel Nutzen er aus dem Produkt zieht. Alleine der Kauf scheint für ihn ein Gewinn, da er sich denkt, das Produkt sei mehr wert. Wenn der Kunde aber schon fünf blaugestreifte Hemden zu Hause hat, stellt sich die Nutzen-Frage. Was macht er mit einem sechsten Hemd? Zieht er wirklich Nutzen daraus oder verbessert sich seine Situation? War er, bevor er das Hemd gekauft hat, wirklich unzufrieden? Meistens beantwortet sich der Kunde solche Fragen mit „Nein". Warum? Hätte er tatsächlich ein Hemd gebraucht, wäre er in die Stadt gefahren und hätte es wahrscheinlich zum Normalpreis gekauft. Viele Verkäufer, die Schnäppchen anbieten, spekulieren mit der Tatsache, dass wir, sobald wir ein günstiges Produkt sehen, vergessen, uns die Frage zu stellen, ob wir aus dem Produkt auch einen Nutzen ziehen und wir mit unserer bisherigen Situation tatsächlich unzufrieden waren.

3.7.2 Formulierungen, die positive Assoziationen schaffen

Wenn Sie viel mit dem Zug fahren, kennen Sie bestimmt diese Situation: An jedem Bahnhof steigen neue Fahrgäste zu, von denen manche große Trolleys hinter sich herziehen. Falls dann in der Nähe meines Sitzplatzes eine Dame oder ein älterer Herr versucht, das Gepäck in die obere Ablage über den Sitzen zu verstauen, sehe ich mich als höflicher Mensch veranlasst, behilflich zu sein. Und da man nicht einfach das Gepäck einer anderen Person ungefragt nehmen kann, muss man zunächst mit der Person ins Gespräch zu kommen, um zu erfahren, ob die Hilfe willkommen ist. Dabei habe ich eine erstaunliche Beobachtung gemacht, die Sie im Feldversuch auch selbst überprüfen können. Wenn ich, verbunden mit einem freundlichen Lächeln, folgende Frage stelle: „Darf ich für Sie Ihren Koffer in die Gepäckablage legen?", bekomme ich in etwa eine 80-prozentige Zustimmung und kann mich dann daran machen, den schweren Koffer nach oben zu wuchten. Wähle ich die Formulierung aber nur ein wenig anders, z. B.: „Brauchen Sie Hilfe?" und dies verbunden mit einem neutralen Gesichtsausdruck, kehrt sich die Erfolgsquote meines Ansinnens um. Bei dieser Formulierung verneinen fast 80 % und kümmern sich alleine um ihr Gepäck. Eine Ausnahme zu dieser Regel bilden ausschließlich Fahrgäste, die aufgrund ihrer körperlichen Fähigkeiten tatsächlich auf Hilfe angewiesen sind.

Fazit: Allein durch die Formulierung Ihrer Frage können Sie also, obwohl Sie sich in beiden Fällen höflich und hilfsbereit verhalten, bestimmen, ob Sie wirklich eingreifen müssen oder nicht. Für Verkäufer ist die folgende Frage jedoch viel interessanter: Warum reagieren Personen, die sich in einer identischen Situation befinden, nur aufgrund einer unterschiedlichen Formulierung derselben Frage mit derart unterschiedlichen Antworten?

Wenn wir an die Überlegungen aus Kapitel 1 zur Arbeitsweise des Gehirns anknüpfen, ist es relativ einfach, diese zunächst verwirrende Tatsache zu erklären. Das Wort „helfen" ist in unserer Gesellschaft positiv besetzt. Dabei vergessen wir jedoch häufig, dass die Situation, Hilfe in Anspruch nehmen zu müssen, in unserem Unbewussten keineswegs positiv, sondern sehr negativ besetzt ist. Stellen Sie sich vor, was es für Sie bedeuten würde, ständig auf die Hilfe von anderen angewiesen zu sein. In Wirklichkeit löst diese Vorstellung in uns die negativsten Assoziationen aus, die wir uns vorstellen können.

Jemandem helfen können ruft dagegen positive Assoziation wach: Wir verfügen über mehr Fertigkeiten oder Ressourcen als andere. Damit sind wir nicht nur in der Lage, uns selbst zu helfen, sondern auch anderen helfen zu können. Das wiederum ist eine äußerst positive Assoziation über unsere eigene Situation.

Wenn Sie also jemanden fragen, ob er Ihre Hilfe benötigt, dann gibt es eine starke Tendenz, dass wir unbewusst diese Frage verneinen wollen. Schließlich wollen wir nicht hilfsbedürftig sein, sondern zeigen, dass wir in der Lage sind, das Problem selbst zu lösen, um damit eine positive Emotion zu schaffen. Fragt Sie hingegen eine freundlich lächelnde Person, ob sie etwas für Sie tun darf, wird die folgende, positive Assoziation geschaffen: Eine freundliche Person, die mir durch ihr Lächeln Sympathie vermittelt, bittet mich höflich, etwas für mich tun zu können. Welchen Sinn würde es jetzt machen, einem so freundlichen und obendrein nutzbringenden Angebot ablehnend gegenüberzustehen? Das Unbewusste verbindet negative Assoziationen, mit dem Gedanken, eine freundliche und hilfsbereite Person abzuweisen.

Diese Überlegungen zeigen uns, dass in einer absolut identischen Situation, bei Verwendung unterschiedlicher sprachlicher Formulierungen und der dazu passenden Körpersprache, ganz andere Assoziationskreise angeregt werden und dadurch auch ganz andere Entscheidungen zustande kommen. Aus diesem Grund können unterschiedliche Formulierungen in der gleichen Situationen zu absolut konträren Ergebnissen führen. Hier liegt eine große Chance für Verkäufer, durch eine nach neuropsychologischen Erkenntnissen gewählte Kommunikation die Entscheidungsprozesse bei Kunden stark zu beeinflussen.

Allerdings — und das ist auch gut so — haben unsere Kommunikationsmittel ihre Grenzen. Sie können eine Person nur dazu bringen, einen Nutzen zu erkennen, den sie auch tatsächlich hat. Sie können aber nicht jemanden veranlassen, etwas zu tun, dass keinen Nutzen oder vielleicht sogar Schaden mit sich bringt. Damit sind dieser Methode, mit geschickten Formulierungen Menschen zu beeinflussen, auch sinnvolle natürliche Grenzen gesetzt. Vielleicht kennen Sie den Spruch, jemand sei ein so guter Verkäufer, dass er sogar einem Eskimo einen Kühlschrank verkaufen kann. Mein Vorschlag: Verkaufen Sie zuerst all jenen einen Kühlschrank, die auch tatsächlich einen Nutzen daraus ziehen. Wenn Sie das können, haben Sie es gar nicht mehr nötig, den armen Eskimos ihr Geld aus der Tasche zu ziehen.

Der Kunde soll den Nutzen erkennen

Es ist nicht das Ziel des neuro-assoziativen Verkaufens, Kunden zu ihrem Nachteil zu beeinflussen, sondern Kunden dazu zu bringen, ihren persönlichen Nutzen auch tatsächlich zu erkennen und dann in diesem Sinne zu entscheiden. Der Fahrgast, der das kleine Hilfsangebot annimmt, erleidet durch die gezielte Anpassung der Ansprachestrategie schließlich auch keinen Nachteil, sondern erlebt einen persönlichen Nutzen. Die Manipulation des Gesprächspartners erfolgt nicht zu seinem Nachteil, sondern zu seinem Vorteil. Deswegen ist es eine wichtige Voraussetzung für die neuro-assoziative Verkaufsstrategie, dass der Verkäufer davon überzeugt ist, dass sein Produkt bzw. seine Dienstleistung tatsächlich einen Wert beim Kunden schafft und sich seine Situation verbessert oder sein Problem gelöst wird.

3.7.3 Das Prinzip der Reziprozität im Verkaufsgespräch

Ein US-amerikanischer Psychologe machte einmal folgendes Experiment: Er verschickte vor Weihnachten Grußkarten an wildfremde Personen, zu denen er vorher noch nie Kontakt hatte. Zu seinem Erstaunen wurden viele seiner Grußkarten erwidert. Nun stellt sich die Frage, was diese Menschen dazu veranlasst hat, diese Grüße zu schreiben. Das diesem Phänomen zugrundeliegende Prinzip ist das der Reziprozität, also der Gegenseitigkeit. Wir Menschen sind soziale Wesen, tief in uns sind Grundprogramme „installiert", die uns zu sozialem Verhalten bewegen. Das Prinzip der Gegenseitigkeit sagt aus, dass wir uns für erwiesene Gefälligkeiten gerne revanchieren möchten.

BEISPIEL: Wenn das Prinzip der Gegenseitigkeit verletzt wird

Stellen Sie sich vor, Sie gehen abends aus und ein Bekannter, der seine Brieftasche zuhause vergessen hat, bittet Sie, ihm 50 Euro zu leihen, was Sie auch machen. Am nächsten Tag gibt er Ihnen das Geld wieder zurück. Einige Wochen später gehen Sie erneut aus und stellen erschrocken fest, dass Sie Ihre Brieftasche diesmal selbst vergessen haben. Wenn Sie nun in einer größeren Runde am Tisch sitzen, bei wem würden Sie sich als erstes Geld leihen? Mit großer Wahrscheinlichkeit bei derjenigen Person, der Sie vor Kurzem ausgeholfen haben, weil Sie sich in diesem Fall recht sicher sind, dass die angesprochene Person Ihnen auch Geld leihen wird. Nun bitten Sie Ihren Bekannten um 50 Euro, worauf dieser ablehnt. Was würden Sie jetzt tun? Vermutlich würden Sie ihn an die Begebenheit vor einigen Wochen erinnern und sich auf das Prinzip der sozialen Reziprozität zu berufen. Und jetzt stellen Sie sich vor, die andere Person würde einfach entgegnen: „Ich weiß, dass du mir Geld geliehen hast, aber ich selbst verleihe kein Geld, tut mir leid." Der jetzt in Ihnen aufsteigende Ärger zeigt, wie hoch wir das Prinzip der Gegenseitigkeit schätzen. Immer wenn man anderen etwas gibt, verlassen wir uns darauf, dass diese sich irgendwann einmal revanchieren.

Aus diesem Prinzip der Reziprozität entsteht in einer sozialen Gemeinschaft ein Netzwerk von gegenseitigen Abhängigkeiten, das starke soziale Bindungen untereinander schafft und festigt. Nicht umsonst haben wir in unserer Gesellschaft abwertende Ausdrücke wie „Schnorrer" für Menschen, die diese Prinzipien verletzen.

Ein anderes Beispiel: Kennen Sie das Gefühl, wenn Sie im Supermarkt auf einen Gratis-Probierstand zugehen und — obwohl Sie eigentlich Interesse hätten, etwas zu probieren — es dann doch unterlassen, weil in Ihnen ein unangenehmes Gefühl aufsteigt. In dem Moment, in dem Sie ein Häppchen probieren, fühlen Sie sich auch verpflichtet, etwas zu kaufen. Firmen, die solche Probierstände ausrichten, kennen dieses Prinzip natürlich genau und deshalb rechnet sich der Aufwand immer.

Wichtig für den Einsatz des Prinzips der Reziprozität im Verkauf ist, dass es nicht immer auf die Größe des Geschenks ankommt. Dies zeigt auch das Beispiel des Probierstands im Supermarkt, denn schließlich fühlen Sie sich ja veranlasst, nach der Kostprobe eines winzigen Käsehäppchens gleich einen ganzen Käselaib zu erstehen. Es ist vielmehr so, dass wir uns grundsätzlich verpflichtet fühlen, jemandem, der uns zuvor einen Gefallen erwiesen hat, einen Wunsch nicht abzuschlagen.

STUDIE 11: Untersuchung zum Prinzip der Reziprozität

Robert B. Cialdini, Professor für Psychologie an der Arizona State Universität, führte folgenden Versuch durch, um das Prinzip der Reziprozität zu untersuchen: Die Teilnehmer der Studie gaben sich als Verantwortliche einer Jugendhilfsorganisation aus. Sie sprachen auf dem Gelände einer Universität Studenten an und fragten, ob sie bereit wären, eine Gruppe jugendlicher Straftäter bei einem Tagesausflug im Zoo zu begleiten. Der Gedanke, für eine Gruppe jugendlicher Straftäter unterschiedlichen Alters für einige Stunden in der Öffentlichkeit verantwortlich zu sein, war nicht sehr angenehm für die angesprochenen Studenten. Wie erwartet, verweigerte die große Mehrheit (83 %) diese Aufgabe.

In einem zweiten Versuch wurden die Studenten auf dem Universitätsgelände um einen viel größeren Gefallen gebeten. Sie wurden gefragt, ob sie bereit wären, zwei Wochen pro Stunde als Vertrauensperson für die jugendlichen Straftäter zur Verfügung zu stehen, und das für eine Dauer von mindestens zwei Jahren. Wie erwartet, verweigerten alle Angesprochenen diese Aufgabe. Nach ihrer Ablehnung wurden sie jedoch gefragt, ob sie bereit wären, die jugendlichen Straftäter wenigstens einmal auf einem Tagesausflug im Zoo zu beaufsichtigen. Und siehe da: Jetzt erklärten sich anstatt 17 %, wie bei der ersten Befragung, 50 % bereit, diese Aufgabe zu übernehmen. Dies entspricht einer Verdreifachung des positiven Ergebnisses. Wie kommt es nun zu der Veränderung des Verhaltens? Das Prinzip der Reziprozität, also der Gegenseitigkeit, wirkt offensichtlich nicht nur, wenn man jemandem einen Gefallen getan hat und im Gegenzug dazu selbst einen Gefallen fordert. Dieses Prinzip wirkt auch, wenn man jemanden um einen Gefallen bittet und dieser den Gefallen verweigert. Dadurch entsteht das Gefühl einer Schuld, die der Angesprochene begleichen möchte.

Nutzen Sie das Prinzip der Gegenseitigkeit im Verkauf

Geben Sie dem Kunden zum Beispiel gratis Testprodukte. Entwerfen Sie Pläne, Muster und Skizzen, die Sie dem Kunden zur Verfügung stellen. Bieten Sie ihm auch in anderer Form Unterstützung an, die ihm nichts kostet. Dies alles erhöht den emotionalen Druck auf den Kunden, mit Ihnen ins Geschäft zu kommen. Selbst das Zurückziehen eines Angebots, das der Kunde nicht möchte, lässt beim Kunden das Gefühl entstehen, sich für das erwiesene Entgegenkommen zu revanchieren. Überlegen Sie deshalb schon vor dem Kundengespräch, welche kleinen Zugeständnisse Sie dem Kunden abverlangen können, wenn er das Hauptangebot ablehnt.

3.7.4 Sagen Sie es mit den Worten des Kunden!

Vielleicht kennen Sie die Filmkomödie „Und täglich grüßt das Murmeltier" von Harold Ramis. In diesen Film spielt Bill Murray den Wetteransager eines TV-Senders, der von dem lokalen Ereignis einer Provinzstadt, dem sogenannten Murmeltiertag, berichten soll. Annie Mac Dowell spielt seine Tonassistentin, in die er sich verliebt. Seine Annäherungsversuche stoßen bei ihr allerdings auf wenig Gegenliebe. Aufgrund eines heftigen Gewitters müssen sie nach dem Dreh in der Kleinstadt übernachten. Als der Wetteransager am nächsten Morgen aufwacht, ist in der Stadt wieder Murmeltiertag. Gefangen in einer Zeitschleife erlebt er wieder und wieder denselben Tag. Und an jedem Tag versucht er erneut, die Tonassistentin für sich zu gewinnen. Mit jedem gleichen Tag wird der Wetteransager erfolgreicher, da er sich immer besser merkt, welches Verhalten bei seiner Assistentin gut ankommt. Er merkt sich jede Kleinigkeit, die sie ihm erzählt und beginnt sich genau so auszudrücken, wie es ihr gefällt. Da er nur einen Tag Zeit hat, sie für sich zu gewinnen, darf er sich bei ihr keine Fehler erlauben. Denn am nächsten Tag muss er wieder bei Null anfangen. Am Schluss des Films gelingt es ihm tatsächlich, sie zu erobern, und die ewige Wiederholung des Murmeltiertages findet ein Ende.

Stellen Sie sich vor, Sie hätten im Verkaufsgespräch auch dieselbe Möglichkeit wie der Wetteransager: Sie könnten Ihr Verkaufsgespräch unendlich oft wiederholen und in jedem weiteren Gespräch die Informationen aus den vorangegangenen Gesprächen nutzen — so lange, bis Sie es geschafft haben, Ihren Kunden von dem Produkt zu überzeugen. Das geht leider nur im Film. Aber es gibt eine andere, fast ebenso wirksame Methode, um den Kunden zu überzeugen. Die Strategie der Assoziativen Argumentation verwendet Begriffe, Ausdrucksweisen und Sprachmuster, die an die Sprachgewohnheiten des Kunden angeglichen sind. Wir arbeiten also mit den Assoziationen des Kunden. In Kapitel 3.3 haben Sie bereits erfahren, wie man durch den Einsatz der Spiegelneuronen Sympathie erzeugt, indem man die Körpersprache, die Stimme und die Wortwahl an die Verhaltensweisen des Kunden anpasst. In der SUPER-Fragestrategie haben Sie bereits viele Assoziationen des Kunden kennengelernt.

Passen Sie Ihre Argumentation individuell an jeden einzelnen Kunden an

In der Assoziativen Argumentation geht es darum, diese Assoziationen in die eigene Argumentation einzubauen. Dabei muss der Verkäufer aufmerksam wahrnehmen, wie sich der Kunde ausdrückt, um dann die eigenen Sprachmuster entsprechend anzupassen. In diesem Zusammenhang ist es wichtig, dass wir den Kunden nicht einfach in eine Schublade stecken, in der wir ihn dann während des ganzen Gesprächs belassen. Vielleicht haben Sie schon einmal einen Persönlichkeitstest absolviert und waren dann von den vielen Übereinstimmungen mit dem festgestellten Typ begeistert. Ähnlich verhält es sich bei Leuten, die an Sternzeichen glauben. Wenn man erst einmal sicher ist, dass man seinem Sternzeichentyp absolut entspricht, sieht man nur noch Belege, die diese Überzeugung bestätigen. Sie haben in Kapitel 1.3 schon den Grund dafür kennengelernt. Das Limbische System filtert alle Informationen, die nicht mit unserer Einstellung korrespondieren, einfach heraus. Deshalb gewinnen wir immer größere Sicherheit, dass unsere Persönlichkeitseigenschaften den Eigenschaften unseres Sternzeichens entsprechen. Die vom Psychologen entdeckten Persönlichkeitstypen sind sicherlich wissenschaftlich fundierter als die Sternzeichentypologie. Allerdings tritt auch hier dasselbe Problem auf. Sobald Sie den Kunden in eine Persönlichkeitsschublade gesteckt haben, lässt der Filter des Limbischen Systems ihn nicht mehr heraus. Auf jeden Fall ist es besser, die eigene Argumentation auf zwei, vier oder auch sechs unterschiedliche Kundentypen auszurichten, als eine Argumentation zu verwenden, die den eigenen Neuroassoziationen entspricht.

3.7.5 Die neuroassoziativen Muster

Um im Verkauf wirklich exzellent zu werden, müssen Sie für jeden einzelnen Kunden eine individuelle Argumentation aufbauen. Dabei helfen Ihnen die neuroassoziativen Muster, die im Folgenden vorgestellt werden. Neuroassoziative Muster sind typische Denk- und Verhaltensmuster, die Sie bei Kunden erkennen können, um Ihre Argumentation entsprechend anzupassen.

Das Planungsmuster

Der Kunde fühlt sich wohl, wenn Dinge nach klaren Prinzipien funktionieren. Um Sicherheit zu empfinden, müssen Dinge eine klare Struktur haben. Ganz nach dem Motto: Ein guter Plan lässt nichts offen.

Liefern Sie dem Kunden organisatorische Details, einen klaren Ablaufplan, um ihm die notwendige Sicherheit zu geben.

Das Umsetzungsmuster

Erkennen Sie beim Kunden das Auftreten eines typischen „Machers"? Es werden schnell Entscheidungen getroffen, vielleicht werden mehrere Aufgaben gleichzeitig erledigt. Es geht darum, Dinge zu tun und nicht nur darüber zu reden. Sie sehen beim Kunden ein schnelles kraftvolles Auftreten. Der Kunde will „Nägel mit Köpfen machen".

Wenn Sie diese Verhaltensweisen beim Kunden feststellen, dann achten Sie darauf, seine Geschwindigkeit und Dynamik zu übernehmen. Kommen Sie schnell auf den Punkt und argumentieren Sie einfach und lösungsorientiert.

Das visionäre Muster

Der Kunde verströmt Begeisterung für Neues. Er sprüht vor Ideen und ist ständig auf der Suche nach Veränderungen.

Zeigen Sie dem Kunden die innovativen Aspekte Ihres Produktes. Sprechen Sie besonders begeistert und beteiligen Sie den Kunden an kreativen Lösungen. Präsentieren Sie die technischen Merkmale Ihres Produktes als besonderen technischen Fortschritt.

Das Technikermuster

Der Kunde sieht sich als Problemlöser. Schritt für Schritt verbessert er die Ausgangssituation. Häufig tritt er etwas reserviert auf. Er ist durchaus interessiert an Verbesserungen, aber Sie müssen in logischen Schritten erfolgen. Er will Fragen auf den Grund gehen und diese möglichst objektiv betrachten.

Achten Sie darauf, die entsprechende Fachkompetenz zu vermitteln. Liefern Sie objektive Erkenntnisse statt subjektiver Einschätzungen. Gehen Sie wertschätzend mit den Lösungen um, die Ihr Kunde bereits entwickelt hat.

Das Analysierermuster

Der Kunde tritt besonders korrekt auf. Er ist selbstbewusst und hat alles detailliert geplant. Er gibt klare, für jeden nachvollziehbare Anweisungen. Der Kunde spricht von Zahlen, Daten und Fakten. Er überlässt nichts dem Zufall.

Treten auch Sie exakt und kontrolliert auf. Argumentieren Sie sicher und detailliert und verwenden Sie dabei auch Zahlen, Daten und Fakten.

Das Sicherheitsmuster

Der Kunde tritt zurückhaltend und vielleicht introvertiert auf. Er bleibt gerne bei Bewährtem und vermeidet es, neue Lösungen zu implementieren. Er scheut das Risiko und wirkt vielleicht sogar ein wenig mutlos. Häufig wirkt er auch sehr konservativ.

Passen Sie sich dem Kunden an und geben Sie ihm Sicherheit. Zeigen Sie, dass Ihre Lösung schon lange eingesetzt wird und deshalb bewährt ist. Geben Sie dem Kunden durch den Einsatz vieler Referenzen das Gefühl, dass die Lösung bereits breite Akzeptanz gefunden hat.

Das visuelle Muster

Der Kunde spricht schnell in einer mittleren Stimmlage. Vielleicht vermittelt er sogar ein wenig Hektik. Achten Sie auf die Wörter, die er verwendet. Sind es Worte, die etwas Visuelles beschreiben?

Verwenden auch Sie solche Worte. Sprechen Sie bildhaft, damit auch der Kunde Bilder vor seinem inneren Auge entstehen lassen kann. Visualisieren Sie Ihre Lösung, wo immer möglich. Falls Sie ein Produkt präsentieren, geben Sie dem Kunden genug Zeit, sich einen visuellen Eindruck zu verschaffen.

▶ **BEISPIEL: Der visuelle Wortschatz**

Achten Sie auf folgende Ausdrücke:
Blick, Sichtweise, Ansicht, Überblick, Perspektive, Horizont, hell, offenbar, leicht ersichtlich, augenscheinlich, sehen, vorstellen, erblickten, übersehen, wegschauen, anschauen, eine Vision entwickeln, ins Leere starren, einen kurzen Blick auf etwas werfen

Das auditive Muster

Ihr Kunde spricht sehr betont in einer mittleren Geschwindigkeit und verwendet dabei auditive Begriffe. Sprechen Sie mit diesem Kunden besonders betont. Verwenden auch Sie auditive Begriffe und geben Sie dem Kunden genug Zeit, auf seine innere Stimme zu hören.

BEISPIEL: Der auditive Wortschatz

Achten Sie auf folgende Ausdrücke:
Klang, Rhythmus, Lautstärke, Takt, Musik, Geräusche, wohl klingend, lautstark, leise, ruhig, ansprechend, klingen, sagen, hören, lauschen, ich bin ganz Ohr, berichten Sie mir, Wort für Wort, in Hörweite

Das kinästhetische Muster

Ihr Kunde spricht auffallend langsam. Manchmal sprechen Geistliche so. Seine Schultern hängen entspannt nach unten. Häufig spricht er auch mit einer tiefen Stimme. Die Begriffe, die er verwendet, drücken Emotionen aus.

Achten Sie in diesem Fall besonders auf Ihr Auftreten. Seien Sie nicht zu dynamisch, da der Kunde wahrscheinlich auch etwas zurückhaltend ist. Sprechen Sie langsam und bedächtig. Zeigen Sie Einfühlungsvermögen und verwenden Sie kinästhetische Ausdrücke.

BEISPIEL: Der kinästhetische Wortschatz

Achten Sie auf folgende Ausdrücke:
Gefühl, Berührung, Kontakt, Gewicht, Entspannung, Erleichterung, greifbar, handlich, leicht, kühl, warm, spüren, fühlen, tasten, greifen, begreifen, sich vorantasten, mir fällt ein Stein vom Herzen, Hand in Hand, leichten Herzens, Hals über Kopf

Dies sind nur einige Beispiele dafür, worauf Sie achten können. Wichtig ist, die Bewegungen, die Körperhaltung, die Mimik, die Gestik, die Sprechgeschwindigkeit, die Modulation, die Ausdrucksweise und die Wortwahl des Kunden so weit wie möglich anzupassen.

Lernen Sie von Talkshows

Um die verschiedenen Sprachmuster für Verkaufsgespräche zu trainieren, können Sie sich Talkshows im Fernsehen ansehen und sich an die unterschiedlichen Teilnehmer anpassen. Üben Sie eine Stunde vor dem Fernseher, die Statements der einzelnen Teilnehmer in deren Worten zu wiederholen und dabei auch die Körpersprache zu imitieren. Sie können diese Übungen auch in Ihrem Freundeskreis machen, werden dabei aber feststellen, dass Sie mit guten Freunden ohnehin schon eine hohe Übereinstimmung in diesen Aspekten aufweisen. Gerade dies ist einer der Gründe, warum Empfehlungen von Freunden so gut wirken. Sie sprechen einfach unsere Sprache.

Vermeiden Sie die Verneinungsform von Begriffen

In einem Verkaufsgespräch argumentiert der Verkäufer für seine Lösung mit folgenden Worten:

Bei unserer Anlage haben Sie keine Probleme mit der Ersatzteilversorgung. Fehlbedienungen sind bei uns nahezu ausgeschlossen, da wir keine komplizierten Mehrfachbelegungen der Tasten haben. Sie müssen sich auch keine Sorgen wegen der Wartung der Maschinen mehr machen, da unser Wartungsstützpunkt nicht weit von Ihnen entfernt ist. Frustrierendes Warten auf den Servicedienst gehört damit der Vergangenheit an.

Der Verkäufer scheint gut zu argumentieren, was sich mit der neuen Anlage alles verbessern wird. Auf der Ebene des Bewusstseins versteht der Kunde ganz klar den Sinn dieser Aussagen. Welche Assoziationen werden bei dieser Argumentation aber im Unbewussten des Kunden hervorgerufen? Das Unbewusste verknüpft die erwähnten Begriffe mit Bildern, die dort abgespeichert sind. Gleichzeitig lädt das Unbewusste auch die mit diesen Bildern verknüpften Emotionen hoch. Je stärker emotional besetzt ein Begriff ist, desto stärker ist auch die entstehende Emotion.

Begriffe, die mit einer Verneinung versehen sind, werden durch das Unbewusste ohne diese Verneinung hochgeladen. Versuchen Sie einmal, sich *keinen* Unfall, *keine* Flutkatastrophe und *keinen* Flugzeugabsturz vorzustellen. Sobald Sie an einen dieser Begriffe denken, lädt Ihr Unbewusstes die dazu passenden Bilder hoch. Wie sollte es auch „keinen Unfall“ bildlich darstellen?

Was geht im Unbewussten des Kunden während des Verkaufsgesprächs vor?

Das Unbewusste des Kunden sucht nach Bildern für Probleme, Fehlbedienungen und komplizierten Mehrfachbelegungen sowie den negativen Emotionen, die damit assoziiert werden. Dann produziert es negative Emotionen wie Sorgen und Frustration, so wie es ihm aufgetragen wurde. Diese Arbeitsweise unseres Unbewussten macht auch verständlich, warum wir manchmal so unentschlossen sind, obwohl die Fakten doch alle überzeugend klingen. Wenn das Unbewusste dabei gleichzeitig negative Emotionen produziert, haben wir einfach kein gutes Gefühl und wollen uns alles noch einmal in Ruhe überlegen.

Wie formuliert man als Verkäufer so, dass das Unbewusste gleichzeitig positive Emotionen produziert. Der Verkäufer sollte Worte verwenden, die positive Assoziationen schaffen:

Bei unserer Anlage erhalten Sie alle Ersatzteile kurzfristig. Durch die Einfachbelegung unserer Tasten ist die Bedienung schneller und sicherer. Unser Wartungsteam ist rasch und verlässlich vor Ort, da unser Servicestützpunkt sich direkt in Ihrer Nähe befindet. Sie haben die Sicherheit, dass unser Serviceteam kurz nach dem Anruf bei Ihnen ist.

TIPP: Schaffen Sie positive Assoziationen

Verwenden Sie im Verkaufsgespräch Worte, die positive Assoziationen schaffen. Worte wie *zuverlässig, langlebig, pünktlich, Sicherheit, Verlässlichkeit, Vertrauen, Sympathie und Wohlbefinden*. Vermeiden Sie die Verneinungsform von Begriffen.

Achten Sie auch in Ihrem Privatleben auf Ihre Formulierungen. Wenn Sie häufig die Verneinungsform von Begriffen verwenden, zwingen Sie Ihr Unbewusstes ständig, negative Bilder hochzuladen und – was noch viel schlimmer ist – die dazugehörigen negativen Emotionen. Dies hat eine negative Wirkung auf Ihre Grundstimmung, was wiederum zur Folge hat, dass Sie viel stärker auf negative Begebenheiten reagieren und viel weniger auf Positives in Ihrer Umwelt. Verwenden Sie im Laufe des Tages häufiger Begriffe, die Ihr Unbewusstes mit starken positiven Emotionen assoziiert. Verwenden Sie möglichst häufig Worte wie *Glück, Freude, Begeisterung, Harmonie, fantastisch, großartig, Liebe, Zuneigung, Stärke* und dergleichen.

3.7.6 Das Gesetz der Konsistenz im Verkaufsgespräch

Der amerikanische Psychologe Thomas Moriarty platzierte auf einem Strand in der Nähe von New York ein Handtuch etwa 1,5 Meter neben dem eines beliebig ausgewählten Badegastes. Auf dem Handtuch hörte ein Mitglied seines Teams in der Rolle eines Badegastes Musik aus einem Radio. Nach einigen Minuten stand dieser auf und entfernte sich von seinem Handtuch, um einen Strandspaziergang zu machen. Nachdem der Studienteilnehmer sich etwas entfernt hatte, kam ein zweiter Studienteilnehmer, der die Rolle eines Diebes innehatte und unter den Augen des ausgewählten Badegastes das Radio entwendete. Er wiederholte dieses Experiment mit unterschiedlichen Personen. Obwohl alle Badegäste den Diebstahl bemerkten, griffen sie nur in 20 % der Fälle ein und versuchten den vermeintlichen Dieb aufzuhalten. In einem weiteren Versuch bat nun der Studienteilnehmer den Badegast, doch bitte auf sein Radio achtzugeben. In diesem Fall versuchten 95 % der Badegäste, den Dieb aufzuhalten.

Wir haben den inneren Drang, mit einmal getroffenen Zusagen, unseren eigenen Entscheidungen, Einstellungen und Werten im Einklang zu handeln. Dies baut eine innere Barriere dagegen auf, sich inkonsistent zu verhalten. Es löst unangenehme Emotionen in uns aus, wenn wir uns inkonsistent verhalten. Wir sehen uns gerne als vernunftgesteuerte Wesen, die unabhängig von unbewussten Emotionen sind. Also wünschen wir uns, dass unser Verhalten in sich schlüssig ist, und tun auch sehr viel, um diese Logik vor uns und vor anderen aufrechtzuerhalten.

Vielleicht kennen Sie diese Situation: Sie erwachen morgens mit dem festen Vorsatz, joggen zu gehen. Doch Ihr Unbewusstes hatte wohl etwas anderes mit Ihnen vor. Es wollte im warmen, weichen Bett liegen bleiben. Also suchen Sie sich eine Ausrede, etwa indem Sie sich auf das schlechte Wetter berufen, bei dem Sie sich eventuell eine Erkältung holen könnten, und verschieben Ihre Joggingpläne auf den nächsten Tag. Und schon ist unser Verhalten wieder konsistent, denn das schlechte Wetter liefert eine gute Begründung für unseren Meinungsumschwung.

Wir können dieses Prinzip der Konsistenz auch nutzen, um mehr oder weniger erfolgreich Druck auf uns selbst auszuüben. Ein gutes Beispiel dafür sind die guten Vorsätze, die wir am Silvesterabend treffen. Wir erzählen sie verschiedenen Leuten, um so ein wenig Druck auf uns selbst aufzubauen. Auch dieses Verhalten orientiert sich am Prinzip der Konsistenz. Wenn wir vielen Menschen gegenüber eine gewisse Sichtweise geäußert haben, verspüren wir zum einen eine höhere Motivation, entsprechend zu handeln, und andererseits ein unangenehmes Gefühl, wenn wir mit unseren Aussagen nicht konsistent bleiben.

TIPP: Reden Sie niemals die Produkte des Kunden schlecht

Versuchen Sie als Verkäufer niemals, das Produkt, das der Kunde verwendet, schlecht zu reden. Da der Kunde selbst die Entscheidung für das Produkt getroffen hat, wird er nach dem Prinzip der Konsistenz versuchen, seine Entscheidung zu rechtfertigen. Selbst wenn Probleme beim Einsatz vorhanden sind, tut er sich schwer, sich diese einzugestehen.

Statt als Verkäufer die Probleme direkt anzusprechen, sollten Sie Ihren Kunden in der SUPER-Fragestrategie dazu bringen, die Probleme selbst auszusprechen. Lassen Sie den Kunden auch Nutzenargumente immer selbst formulieren. Deshalb gibt es in der SUPER-Fragestrategie auch die Resultatfragen, mit denen man den Kunden selbst die positiven Auswirkungen der angebotenen Produkte ausdrücken lässt. Je mehr positive Aspekte der Kunde selbst erwähnt, desto stärker fühlt er sich später verpflichtet, das Produkt zu erwerben. Denn nur so bleibt er konsistent in seinen Ansichten.

Lassen Sie den Kunden Zusagen selbst formulieren. Also nicht: „Ich rufe Sie morgen Vormittag an.“, sondern „Wann soll ich Sie morgen Vormittag anrufen?“ Lassen Sie sich bei weiterführenden Vereinbarungen immer die nächsten Schritte durch den Kunden bestätigen. Zum Beispiel mit folgenden Fragen:

Bis wann können Sie das Angebot überprüfen?

Wann treffen Sie die Entscheidung über das Angebot?

Nach welchen Kriterien entscheiden Sie über den zukünftigen Lieferanten?

4 Fair handeln – von Einwänden, Konditionen und Preisen

Im Grunde ist ein Einwand des Kunden fast immer die Folge eines Fehlers im Verkaufsgespräch, denn in einem fehlerfreien Verkaufsgespräch dürfte es idealerweise keinen Einwand geben. Deshalb kann man auch sagen, dass die Art der Kundeneinwände die Fehler im Verkaufsgespräch definieren. Da man aber selten ein fehlerfreies Verkaufsgespräch führt, muss man manchmal nachbessern. In diesem Kapitel erfahren Sie, wie Sie mit Einwänden und Reklamationen von Kunden im Sinne der NAS-Strategie professionell umgehen, wie Sie erfolgreiche Preisverhandlungen führen und den Kunden schließlich zur Kaufentscheidung bringen.

4.1 Einwände von Kunden behandeln

4.1.1 Typische Fehlerquellen im Verkaufsgespräch

Prinzipiell gibt es drei mögliche Fehlerquellen im Verkaufsgespräch. Entsprechend lassen sich auch drei Arten von Einwänden, die Kunden gegen Verkäufer vorbringen, unterscheiden:

1. Einwände gegen den Verkäufer als Person

Bei Einwänden des Kunden gegen den Verkäufer als Person handelt es sich meist um Vorwände, also vorgeschobene Gründe. Wenn der Kunde Einwände gegen die Person des Verkäufers äußert, hat dieser wahrscheinlich Fehler in der Image-Phase (Kapitel 3.3) oder der SVK-Phase (Kapitel 3.5) gemacht. Der Kunde will dem Verkäufer nicht Recht geben, weil er ihm nicht sympathisch ist, er ihm nicht vertraut oder ihn nicht für kompetent hält. Also widerspricht er ihm. In diese Situation geraten häufig Verkäufer, die sich vor dem Kunden zu sehr profilieren wollen und dadurch vielleicht Antipathie wecken.

2. Einwände gegen die Argumentation des Verkäufers

Die zweite Art von Einwänden betrifft Fehler des Verkäufers, die in der Analysephase (Kapitel 3.6) gemacht wurden. Bei den meisten Verkaufsgesprächen ist die Analyse der Kundensituation, seiner Probleme und Ansprüche an das Produkt, der Schwachpunkt. Der Verkäufer hat zu wenig Informationen, bevor er mit der Argumentation beginnt. Er kennt also die negativen Neuroassoziationen und die positiven Neuroassoziationen des Kunden nicht. Deswegen kann der Kunde viele Argumente des Verkäufers nicht nachvollziehen oder er vertritt sogar abweichende Ansichten. Viele Verkaufsgespräche haben deshalb eher den Charakter einer Diskussion, in der unterschiedliche Ansichten vertreten werden, als einer gemeinsamen Lösungssuche. Wenn Sie in der SUPER-Fragestrategie alles richtig machen, werden Sie einen deutlichen Rückgang an Kundeneinwänden im Verkaufsgespräch erleben.

In manchen Verkaufsbüchern steht, dass das Verkaufen mit einem Nein des Kunden beginnt: Das ist ein Missverständnis. Natürlich ist es besser, der Kunde formuliert seine Einwände, bevor er gar nichts sagt und einfach wartet, bis das Verkaufsgespräch zu Ende ist. Nach solchen Gesprächen haben wenig erfahrene Verkäufer häufig das Gefühl, es sei gut gelaufen. Wenn sie dann beim Kunden nachtelefonieren, ist dieser für sie häufig nicht mehr zu sprechen. Unser Ziel beim Neuro Associative Selling ist hingegen, die Argumentation so stark an den Neuroassoziationen des Kunden auszurichten, dass dieser gar keinen Grund hat, Einwände zu formulieren.

3. Einwände zur Verteidigung der eigenen Position

Die dritte Art von Einwänden resultiert daraus, dass der Verkäufer das bisherige Produkt des Kunden oder seine bisherige Lösung schlecht redet. Damit kritisiert er aber den Kunden, weil der Kunde in der Regel selbst für die Wahl des Produkts verantwortlich ist. Als logische Folge äußert der Kunde Einwände. Er argumentiert gegen den Verkäufer, um zu rechtfertigen, dass seine bisherige Lösung gut und durchdacht war.

Hier ein Beispiel aus dem Verkaufsgespräch eines Maklers:

BEISPIEL

Makler: Aber sehen Sie, hier bei dieser Wohnung haben Sie gleich die U-Bahn direkt vor der Haustür. Und bei Ihrer derzeitigen Wohnung müssen Sie 500 Meter bis zur U-Bahn laufen.
Kunde: Naja, aber es ist ja gut, wenn man sich ein bisschen bewegt.
Makler: Und wenn es regnet?
Kunde: Dann nehme ich einen Schirm.

Solche Diskussionen mit Kunden nehmen oft fast kindische Züge an. Der Kunde will dem Verkäufer nicht Recht geben, stattdessen verschlechtert sich nur die emotionale Basis zum Kunden. Kritisieren Sie deshalb niemals die bisherige Lösung des Kunden. Stellen Sie Unzufriedenheitsfragen und Problemfragen, damit der Kunde selbst die Nachteile seiner bisherigen Lösung darlegt.

Wollen Sie die Zustimmung vom Kunden, dann stimmen Sie erst dem Kunden zu.

Übersicht: Mit welchen Einwänden Kunden reagieren[1]

Fehler im Verkaufsgespräch	Einwand des Kunden
Wenn Sie zu wenig Interesse wecken konnten …	Der Kunde sagt, er hätte kein Interesse.
	Der Kunde sagt, er müsse Unterlagen zugesandt bekommen.
	Der Kunde sagt, Sie müssten ihn später wieder anrufen.
Wenn Sie zu wenig Vertrauen vermitteln konnten …	Der Kunde sagt, er kenne Sie nicht.
	Der Kunde sagt, ihm sei das Unternehmen unbekannt.
	Der Kunde sagt, er müsse wissen, warum Sie einen Termin wollen.
	Der Kunde sagt, Sie wollten ihm nur etwas verkaufen.
	Der Kunde sagt, Sie wären noch recht neu im Geschäft.
	Der Kunde sagt, er hätte keinen Bedarf.
Wenn Sie zu wenig Problemfragen gestellt haben …	Der Kunde sagt, er sei mit seinem aktuellen Lieferanten zufrieden.
	Der Kunde sagt, dass er nur beim ansässigen Lieferanten kaufe.
	Der Kunde sagt, er sei eingedeckt.
	Der Kunde sagt, sein Sortiment sei groß genug.
	Der Kunde sagt, er hätte für die Lösung keine Verwendung.
	Der Kunde sagt, für ihn sei eine billigere Lösung ausreichend.
	Der Kunde sagt, seine alte Lösung sei doch in Ordnung.
	Der Kunde sagt, erst in einigen Monaten bestellen zu können.
	Der Kunde sagt, der Wettbewerber sei billiger.

[1] Vgl. Gerlinde Felix: *Auf jeden Kundeneinwand am Telefon sofort die richtige Antwort. So telefonieren Sie erfolgreicher*, Verlag Norbert Müller 1997.

Fehler im Verkaufsgespräch	Einwand des Kunden
Wenn Sie zu wenig Vertrauen in Ihr Produkt/Ihre Firma geschaffen haben …	Der Kunde sagt, die Lösung sei noch zu neu.
	Der Kunde sagt, die Lösung sei zu kompliziert.
	Der Kunde sagt, die Lösung sei unpassend.
	Der Kunde sagt, er kenne einen Bekannten, der unzufrieden mit Ihrem Produkt sei.
	Der Kunde sagt, er hätte Reklamationen wegen Ihnen.
	Der Kunde sagt, die Lösung der Wettbewerber sei besser.
	Der Kunde sagt, eine andere Lösung sei für ihn besser geeignet.
	Der Kunde sagt, er müsse sich noch andere Angebote ansehen.
	Der Kunde sagt, er müsse noch andere Angebote einholen.
	Der Kunde sagt, die Lieferzeit sei zu lang.
	Der Kunde sagt, Sie müssten schon ein besseres Angebot machen.
	Der Kunde sagt, er müsse nur den Namen bezahlen.
	Der Kunde sagt, dass ihm ein Lieferant genüge.
	Der Kunde sagt, dass er von einem seiner Kunden kaufen würde.
	Der Kunde sagt, die Lösung passe nicht in sein Angebot.
	Der Kunde sagt, für das Produkt sei kein Platz bei ihm.
	Der Kunde sagt, für die Lösung bestehe keine Nachfrage.
Wenn Sie nicht genug Nutzwert oder emotionalen Wert geschaffen haben …	Der Kunde sagt, er müsse sich einschränken.
	Der Kunde sagt, er hätte momentan kein Geld.
	Der Kunde sagt, die Lösung sei ihm zu teuer.
	Der Kunde sagt, er müsse einen Nachlass erhalten.
	Der Kunde sagt, er sei in einer wirtschaftlich schwierigen Lage.
	Der Kunde sagt, er wolle keine Verpflichtungen eingehen.
	Der Kunde sagt, er könne sich das nicht erlauben.
Wenn Sie zu viele Argumente vorgebracht haben …	Der Kunde sagt, er müsse noch einmal darüber nachdenken.
Wenn Sie nicht geklärt haben, wer der Entscheider ist …	Der Kunde sagt, er müsse noch mit Kollegen sprechen.
	Der Kunde sagt, er müsse noch Rücksprache mit Vorgesetzten halten.
	Der Kunde sagt, er könne einen Kauf nicht rechtfertigen.

4.1.2 Kundeneinwände professionell behandeln

Der Einwand ist der wahre Grund, warum man etwas nicht tut oder nicht will. Der Vorwand ist der vorgeschobene Grund, um den wahren Einwand nicht offenlegen zu müssen. Der Hauptgrund, warum wir die wahren Gründe nicht offenbaren, liegt darin, dass wir andere Menschen nicht verletzen wollen und es uns schlicht unangenehm ist, andere abzuweisen. Einem guten Freund zu sagen, man habe keine Lust auf seine Grillparty, würde ihn sicherlich verletzen. Deswegen tendieren wir dazu, einen Grund vorzuschieben, das ist der Vorwand. In dem genannten Beispiel wäre ein typischer Vorwand: „Ich würde gerne zum Grillen kommen. Leider habe ich noch einen Geschäftstermin, den ich wahrnehmen muss."

Preisvorwand und Infovorwand

Im Privatleben neigen wir dazu, einen Hauptvorwand zu haben, den wir immer verwenden, und das ist der Vorwand „Zeit". Das heißt, wir haben andere Termine, andere Aufgaben, die wir erfüllen müssen, und deswegen können wir etwas nicht tun. So wie wir im Privatleben den Hauptvorwand „keine Zeit" verwenden, gibt es im Geschäftsleben zwei typische Vorwände, die fast immer zum Einsatz kommen. Nämlich den Preisvorwand und den Infovorwand.

BEISPIEL: Preisvorwände und Infovorwände

Typische Preisvorwände:

- Das ist zu teuer.
- Wir haben kein Budget.
- Wir haben ein besseres Angebot.

Typische Infovorwände:

- Ich muss mir das überlegen.
- Ich muss das noch mit einem Vorgesetzten besprechen.
- Ich muss das noch mit einem Kollegen besprechen.
- Könnten Sie mir darüber noch ein Angebot erstellen?

Wie im Privatleben besteht der Hauptzweck dieser Vorwände darin, den Verkäufer nicht zu verletzen oder einer Diskussion auszuweichen. Gerade Verkäufer, die sehr sympathisch sind, bekommen statt Einwänden fast immer Vorwände präsentiert. Es ist ein bisschen wie im Privatleben. Wenn man die gute Freundschaftsbeziehung nicht verletzen will, tendiert man zum Vorwand. Ausnahmen gibt es zum Beispiel, wenn die Beziehung schon gestört ist. Dann tendieren wir dazu, jemandem den wahren Grund, also den Einwand, mitzuteilen. Das ist vergleichbar mit einer Partnerschaft: Erst im Streit bekommt man von seinem Partner Dinge gesagt, die man ansonsten nicht erfahren würde. Was im Streit gesagt wird, mag in der Situation etwas überzeichnet sein, es hat aber immer einen wahren Kern. Unangenehme Gründe werden demnach erst ausgesprochen, wenn die Stimmung ohnehin schon getrübt ist. Analog kann man bei Verkäufern feststellen, dass besonders sympathische und freundliche Verkäufer sehr oft mit Vorwänden abgespeist werden, während Verkäufer, die nicht so starke Sympathieträger sind, häufig auch den wahren Einwand zu hören bekommen.

Um überhaupt Einwände behandeln zu können, müssen Sie zunächst untersuchen, ob es sich nicht um einen Vorwand handelt. Dabei helfen Ihnen die folgenden Fragen.

BEISPIEL: So hinterfragen Sie die Vorwände Ihrer Kunden

Preisvorwände hinterfragen:
Welchen Preis müsste ich Ihnen machen, um mit Ihnen ins Geschäft zu kommen?
Herr Kunde, gibt es abgesehen vom Preis noch andere Gründe, die gegen eine Zusammenarbeit sprechen?
Infovorwände hinterfragen:
Herr Kunde, was genau müssen wir noch besprechen?
Welche Überlegungen stellen Sie noch an, bevor Sie eine Entscheidung treffen?
Mit wem genau müssen Sie das noch besprechen?
Welche Information benötigen Sie noch, damit Sie sich entscheiden können?
Wenn Sie diese Information bereits hätten, könnten Sie sich dann vorstellen, das Produkt einzusetzen?

Kein Angebot ohne Gegenleistung

Lassen Sie Ihre Kunden im Gegenzug zu Ihrer Angebotserstellung immer auch eine Aufgabe erfüllen. Lassen Sie den Kunden zum Beispiel Unterlagen zusammenstellen, die Ihnen zugesendet werden sollen. Vereinbaren Sie sofort einen Termin für die Angebotsbesprechung. Nur wenn der Kunde für die Erstellung eines Angebots auch eine Gegenleistung bringt, können Sie sicher sein, dass er echtes Interesse hat. Der häufigste Vorwand am Ende eines Verkaufsgespräches lautet immer noch: „Das klingt interessant, ich brauche aber noch ein Angebot darüber."

Mit dieser Strategie werden Sie sich in Zukunft viele Angebote sparen, die Sie für Kunden erstellen, die am Ende des Verkaufsgespräches kein wirkliches Interesse hatten.

Da die meisten Menschen nicht so schnell einen zweiten Vorwand äußern können, ohne dass dies auffallen würde, neigen sie dazu, den wahren Einwand zu nennen, sobald man ihnen den Vorwand entzogen hat. Fragt man also einen Kunden bald, nachdem er den Vorwand „zu teuer!" geäußert hat „Herr Kunde, welchen Preis müsste ich Ihnen machen, um mit Ihnen ins Geschäft zu kommen?" wird der Kunde dann den wahren Einwand vorbringen. Er könnte zum Beispiel antworten: „Wir sind mit unserem bisherigen Lieferanten sehr zufrieden, zu dem wir auch eine enge Bindung haben. Deshalb können wir uns derzeit nicht vorstellen, mit einem neuen Partner zusammenzuarbeiten."

Wenn wir den wahren Einwand gehört haben, gilt es, eine wirksame Einwandbehandlung zu finden. Aber bedenken Sie: Nicht jeden Einwand des Kunden kann man direkt widerlegen. Hat das Produkt definitiv Nachteile oder kann es wichtige Erwartungen des Kunden nicht erfüllen, dann ist aus der momentanen Sicht kein Verkauf möglich.

4.1.3 Regeln und Techniken für die Einwandbehandlung

Regel 1: Wenn man Einwände bearbeitet, ist es immer wichtig, den Einwand wertschätzend zu kommentieren.

Also nicht: *Herr Kunde, das sehen Sie falsch!* oder *Herr Kunde, da haben Sie nicht ganz recht!*

Sondern: *Herr Kunde, das ist ein wichtiger Punkt, den Sie hier ansprechen.*

Regel 2: Einwände sollten niemals direkt widerlegt werden.

Also nicht: *Nein, Herr Kunde, ich finde das Notebook nicht schwer!*

Sondern: *Natürlich gibt es am Markt leichtere Notebooks, allerdings ist dieses Produkt für ein Gerät mit einem 15-Zoll-Schirm relativ leicht.*

Regel 3: Hinterfragen Sie die Sichtweise des Kunden:

Herr Kunde, aus welchem Grund sehen Sie das so?

Warum sind Sie dieser Ansicht?

Welche Erfahrungen haben Sie damit gemacht?

Regel 4: Vermeiden Sie bei unterschiedlichen Sichtweisen immer eine Konfrontation mit dem Kunden.

Um eine Konfrontation mit dem Kunden zu vermeiden, bieten sich verschiedene Techniken an, mit denen man unterschiedliche Sichtweisen nicht als Konfrontation aufbaut, sondern sie wertschätzend nebeneinander stehen lässt.

Einwandtechnik 1: Die Technik der bedingten Zustimmung

Wenn man Einwände bearbeitet, ist es besser, dem Kunden mit Einschränkung rechtzugeben, als ihm ganz zu widersprechen.

Sie haben vollkommen recht, dass das Gerät mit einer Metalloberfläche durchaus kratzempfindlich ist. Doch ist dieses Gerät zusätzlich mit einer besonders kratzfesten Eloxierung versehen.

Sie haben recht, dieses Gerät bietet viel mehr Einstellmöglichkeiten und erfordert deshalb auch etwas mehr Bedienungsaufwand.

Einwandtechnik 2: Die Transformationstechnik

Einwände sollen niemals direkt widerlegt werden. Fragen sind leichter zu beantworten als Einwände. Deshalb bietet es sich an, den Einwand in eine Frage umzuwandeln und diese Frage dann zu beantworten.

Sagen Sie also nicht: *Nein, ich finde das Notebook nicht schwer!*

Sondern: *Sie stellen eine berechtigte Frage. Ist dieses Gerät wegen der vielen Einstellmöglichkeiten tatsächlich schwer zu bedienen? Da dem Gerät eine sehr anschauliche Bedienungsanleitung beigefügt ist, ist es mit etwas Übung bestimmt nicht schwerer zu bedienen als andere Geräte.*

Einwandtechnik 3: Die Reframing-Technik

Jede Medaille hat zwei Seiten. Das heißt, jeder Vorteil beinhaltet auch einen Nachteil und jeder Nachteil wiederum auch einen Vorteil. Bei der Reframing-Technik wird versucht, den positiven Aspekt eines vermeintlichen Nachteils stärker in den Fokus zu rücken.

Sagen Sie zum Beispiel: *Gerade weil das Gerät so massiv gebaut ist, wiegt es auch etwas mehr.*

oder

Wegen der hohen Nachfrage haben wir eine etwas längere Lieferzeit bei diesem Fahrzeug.

Einwandtechnik 4: Die Referenztechnik

Anstatt etwas selbst zu behaupten und deswegen in Konfrontation mit der Meinung des Kunden zu treten, kann es geschickt sein, die Meinung eines Dritten anzuführen. Sagen Sie zum Beispiel:

Der Entwicklungsingenieur unseres Kunden dachte ursprünglich auch, dass der Filter nicht den Anforderungen entspricht. Seit er ihn aber im Einsatz hat, ist er vollkommen davon überzeugt.

Einwandtechnik 5: Die Selbstbekehrungstechnik

Der Einwand des Kunden ist legitim, da Sie ursprünglich auch so dachten. Sagen Sie zum Beispiel:

Im ersten Moment war ich auch Ihrer Meinung, als ich das Gerät in den Händen hielt. Jetzt habe ich aber die Erfahrung gemacht, dass das Gerät durch die spezielle Oberflächenbeschichtung sehr resistent gegen Kratzer ist.

Einwandtechnik 6: Die Prophylaxetechnik

Wenn Einwände regelmäßig auftauchen, kann es geschickt sein, dass man als Verkäufer den Einwand schon im Vorhinein anspricht. Sagen Sie zum Beispiel:

Wir werden häufig gefragt, warum die Lieferzeit für die Sitzgarnitur acht Wochen beträgt. Das liegt daran, dass die Garnitur nach Kundenwünschen direkt für Sie gefertigt wird und Sie daher auch individuelle Änderungen verwirklichen können.

Im ersten Moment scheint die Benutzerführung kompliziert zu sein. Jedoch handelt es sich hier um eine intuitive Benutzerführung, die nach kurzer Zeit eine einfache Bedienung des Gerätes ermöglicht.

Einwandtechnik 7: Die Abschlusseinwandtechnik

Häufig bringen Kunden viele verschiedene Einwände. Daher kann es sinnvoll sein, den Einwand in eine Abschlussformulierung umzuwandeln. Sagen Sie zum Beispiel:

Wenn ich Ihnen diese Lieferzeit zusagen kann, soll ich dann die Bestellung sofort aufgeben?

4.1.4 Das Prinzip der paradoxen Intervention

BEISPIEL: Eine ungewöhnliche Therapiesitzung

Ein Therapeut betreute einen suizidgefährdeten Patienten seit mittlerweile einem Jahr. In dieser Zeit hatte der Klient nicht nur seinen Job verloren, sondern auch seine Familie. Obendrein wurde ihm das Sorgerecht für seine Kinder entzogen. Zu guter Letzt hatte ihm der Vermieter auch noch die Wohnung gekündigt. Als in einer Sitzung der Patient dem Therapeuten versicherte, dass sein Leben nun wirklich keinen Sinn mehr habe, und er ihm mit Selbstmord drohte, entgegnete der Therapeut: „Sie sind der erste Fall, der mich tatsächlich überzeugt hat, dass Ihr Leben nicht mehr lebenswert ist. Auch mir fallen keine Argumente mehr ein, warum ich an Ihrer Stelle so weiterleben wollte. Doch falls Sie sich tatsächlich jetzt das Leben nehmen wollen, hätte ich noch eine Bitte. Die letzten drei Therapierechnungen sind noch offen. Könnten Sie diese bitte noch bezahlen?“ Daraufhin sprang der Patient auf, schrie den Therapeuten an, was für schlechte Arbeit er doch geleistet habe. Er werde jetzt nicht einfach aufgeben und sich nun bestimmt nicht umbringen. Und die letzten drei Rechnungen werde er auf keinen Fall begleichen. So verließ er die Praxis.

Plötzlicher Wechsel der Argumentationsposition

In der Psychologie nennt man das hier beschriebene Verhalten des Therapeuten eine **paradoxe Intervention**. Wenn man es trotz aller Bemühungen nicht schaffen kann, jemanden von seiner Meinung zu überzeugen, dann wechselt man seine Argumentationsposition. So wird der Gesprächspartner, der bislang immer gegen diese Meinung argumentiert hatte, verführt, nun auch gegen die neue Meinung zu argumentieren. Gerade in festgefahrenen Situationen kann eine paradoxe Intervention die letzte Möglichkeit sein, den Gesprächspartner zum Umdenken zu bewegen.

Praxisanwendungen im Verkauf

Die Technik der paradoxen Intervention können Sie auch in Verkaufsgesprächen anwenden. Dazu zwei Beispiele:

Beispiel 1: Der Kunde bringt mehrere Einwände. Statt einen weiteren Einwand zu behandeln, geben Sie dem Kunden einfach recht und ziehen das Produkt zurück. Sprechen Sie über ein anderes Thema.

Beispiel 2: Der Kunde kritisiert den Preis des Produkts. Geben Sie ihm recht, ohne sich dabei in irgendeiner Form zu rechtfertigen. Auch wenn es unglaublich klingt, probieren Sie es aus und Sie werden die erstaunlichsten Kehrtwendungen von Kunden erleben.

4.2 Preise und Konditionen verhandeln

4.2.1 Psychologische Strategien in Preisverhandlungen

In Preisverhandlungen werden häufig psychologische Tricks angewandt. Wenn Sie diese Strategien durchschauen, können Sie als Verkäufer viel gelassener in die Verhandlung gehen und manchmal sogar den Spieß umdrehen. Die folgende Preisverhandlung habe ich vor einigen Jahren erlebt:

▶ **BEISPIEL: Eine gut inszenierte Preisverhandlung**

Vor einigen Jahren saß ich für einen großen Telekommunikationsanbieter in Europa mit einem seiner Key Accounter in einer Verhandlung. Es handelte sich dabei um den staatlichen Anbieter, der auf seinem Gebiet das Monopol besaß. Als nun dieses Monopol aufgehoben wurde, kamen nach und nach die ersten alternativen Anbieter auf den Markt. Diese verwendeten im Wesentlichen

das Netz des staatlichen Anbieters und versuchten nun, Kunden über massive Preiszugeständnisse zu gewinnen.
Wir hatten damals eine Verhandlung bei einer Lebensmittelkette, die in etwa eine Million Euro Telekommunikationsumsatz pro Jahr machte. Wir wurden von einem Geschäftsführer, einem Prokuristen und einem Zentraleinkäufer empfangen. Während der Geschäftsführer sich kurz entschuldigen ließ, weil er noch ein wichtiges Gespräch hatte, nahmen wir am Verhandlungstisch Platz. Das erste, was mir auffiel, war ein Stapel mit Angeboten von etwa 30 Mitwerbern, der vor uns auf dem Tisch lag. Anhand der Farben der Unterlagen erkannten wir schnell, um welche Mitwerber es sich im Einzelnen handelte. Nach gut zehn Minuten kam schließlich der Geschäftsführer und ließ demonstrativ ein Fax vor uns auf den Tisch gleiten mit den Worten: „Das kam gerade rein und ich wollte es gleich noch zur Verhandlung mitnehmen." Auf dem Fax stand in großen Lettern: „Wir bieten Ihnen auf alle Preise, die Ihnen Ihr bisheriger Anbieter macht, ein Minus von 50 %!"
Der Key Accounter, den ich begleitete, wirkte in diesem Moment wie ein gebrochener Mann. Er hatte einen maximalen Verhandlungsspielraum von 35 %, was seinem absoluten Minimumpreis entsprach. Und er hatte durchaus erwartet, dass die Mitwerber in einer ähnlichen Preiszone lagen. Doch minus 50 %, das war zu viel für ihn. Und da die Formulierung auch noch lautete: „minus 50 % auf alle Preise, die Sie von Ihrem bisherigen Anbieter erhalten", war es ohnehin egal, welchen Preis wir machen würden, dieser Konkurrent würde ihn immer um die Hälfte unterbieten.
Da der Key Accounter so geschockt war, dass er eine Pause brauchte, griff ich kurz ins Gespräch ein, bedankte mich für die Bewirtung und sagte, wir würden es für einen Euro machen. Dann müsste nämlich der letztgenannte Anbieter seine Leistungen für 50 Cent pro Jahr anbieten. Da wir die Preise kennen, zu denen er das Leitungsnetz mietet, würde der Abschluss jedes Jahr für ihn einen herben Verlust bedeuten. Daraufhin wandten sich die Verhandlungspartner dem Key Accounter zu, der sich mittlerweile wieder gefasst hatte, und fragten nach seinem Angebot. Ohne weiter nachzudenken, sagte er, sein Limit liege bei 35 % Rabatt.
In diesem Moment lehnten sich alle drei Verhandlungspartner des Kunden gleichzeitig zurück und sagten spontan: „Ja." Der Verkäufer war sichtlich erleichtert, dass sich doch noch alles zum Guten gewendet hatte. Nachdem die Verhandlungspartner offenbar leicht irritiert waren von dem hohen Zugeständnis von 35 %, herrschte zunächst 30 Sekunden betretenes Schweigen. Dann kam vom Geschäftsführer der entscheidende Satz: „Wir stimmen zu, aber nur rückwirkend." Da wir im Juli verhandelten, bedeutete dies, dass der Rabatt schon für die ersten sechs Monate des Jahres greifen sollte, was ein weiteres Zugeständnis von etwa 175.000 Euro ausmachte. Auch das bejahte der Verkäufer, und so kamen wir relativ rasch zu einer Einigung.

Als wir ein Nachgespräch über diese Preisverhandlung führten, fragte ich den Verkäufer, warum er ein so hohes Zugeständnis gemacht habe. Er begründete dies damit, dass nach seiner Erfahrung die etwa 30 Mitbewerbsangebote alle bei 30 bis 40 % Rabatt lagen und sich der aggressivste Mitbewerber mit minus 50 % weit außerhalb seiner Rabattreichweite befand. Der Lebensmittelkonzern sei sein größter Kunde und er habe große Angst, ihn zu verlieren. Soweit die Sichtweise des Verkäufers.

Analyse der Verhandlungssituation

Wenn wir diese Preisverhandlung analysieren, fallen folgende Aspekte auf:

Die Situation: Kunstvoll aufgestapelte Angebote der Mitbewerber, die dramatische Inszenierung eines Fax-Schreibens mit dem Angebot von minus 50 %, vor uns das Triumvirat aus Geschäftsführer, Prokurist und Einkaufsleiter eines großen Konzerns — Führungskräfte, die sicherlich wichtige Dinge zu tun hatten. Offensichtlich hat sich der Kunde die Mühe gemacht und von jedem Anbieter ein Angebot angefordert. Es ist nicht anzunehmen, dass der Konzern mit allen 30 Anbietern Verhandlungen dieser Art führen würde. Sollten Sie also nicht mit allen verhandeln, wäre es nur logisch, die drei günstigsten Anbieter einzuladen, zu denen wir sicherlich nicht gehörten.

Die Analyse: Wenn man den Umsatz des Unternehmens betrachtet, kann man schnell erkennen, dass selbst eine Einsparung von etwa 300.000 Euro im Jahr für diesen Konzern unterhalb der 1 %-Grenze lag. Zudem bestand die große Gefahr, dass die alternativen Anbieter die Telekommunikationstechnik noch nicht perfekt beherrschen, was ein zu großes Risiko für den Lebensmittelkonzern bedeutet.

Das Fazit: Die Entscheidung, beim bisherigen Anbieter zu bleiben, bei dem in den letzten Jahren alles reibungslos geklappt hatte, stand wahrscheinlich schon im Vorfeld der Verhandlungen fest. Die Inszenierung der Verhandlung sollte nur dazu dienen, uns das größtmögliche Zugeständnis abzuringen. Wahrscheinlich wären wir mit einem sehr geringeren Zugeständnis auch im Geschäft geblieben.

Unabhängig davon, wie viel Nutzwert und emotionalen Wert Sie bei Kunden geschaffen haben, müssen Sie davon ausgehen, dass der Kunde versucht, eine Preisreduktion zu erreichen. In dieser Phase des Gesprächs steht beim Kunden der Wert des Produktes bereits fest.

Wenn wir nun die NAS-Formel (Kapitel 3.1) auf diese Verhandlungssituation anwenden, können wir sehen, dass der Kunde das Produkt ohnehin nur kauft, wenn die Kosten des Produktes kleiner sind als der emotionale Wert und der Nutzwert.

Gesamtkosten Lösung < Emotionaler Wert + Nutzwert

$$C_S < \left[\sum_{i=1....x} E^e_{R_i} - \sum_{i=1....x} E^e_{P_i} \right] + \left[\sum_{i=1....x} P_{R_i} - \sum_{i=1....x} C_{P_i} \right]$$

Erzielt der Kunde also noch eine Preisreduktion, wird das Verhältnis zwischen den Kosten und dem Wert des Produktes für ihn immer attraktiver. In gleichem Maße wird für den Verkäufer das Geschäft leider immer unattraktiver.

4.2.2 Die Relativitätstheorie im Verkaufsgespräch

Welcher der beiden pinkfarbenen Kreise in der Mitte ist größer?

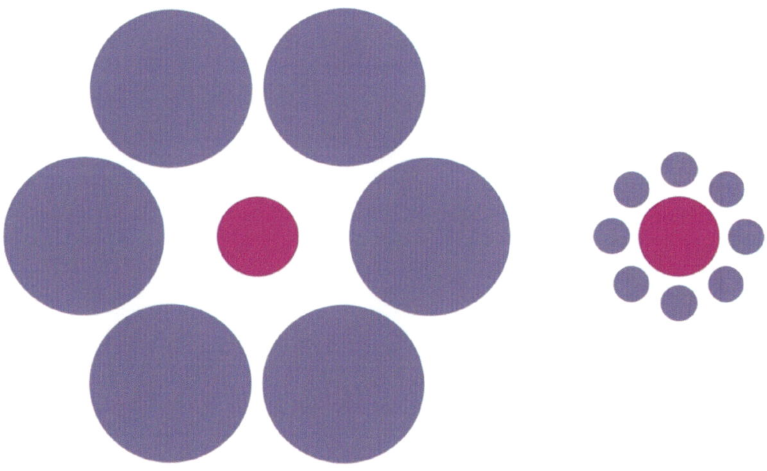

Sind Sie wohlhabend? Sind Sie erfolgreich im Verkauf? Hat Ihr Fahrzeug einen starken Motor? Um diese Fragen überhaupt beantworten zu können, müssen Sie irgendwelche Vergleichsreferenzen kennen. Und je nachdem, wen oder was Sie als Vergleich heranziehen, werden Sie die Fragen für sich positiver oder negativer beantworten. Wie wir etwas bewerten, hängt demnach nicht davon ab, wie es originär ist, sondern wie es sich im Vergleich mit anderen verhält.

Stellen Sie sich vor, Sie haben Ihr Auto zum Service gebracht und die Autofirma hat Ihnen für die Zeit einen Leihwagen zur Verfügung gestellt, der beispielsweise doppelt so viel PS hat wie Ihr eigenes Fahrzeug. Wenn Sie Ihr Auto nun abholen, wie werden Sie die Motorleistung Ihres eigenen Fahrzeugs einschätzen? Stellen wir uns jetzt die gegenteilige Situation vor: Sie sind während der Reparatur mit einem Auto gefahren, das nur halb so viel PS wie Ihr eigener Pkw hat. Und jetzt steigen Sie wieder in Ihr gewohntes Fahrzeug ein. Wie würde sich jetzt die Motorleistung anfühlen? Ein weiteres Beispiel: Sie sind auf einer Party eingeladen und möchten dem Gastgeber eine Flasche Wein mitbringen. Der Weinhändler stellt Ihnen zunächst die Frage, wie viel Sie ausgeben möchten. Sie antworten: „zehn Euro." Darauf stellt er drei Flaschen Wein auf den Tresen. „Dies hier ist ein einfacher Tischwein. Er kostet sechs Euro. Hier haben wir einen ganz ausgezeichneten Wein mit 92 Parker-Punkten, ein prämierter Spitzenwein, der allerdings fünfundzwanzig Euro kostet. Und hier hab ich ebenfalls einen sehr guten Wein, der hervorragend schmeckt und vierzehn Euro kostet." — Ganz ehrlich, Ihre Entscheidung ist nach dieser Weinpräsentation schon gefallen. Wahrscheinlich würden Sie den Wein für vierzehn Euro nehmen. Der Händler hat die Auswahl der Weine geschickt getroffen — und schon haben Sie Ihr Budget um 40 % überschritten.

STUDIE 12: Einfluss des Relativitätsprinzips auf unser Verhalten

Dan Ariely (Duke Universität in Durham, North Carolina) führte folgenden Versuch durch, um den Einfluss des Relativitätsprinzips auf unser Verhalten zu untersuchen. Er gab 100 Studenten folgende Abo-Anzeige einer Wirtschaftszeitschrift zu lesen.

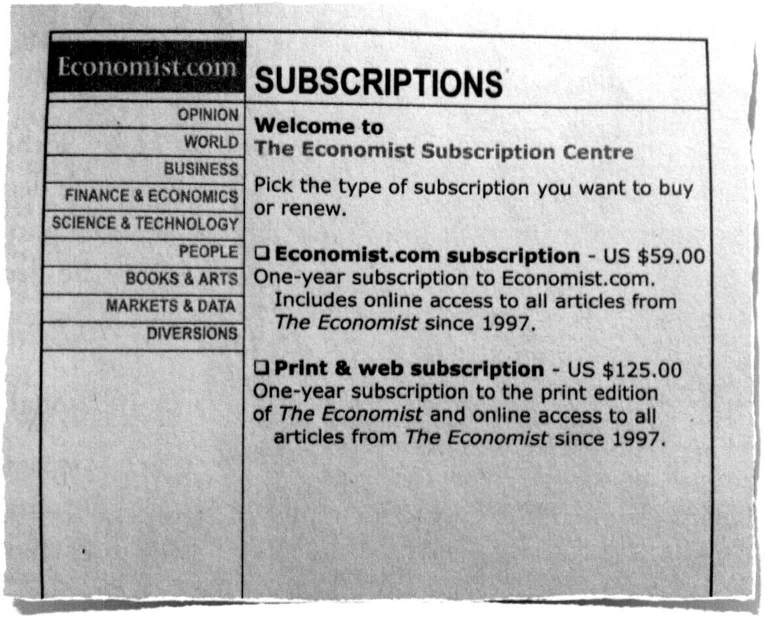
Economist.com
SUBSCRIPTIONS
OPINION
WORLD
BUSINESS
FINANCE & ECONOMICS
SCIENCE & TECHNOLOGY
PEOPLE
BOOKS & ARTS
MARKETS & DATA
DIVERSIONS

Welcome to
The Economist Subscription Centre

Pick the type of subscription you want to buy or renew.

❑ **Economist.com subscription** - US $59.00
One-year subscription to Economist.com.
Includes online access to all articles from *The Economist* since 1997.

❑ **Print & web subscription** - US $125.00
One-year subscription to the print edition of *The Economist* and online access to all articles from *The Economist* since 1997.

Nun bat Dan Ariely sie, sich für eine der angeführten Optionen zu entscheiden. 68 % der Studenten wählten die günstigere Alternative, also das Online-Abo. Nur 32 % der Studenten entschieden sich für die Alternative Print-Abo und Online-Abo in Kombination. Anschließend fügte er der Abo-Anzeige eine dritte Option bei.

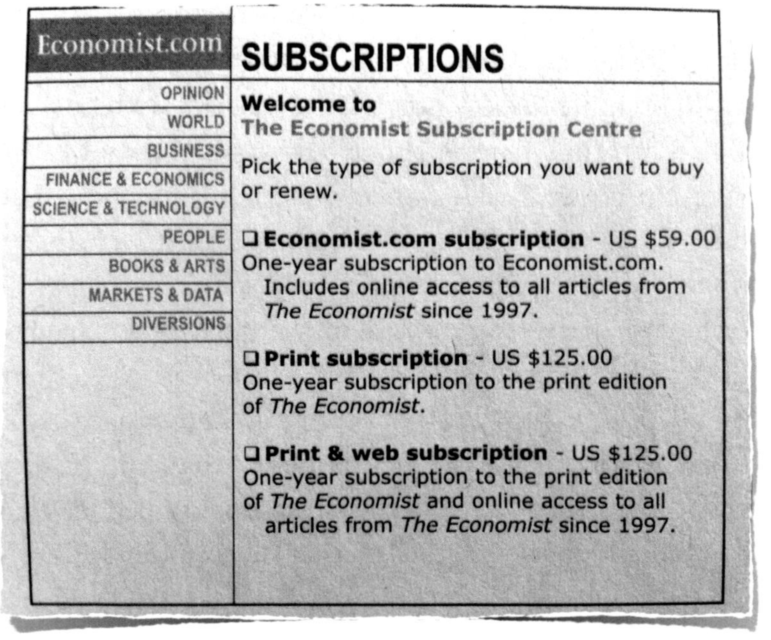
Economist.com
SUBSCRIPTIONS
OPINION
WORLD
BUSINESS
FINANCE & ECONOMICS
SCIENCE & TECHNOLOGY
PEOPLE
BOOKS & ARTS
MARKETS & DATA
DIVERSIONS
Welcome to
The Economist Subscription Centre
Pick the type of subscription you want to buy or renew.
❑ **Economist.com subscription** - US $59.00
One-year subscription to Economist.com. Includes online access to all articles from *The Economist* since 1997.
❑ **Print subscription** - US $125.00
One-year subscription to the print edition of *The Economist*.
❑ **Print & web subscription** - US $125.00
One-year subscription to the print edition of *The Economist* and online access to all articles from *The Economist* since 1997.

Bei dieser Variante entschieden sich 16 % für die günstigste Alternative, das Online-Abo. Erwartungsgemäß kreuzte keiner der Studenten die Printausgabe an. Aber 84 % der Studenten entschieden sich für die Kombination aus Print-Abo und Online-Abo.
Durch das Hinzufügen der dritten Alternative erschien auf einmal die kombinierte Variante als verhältnismäßig günstig, im Vergleich zu der reinen Printvariante. Es entschieden sich also fast dreimal so viele Studenten für die teuerste Variante, verglichen mit dem ersten Beispiel.

So lassen Sie Preise klein erscheinen

Wenn Sie einen Preis kleiner erscheinen lassen wollen, als er tatsächlich ist, bieten Sie alternativ eine Produktvariante an, die sehr viel teurer ist. Auch wenn Sie dieses Produkt dann gar nicht verkaufen wollen, reduziert es im Sinne der Relativitätstheorie den Preis des ursprünglich angebotenen Produktes. Rechnen Sie Einsparpotenziale immer auf einen längerfristigen Zeitraum hoch und stellen Sie Kosten als eine einmalige, kurzfristige Notwendigkeit dar.

Pokerspiel mit Freunden

Denken Sie bei der Preisverhandlung an ein Pokerspiel mit Freunden. Das Bluffen ist wesentlicher Bestandteil des Spiels. Und Sie wären sicher einem guten Freund nicht böse, wenn er Ihnen beim Spiel seine wahren Intentionen verheimlicht. Keiner zeigt dem andern seine Karten, sonst wäre das Spiel sofort vorbei. Ebenso verhält es sich bei der Preisverhandlung. Der Kunde sagt Ihnen niemals, wie sehr er das Produkt braucht, dass Sie ihm gerade anbieten. Er wird Ihnen immer das Gefühl geben, Sie müssen ihm noch einen Rabatt gewähren, da er sonst gar nicht oder woanders kauft. Und Sie werden — egal wie groß Ihr Spielraum tatsächlich ist — immer betonen, dass Sie den Preis nicht weiter senken können.

Das Grundprinzip einer Verhandlung ist es, dem Gegenüber seine wahren Intentionen zu verheimlichen. Etwas rustikaler ausgedrückt: Beim Verhandeln wird gelogen, dass sich die Balken biegen.

Fair handeln

Wer fair handelt, verhandelt weder hart noch weich, sondern er versucht, eine gütliche und einvernehmliche Lösung zu erzielen. Für eine faire und erfolgreiche Verhandlung müssen — wie die folgende Abbildung zeigt — vier Faktoren erfüllt sein:

- Selbstsicherheit des Verkäufers
- klare Verhandlungsziele
- eine Verhandlungsstrategie
- eine Kommunikationsstrategie

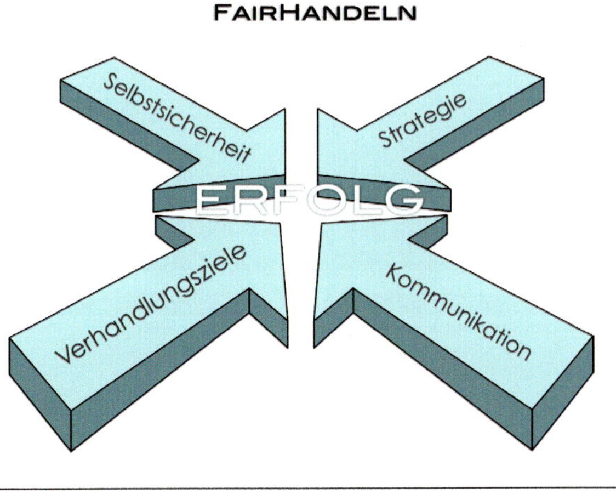

Preis- und Konditionsverhandlungen gehören ans Ende des Verkaufsgesprächs

Generell gilt es, Preis- und Konditionsverhandlungen an das Ende des Verkaufsgesprächs zu stellen. Nur wenn der Verkäufer es geschafft hat, im Verkaufsgespräch den gesamten Wert des Produkts darzulegen, hat der Kunde am Ende des Gesprächs die Möglichkeit, den verlangten Preis und den im Verkaufsgespräch entstandenen Wert des Produkts — also die Verbesserung der Kundensituation bzw. die Lösung des Kundenproblems — anzuerkennen. Vor einer Preisverhandlung gilt es demnach, den Wert des Produkts und das Wertbewusstsein des Kunden entsprechend aufzubauen. In einem Verkaufsgespräch soll die optimale Lösung und nicht der Preis im Vordergrund stehen. Wenn das Produkt großen Nutzen schafft, also die Situation des Kunden verbessert oder konkrete Probleme löst, wird der Kunde auch einen höheren Preis als gerechtfertigt ansehen. Fragen Sie sich als Verkäufer niemals, ob Sie selbst bereit wären, diesen Preis zu zahlen. Der Wert eines Produkts ist immer individuell. Er wird bestimmt von dem Nutzen, den der Kunde durch das Produkt erfährt. So kann auch nur der Kunde für sich selbst beantworten, ob er bereit ist, diesen Preis zu zahlen.

4.2.3 Selbstsicherheit in Preisverhandlungen

Jede Unsicherheit, die der Verkäufer hinsichtlich der Höhe des Preises vermittelt, spürt der Kunde. Bei professionellen Einkäufern signalisiert diese Unsicherheit, dass der Verkäufer zu Preiszugeständnissen bereit ist. Versetzen Sie sich als Verkäufer in die Situation des Kunden. Denken Sie an den Nutzwert und den emotionalen Wert, den das Produkt für den Kunden schafft, so dass Sie auch wirklich hinter dem Preis stehen können, den Sie am Ende des Verkaufsgesprächs nennen.

TIPP: Gewähren Sie niemals unbegründete Preisnachlässe!

Da das Produkt den Preis, den Sie verlangen, auch wirklich wert sein muss, dürfen Sie Preisnachlässe niemals einseitig und ohne konkrete Begründung bzw. Zugeständnisse des Kunden machen. Ansonsten verlieren Sie als Verkäufer an Glaubwürdigkeit. Schließlich haben Sie stets betont, dass das Produkt den Preis, den Sie genannt haben, auch wert ist.

BEISPIEL: Preisverhandlung mit einem unsicheren Verkäufer

Dirk Müller hat heute die Aufgabe, bei seinen Kunden die aktuelle Preiserhöhung umzusetzen. Einmal im Jahr muss er bei seinen 40 wichtigsten Kunden erscheinen und sie über die anstehenden Preiserhöhungen informieren. Das Unternehmen hat sich eine Preiserhöhung von 3,4 % für das laufende Jahr vorgestellt. In den Wochen vor der Preiserhöhung schläft Dirk Müller schlecht. Er weiß aus Erfahrung, dass seine Verhandlungspartner die Preiserhöhungen nur selten ohne Widerstand akzeptieren. Da es sich dabei um seine 40 wichtigsten Kunden handelt, hat er auch Angst, den ein oder anderen Kunden zu verlieren. Noch gut kann er sich daran erinnern, wie schwer es war, die Kunden zu akquirieren. Und jetzt möchte er nur ungern einen Kunden, den er so mühevoll für sein Unternehmen gewonnen hat, wegen einer Preiserhöhung von 3,4 % verlieren. Heute hat er einen Termin bei seinem drittgrößten Kunden. Der Einkäufer erwartet ihn schon. Dirk Müller setzt sich hin und auf die Frage, worum es geht, beginnt er mit folgenden Worten: „Ähm, ich bin heute hier, um unseren Geschäftsgang vom letzten Jahr noch einmal Revue passieren zu lassen und, ähm, dann hätte ich noch ein etwas unangenehmeres Thema, über das ich mit Ihnen gerne sprechen würde, nämlich die anstehende Preiserhöhung von 3,4 % für das nächste Jahr." Darauf entgegnet der selbstbewusste Einkäufer: „Ich möchte Ihnen gleich sagen, dass wir für nächstes Jahr aufgrund der schwierigen Marktsituation keine Preiserhöhungen akzeptieren können." Dirk Müller ist verdutzt und antwortet schüchtern: „Über die Höhe der Preiserhöhung können wir sicherlich noch reden, ähm, aber, ähm, etwas würden wir schon benötigen, da die Kosten auf unserer Seite auch entsprechend gestiegen sind."

Was hat der Verkäufer dem Kunden signalisiert?

Dirk Müller hat sich – wie ein schlechter Pokerspieler – schon zu Beginn in die Karten schauen lassen. Er signalisiert dem Kunden ...

- Unsicherheit hinsichtlich der Frage, ob die Preiserhöhung in diesem Ausmaß gerechtfertigt und notwendig für sein Unternehmen ist,
- dass er selbst nicht absolut hinter dieser Preiserhöhung steht,
- dass es ihm sehr unangenehm ist, die Preise zu erhöhen, und
- dass er zu Zugeständnissen bereit ist.

Bei mehr als 80 % aller Verhandlungen, die ich in den letzten zwanzig Jahren erlebt habe, war die Verhandlung für den Verkäufer schon gelaufen, bevor Sie überhaupt richtig begonnen hatte. Körpersprache, Stimme und Wortwahl des Verkäufers signalisierten schon in den ersten Minuten dessen Unsicherheit und Bereitschaft zur Nachgiebigkeit.

Wie könnte in dem Beispiel von Dirk Müller ein selbstsicherer Auftritt aussehen? Unser Verkäufer sollte sich im Vorhinein darüber im Klaren sein, welchen positiven wirtschaftlichen Effekt die Preiserhöhung auf sein eigenes Unternehmen hat, was also eine Preiserhöhung von 3,4 % im Ergebnis für sein eigenes Unternehmen bedeutet. Dirk Müllers Unternehmen macht etwa 150 Millionen Euro Umsatz und erzielt dabei einen Gewinn von zehn Millionen Euro. Falls es dem Unternehmen gelingt, bei allen Kunden die Preiserhöhung von 3,4 % durchzusetzen, würde dies eine Gewinnsteigerung um fünf Millionen bzw. um 50 % bedeuten. Steigen die Einkaufspreise sowie die Lohnkosten des Unternehmens hingegen dramatisch an, so könnte dies bedeuten, dass das Unternehmen statt zehn Millionen Gewinn im nächsten Jahr nur noch fünf Millionen Gewinn macht, wenn es keine Preiserhöhung durchsetzt. Das entspricht in diesem Fall einem Gewinneinbruch von 50 %.

Um selbstsicher aufzutreten, ist es auch wichtig, eine ganz konkrete Verhandlungsstrategie zu haben. Es ist wie beim Bergsteigen. Wenn Sie in einer Felswand in einer Höhe von 40 Metern stehen und nach unten blicken, bekommen Sie es sicherlich mit der Angst zu tun. Ein erfahrener Kletterer hingegen blickt nicht nach unten, sondern nur nach oben. Er macht sich Gedanken, welche Griffe er als Nächstes ansetzt, welche Route optimal zum Gipfel führt und wie er die Besteigung der Wand technisch und taktisch durchführt. Ähnlich verhält sich auch ein guter Verkäufer. Hat man eine klare Strategie und konkrete Verhaltensweisen, dann gibt einem dies Sicherheit. Und so wie der Bergsteiger den Gipfel anpeilt, so braucht der Verkäufer in einer Preisverhandlung ein Ziel oder mehrere Ziele, auf die er sich hinbewegen will. Warum mehrere Ziele? Weil es sich bei einer Verhandlung um einen dynamischen Prozess handelt und das Gegenüber wahrscheinlich auch Ziele hat. Außerdem gehört es zu einer Verhandlung, auch einmal von seinen Zielen abzuweichen und neue, gemeinsame Ziele mit dem Kunden zu entwickeln. Das heißt, wir brauchen verschiedene Optionen, um zusammen mit dem Kunden gemeinsame Ergebnisse zu erzielen.

Vorbereitung auf die Preisverhandlung

Um größere Selbstsicherheit zu gewinnen, ist es für den Verkäufer wichtig, sich auf die einzelnen Kunden und Verhandlungen vorzubereiten. Es sollten also die notwendigen Argumente für die Preiserhöhung vorliegen, möglicherweise auch grafisch aufbereitet (z. B. Kostenerhöhungen, Lohnsteigerungen usw.), um dem Kunden die Gründe aus Sicht des Unternehmens darzulegen.

Psychologische Strategien von Einkäufern in Preisverhandlungen

Gerade professionelle Einkäufer setzen gerne bei der Selbstsicherheit des Verkäufers an. Mit verschiedenen Tricks zielen Sie darauf ab, das Selbstvertrauen des Verkäufers zu untergraben und ihn in eine Drucksituation zu manövrieren. Sehr beliebt ist das Spiel, Verkäufer bewusst länger warten zu lassen, gerade wenn es um Preis- und Konditionsverhandlungen oder um Jahresgespräche geht.

Stellen Sie sich folgende Situation vor: Sie selbst sind immer pünktlich und halten jeden Termin genau ein. Sie kommen auch diesmal wieder pünktlich zum Kunden. Nachdem Sie nach zwanzig Minuten Wartezeit schon recht verärgert sind, kommt der Einkäufer auf Sie zu und bittet Sie mit einem lapidaren „Ich hatte noch ein wichtiges Gespräch" in sein Besprechungszimmer. Jeder kann sich vorstellen, welche Emotionen in diesem Moment in Ihnen als Verkäufer hochsteigen. Aber da der Kunde sehr wichtig für Sie ist, müssen Sie sich das bieten lassen. Was sollten Sie auch sonst tun? Auf die Preiserhöhung verzichten? Das Gespräch abbrechen? Also setzen Sie sich in den Besprechungsraum und fühlen sich etwas abgewertet, nicht als wichtiger Geschäftspartner, sondern als ein ersetzbarer Lieferant. Das ist genau die Haltung, in die der Einkäufer den Verkäufer bringen möchte, um ihm im folgenden Gespräch leichter Zugeständnisse abzuringen. Häufig erlebt man in solchen Situationen auch Unhöflichkeit und Unfreundlichkeit:

Mit einer Preiserhöhung brauchen Sie mir erst gar nicht zu kommen.

Dann suche ich mir eben einen neuen Lieferanten.

Wenn Sie auf die Preiserhöhung bestehen, werden wir Sie auslisten.

Solche Sätze hat jeder Verkäufer aus der Industrie schon einmal gehört.

Häufig wird auf Beziehungsangebote des Verkäufers überhaupt nicht eingegangen. Der Verkäufer beginnt mit einem freundlichen Smalltalk, der Einkäufer entgegnet, dass er für diese Art Gespräch leider keine Zeit habe und man doch bitte zur Sache kommen soll.

Typische Drohungen sind natürlich auch dabei:

Es gibt andere Lieferanten, die froh wären, uns beliefern zu dürfen.

Sie haben ohnehin schon hohe Preise und liegen damit bereits 20 % über dem Mitwerber.

Gerne wird auch Kritik an der Leistung des Verkäufers geübt:

Ihre Qualität ist im letzten Jahr auffallend schlechter geworden.

Wir haben sehr viele Reklamationen gehabt und denken ohnehin schon daran, Sie als Lieferant auszulisten.

In diesen Gesprächen sind auch überhöhte Rabattforderungen ein beliebtes Thema:

Also, Sie müssen im Preis noch mindestens 20 % nach unten, um bei uns weiter als Lieferant eine Chance zu haben.

Und oft wird der Verkäufer dabei im Gespräch unterbrochen. Gerne wird der Verkäufer auch unter Druck gesetzt, indem auf der Einkäuferseite zwei oder mehr Personen sitzen, die den Verkäufer mit ihren Fragen oder Statements aus der Reserve locken. Bei dieser Gelegenheit werden auch Konkurrenzangebote aus der Tasche gezogen. Wenn der Verkäufer dann den Preis eines Mitwerbers für ein gleiches oder ähnliches Produkt sieht, der unter seinem Preis liegt, bekommt er es mit der Angst zu tun und tendiert dazu, seine Preise auch massiv nach unten anzupassen.

TIPP: Ignorieren Sie Konkurrenzangebote Ihrer Mitbewerber

Reagieren Sie nicht auf Konkurrenzangebote von Mitbewerbern. Sie wissen nie, ob sich das Angebot auf dieselbe Menge bezieht oder genau dieselbe Leistungsbeschreibung enthält. Ebenso ist nicht klar, ob Ihr Kunde bei dem Mitbewerber, der das günstigste Angebot unterbreitet hat, tatsächlich auch kaufen würde. Häufig werden Angebote von Firmen eingeholt, die zwar einen günstigen Preis bieten, aber qualitätsmäßig nicht den Anforderungen entsprechen, nur um die präferierten Lieferanten unter Druck zu setzen.

Gerne werden Verhandlungen einfach abgebrochen. Dann heißt es: „Gehen Sie erst einmal nach Hause und besprechen Sie mit Ihrem Geschäftsführer, ob Sie uns weiterhin als Kunden behalten wollen.“ Die Räumlichkeiten für Einkaufsverhandlungen sind ganz bewusst sehr spartanisch eingerichtet: In dem Raum befinden sich nur ein Tisch und wenige Stühle, keine Bilder hängen an der Wand, damit zwischen Verkäufer und Einkäufer keine persönlichere Beziehung aufkommen kann. In sehr großen Unternehmen ist es in der Regel untersagt, dass Verkäufer in die Räumlichkeiten der Einkäufer gehen, damit Sie keinen Anknüpfungspunkt für den Beziehungsaufbau finden können.

Unfaire Tricks in Preisverhandlungen

In manchen Verhandlungen werden extrem unfaire Tricks angewandt: Häufig wird dem Verkaufsteam die Möglichkeit gegeben, sich einige Minuten vor der Preisverhandlung im Besprechungsraum abzustimmen. Versteckte Mikrofone erlauben es dem Kundenunternehmen, die Gespräche des Verkäuferteams mitzuhören. Man kann sich vorstellen, dass da so manche Themen besprochen werden, von denen man nicht möchte, dass die Einkäufer diese Information vor der Verhandlung besitzen. Zu dieser Kategorie der grenzwertigen Verhandlungstricks gehören auch Besprechungsräume für Verhandlungen, in denen die Stühle der Verkäufer um ein bis zwei Zentimeter niedriger sind als die der Einkäufer.

Wenn man alle diese Tricks von Einkäufern betrachtet, stellt man fest, dass es dabei immer um ein konkretes Ziel geht: den Verkäufer in seinem Selbstwertgefühl zu untergraben bzw. die Verhandlungsstrategie des Gegenübers zu durchkreuzen. Je mehr negative Assoziationen Sie als Verkäufer über Ihr Produkt, Ihre Marktsituation und das Kaufinteresse Ihres Kunden haben, desto eher sind Sie in dieser Stimmung bereit, Zugeständnisse in der Verhandlung zu machen. Professionelle Einkäufer wissen dies nur zu gut.

Je stärker Sie durch den Einkäufer unter Druck gesetzt werden, umso weniger echte Alternativen zu Ihrem Angebot hat er tatsächlich.

Je mehr Sie von diesen Einkäuferstrategien erkennen, desto besser. Es geht gar nicht darum, auf diese Strategien in einer speziellen Weise zu reagieren, sondern darum, nicht zuzulassen, dass das eigene Selbstbewusstsein untergraben wird. Und das erreicht man am besten, indem man sogar einen Vorteil darin erkennt, dass Einkäufer ihre typischen Strategien anwenden. Mit einem Wort: Je mehr Sie von diesen typischen Einkäuferstrategien erkennen, desto mehr ist das Unternehmen wahrscheinlich daran interessiert, Ihr Produkt einzukaufen, und möglicherweise sogar von Ihrem Produkt abhängig. Trotzdem möchte es Preiszugeständnisse.

4.2.4 Ziele einer Preisverhandlung

Da die Preisverhandlung ein dynamischer Prozess ist, in dem Sie im Vorhinein nicht wissen, wie Ihr Gegenüber agiert, welche Pläne und Ziele er hat, brauchen Sie Alternativen zu Ihrem Ziel, mit denen Sie im Zweifelsfall auch noch gut leben können. Deshalb sollten Sie in eine Verhandlung immer mit vier verschiedenen Preisvorstellungen gehen:

1. Maximalpreis
2. Zielpreis
3. Letzter Preis
4. Minimumpreis

1. Der Maximalpreis

Unter dem Maximalpreis versteht man den Preis oder die Konditionen, die man dem Kunden am Anfang nennt. In einer Verhandlung muss man immer davon ausgehen, dass dieses Maximalziel mit einer hohen Wahrscheinlichkeit nicht zu erreichen ist, da auch der Verhandlungspartner, der gewiss andere Ziele verfolgt, ein bestimmtes Zugeständnis erwartet. Trifft man auf professionelle Einkäufer bzw. Verhandler, kann man fast mit Sicherheit davon ausgehen, dass dieses Maximalziel nicht akzeptiert wird. Denn ein erfahrener Verhandler setzt voraus, dass der Verkäufer Alternativen zur Wahl hat und es Spielräume bei den Preisen und Konditionen gibt. Manche Verhandlungen scheitern, weil Verkäufer mit einem Fixpreis ins Gespräch gehen und keinen Spielraum einkalkulieren. Diese Strategie kann im Privatkundenbereich noch funktionieren. Sie kann vielleicht auch im Geschäftkundenbereich funktionieren, wenn man ein sehr stark nachgefragtes Produkt anbietet oder in einer Branche tätig ist, in der es nicht üblich ist, Rabatte zu gewähren. In den meisten Business-to-Business-Verhandlungen verhält es sich allerdings so, dass der Einkäufer von möglichen Zugeständnissen des Verkäufers ausgeht. Und bei Einkäufern gehört es zur professionellen Aufgabe, im Anschluss an eine erfolgte Einigung die Preise oder Konditionen bezüglich des Produkts und des Leistungsumfangs noch einmal explizit nachzuverhandeln. Zudem wird vom Einkäufer vorausgesetzt, dass er den Verkäufer zu Zugeständnissen bewegen kann. Schließlich gehört es zu den originären Aufgaben des Einkäufers, den bestmöglichen Marktpreis zu erzielen.

So legen Sie den Maximalpreis fest

Wie bestimmt man nun den Maximalpreis, mit dem man in eine Verhandlung geht? Der Maximalpreis sollte so hoch wie möglich gewählt werden, ohne jedoch den Verhandlungspartner so vor den Kopf zu stoßen, dass dieser den sofortigen Rückzug antritt. Stellen Sie sich vor, Sie verkaufen einen Gebrauchtwagen. Nehmen wir an, einen Golf, der einen Marktwert von etwa 8.000 Euro hat. Verhandlungstaktisch scheint es auf den ersten Blick geschickt, wenn Sie das Fahrzeug mit 14.000 Euro in der Zeitung annoncieren. Das Problem dabei wäre jedoch, dass Sie niemand anrufen würde, um mit Ihnen in die Kaufverhandlung zu treten, weil der Preis zu hoch gewählt ist. Möchten Sie für das Fahrzeug aber als realistischen Preis 8.000 Euro erzielen, dann wäre es ratsam, den Preis etwas höher anzusetzen, z. B. bei 8.500 bis 9.000 Euro. So hoch also, dass genug Kaufinteressenten auf Ihre Annonce reagieren, mit denen Sie in Verhandlungen treten können, und Sie zudem noch einen Spielraum nach unten haben, um sich auf den Gesprächspartner zubewegen zu können. Nur mit einem derart gestalteten Maximalpreis können Sie Ihre Verhandlungsmöglichkeiten optimal ausschöpfen.

2. Der Zielpreis

Der zweite Preis ist der Zielpreis. Dieser liegt unterhalb des Maximalpreises und ist der Preis, den Sie für Ihr Produkt realisieren möchten. Der Verhandlungsspielraum liegt demnach zwischen Maximalpreis und Zielpreis.

3. Der Letzte Preis

Sollte in der Verhandlung der Fall eintreten, dass Sie Ihre ursprünglich angepeilten Zielvorstellungen nicht erreichen können — z. B. aufgrund des starken Konkurrenzdrucks oder einer Situation, die für Sie nicht vorhersehbar war — gibt es den dritten, den sogenannten Letzten Preis. Dieser entspricht sozusagen dem letzten Angebot, das Sie dem Kunden unterbreiten, bevor Sie signalisieren, dass Sie die Verhandlung als gescheitert betrachten. Der Letzte Preis wird so gewählt, dass er ein paar Prozentpunkte über dem absoluten Minimumpreis liegt.

Wir signalisieren dem Kunden demnach beim Letzten Preis, der noch über dem liegt, was für uns das ultimative Minimum ist, dass wir die Verhandlung abbrechen müssen, falls er diesen Preis nicht akzeptiert. Akzeptiert der Kunde den Letzten Preis nicht, sollten Sie als Verkäufer folgendermaßen vorgehen: Sie schließen demonstrativ Ihre Verkaufsunterlagen, bleiben aber weiterhin freundlich, bedauern, dass es leider nicht zu einer Geschäftsbeziehung oder zu einem Abschluss kommen kann und warten auf die Reaktion des Kunden.

In vielen Fällen sind professionelle Einkäufer, die sehr hart verhandeln und deren Hauptintention es ist, den Kunden zum letztmöglichen Preis zu bewegen, in diesem Moment zufrieden. Denn Sie gehen davon aus, dass der Verkäufer wirklich den letztmöglichen Preis genannt hat. Sollte der Verhandlungspartner auch diesen Preis noch nicht akzeptieren, versucht der Verkäufer, noch einmal ins Gespräch zu kommen, indem er den Kunden nach seinem Limitpreis fragt, der eine Einigung ermöglicht. Liegt dieser Preis dann innerhalb des Spielraums zum Minimumpreis, kann man dem Gesprächspartner ein weiteres Mal in Aussicht stellen, dass man nach Rücksprache mit der Produktion und mit dem Einkauf möglicherweise diesen von ihm genannten Preis doch noch erreichen könnte. Danach lässt man sich vom Gesprächspartner versichern, dass er in diesem Fall im Wort bleibt und der Auftrag an das eigene Unternehmen geht.

4. Minimumpreis

Unter Minimumpreis versteht man den Preis, der das im Vorfeld definierte unterste Limit darstellt, das für Sie geschäftlich noch interessant ist.

Durch diese Preisstaffelung kann man auch in schwierigen und harten Preisverhandlungen ein Minimum an Zugeständnissen erreichen.

Die Verhandlungsstrategie

Erfolgreiche Verkaufsverhandlungen setzen eine gründliche Vorbereitung voraus. Im Hinblick auf die Verhandlungssituation gilt es, zunächst die verschiedenen Preise festzulegen (Maximalpreis, Zielpreis, letzter Preis und Minimumpreis). Im Weiteren sollte der Verkäufer verschiedene Konditionen und Zugeständnisse durchrechnen, so dass er alternative Handlungsoptionen hat. Dazu gehören:

- Skonto
- Lieferkonditionen
- verschiedene Zahlungskonditionen
- Veränderungen des Produkts oder der Leistung, die das Produkt günstiger machen können

Gründe für mögliche Preisnachlässe

Als oberster Leitsatz gilt: Machen Sie niemals ein Preiszugeständnis, ohne ein Entgegenkommen des Kunden dafür zu erhalten. Deshalb ist es wichtig, eine Liste mit Gründen für mögliche Preisreduktionen vorzubereiten. Zu welchem Zugeständnis muss sich der Kunde bereit erklären, damit man ihm ein Preiszugeständnis machen kann?

Diese Liste sollte zweigeteilt sein in

1. Gründe für Zugeständnisse, die tatsächlich dem Unternehmen wirtschaftliche Vorteile bieten.
2. Gründe für Zugeständnisse, die nur vorgeschoben sind. Denn es ist grundsätzlich immer noch besser, ein Preiszugeständnis aufgrund eines vorgeschobenen Grundes zu machen als den Preis ohne Grund zu senken.

Machen Sie Ihrem Kunden niemals ein Preiszugeständnis ohne einen Grund.

Es wirkt unseriös, für ein Produkt einen Preis zu verlangen, den man in der Verhandlung dann ohne Grund um 10 % senkt.

Im Falle einer Preiserhöhung ist es wichtig, die Gründe hierfür aufzulisten, möglicherweise grafisch darzustellen, um der eigenen Argumentation entsprechend Nachdruck zu verleihen.

4.2.5 Ihre Verhandlungspartner

Im Unternehmen Ihres Kunden gibt es verschiedene Positionen, die möglicherweise Einfluss auf die anstehenden Entscheidungen nehmen. Bei Ihren Top-Kunden — das sind im Sinne des Pareto-Prinzips 20 % der Kunden, die 80 % des Umsatzes ausmachen — sollten Sie nicht nur auf einer Ebene Kontakt halten.

Welche Positionen im Unternehmen haben möglicherweise Einfluss auf die Kaufentscheidung?

1. Der Entscheider

Der Entscheider ist diejenige Person in einem Unternehmen, die die Vollmacht hat, Entscheidungen zu treffen. Auch wenn der Entscheider die Kaufentscheidung nicht immer alleine trifft, sondern sich eventuell beraten lässt, so hat er dennoch aufgrund seiner hierarchischen Position die Macht, diese Entscheidung alleine zu fällen. In kleineren Unternehmen sind Entscheider meist Eigentümer oder Geschäftsführer. In größeren Unternehmen kann die Entscheidungsmacht für einzelne Entscheidungen in verschiedene Hierarchieebenen delegiert werden, z. B. an Abteilungsleiter, Einkäufer usw.

2. Der Beeinflusser

Da der Entscheider in vielen Fällen nicht über die fachliche Kompetenz verfügt, um festzustellen, inwieweit ein Produkt oder eine Dienstleistung den Anforderungen des Unternehmens entspricht, lässt sich der Entscheider von Fachleuten innerhalb des Unternehmens beraten. In manchen Unternehmen gibt es auch externe Berater, die bei anstehenden Investitionsentscheidungen herangezogen werden. Beeinflusser innerhalb eines Unternehmens sind in der Regel Spezialisten für einzelne Bereiche wie Entwicklungsleiter, Produktionsleiter, EDV-Leiter, Marketingleiter usw. In allen Fällen verfügen Sie über ein deutlich größeres Know-how als der Entscheider. Sie bilden deshalb die fachliche Basis für die Kaufentscheidung. Sie haben damit einen beträchtlichen Anteil an der Entscheidung, da sich der Entscheider auf ihr fachliches Urteil verlassen muss.

Diese fachlichen Experten tendieren dazu, nicht nur die beste, sondern die bestverfügbare Lösung zu erwerben, die im Hinblick auf die Qualitätsanforderungen aber möglicherweise überdimensioniert ist und deshalb zu besonders hohen Kosten führt. Aus diesem Grund gibt es in Unternehmen noch eine weitere Position, den Wächter.

3. Der Wächter

Wächter sind häufig Einkäufer, Controller, also „Zahlen-Menschen“, die sich weniger mit den technischen und produktspezifischen Anforderungen auseinandersetzen, sondern sich an den wirtschaftlichen Gesichtspunkten einer Kaufentscheidung orientieren. Der Wächter ist sozusagen der Gegenspieler zum Beeinflusser. Wächter stellen sicher, dass nur das eingekauft wird, was dem Unternehmen tatsächlich Nutzen bringt und nicht eine überdimensionierte Qualität oder Leistung darstellt.

Sie sollen also dafür sorgen, dass nicht mehr Geld für Einkäufe ausgegeben wird als unbedingt erforderlich ist, um den Qualitätsstandard zu sichern.

Auch Wächter sind natürlich auf die Informationen der Beeinflusser angewiesen, da ihnen in der Regel das technische Know-how fehlt, um eine Entscheidung fachlich beurteilen zu können. Allerdings versuchen sie herauszufinden, was tatsächlich notwendig ist und was möglicherweise nur den Interessen einzelner dient, aber nicht notwendig für das Gesamtunternehmen ist.

4. Der Anwender

Der Anwender ist die Person, die das Produkt oder die Dienstleistung in Gebrauch nimmt und daher von dem Nutzen eines Produkts direkt betroffen ist. Die wesentlichen Interessen des Anwenders orientieren sich z. B. an der einfachen Bedienbarkeit, Erleichterung der eigenen Arbeit oder der Erzielbarkeit besserer Ergebnisse. Der Anwender beurteilt ein Produkt nach praktischen Gesichtspunkten. Er fragt, inwiefern das Produkt ihn bei der Leistungserstellung unterstützen kann. Wichtige Entscheidungskriterien für den Anwender sind zum Beispiel:

- Erleichterung der Tätigkeit
- einfache Handhabung
- wenig Lernaufwand
- Verbesserung des Arbeitsergebnisses
- Verringerung der Fehlerquote
- langfristige Ziele wie z. B. die Sicherung des Arbeitsplatzes

5. Der Coach

Der Coach ist eine Person im Unternehmen, die aufgrund ihrer persönlichen Beziehung zum Verkäufer die Interessen des Verkäufers wahrnimmt, sofern diese nicht mit den eigenen Interessen kollidieren. Daraus ergibt sich auch, dass man einen Coach etwa bei hochqualitativen Produkten, die möglicherweise teurer sind als die des Mitbewerbers, relativ schwer im Bereich der Wächter findet, sondern eher im Bereich von Anwendern oder Beeinflussern, da Letztere von einer höheren Qualität zu einem höheren Preis persönlich profitieren. Der Coach liefert dem Verkäufer Insiderwissen aus dem Unternehmen, und stärkt damit die Verhandlungsposition des Verkäufers.

4.2.6 Verhandlungsmatrix und Preiserhöhungsmatrix

Um bei Verhandlungen und Preiserhöhungen eine klare Strategie vorzubereiten, ist es wichtig, den Kunden im Vorfeld richtig einzuschätzen: Wie preissensibel ist der Kunde und wie wichtig ist ihm die Qualität des Produkts? Gerade der starke Wettbewerb am Markt mit immer niedrigeren Preisen bewirkt auf der Käuferseite eine Entscheidung entweder in Richtung einer höheren Qualität oder eines niedrigeren Preises. Den meisten Kunden ist bewusst, dass sich Preis und Produktqualität diametral auseinander bewegen. Deswegen entscheiden sich Kunden entweder für eine optimale Qualität des Produktes oder sie zielen auf den bestmöglichen Preis ab

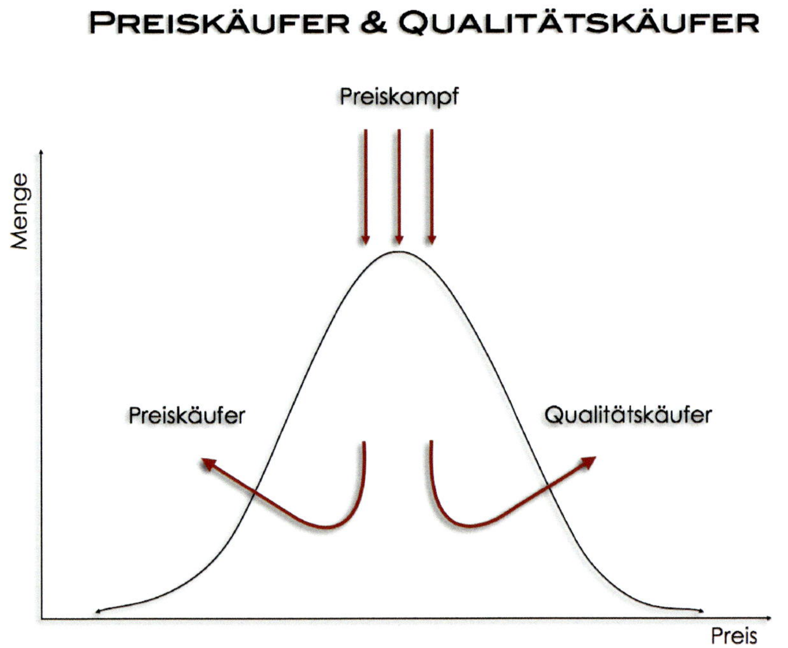

Die Einkaufstrategie der Kunden zielt also entweder darauf ab, den maximalen emotionalen Wert und Nutzwert zu generieren, oder aber der Kunde versucht, durch Erzielung eines möglichst günstigen Preises, den Wert des Produktes in den Hintergrund treten zu lassen. In der NAS-Formel (vgl. Kapitel 3.1) kann man gut erkennen, dass der Kunde sowohl über den niedrigeren Preis des Produktes, als auch über den emotionalen Wert und den Nutzwert des Produktes das Preis-Wertverhältnis zu seinem Gunsten beeinflussen kann. Fragen Sie sich deshalb vor einer Verhandlung immer, wie hoch der Wert der Lösung für den Kunden ist.

$$C_S < \left[\sum_{i=1....x} E^e_{R_i} - \sum_{i=1....x} E^e_{P_i} \right] + \left[\sum_{i=1....x} P_{R_i} - \sum_{i=1....x} C_{P_i} \right]$$

In Kapitel 1 haben wir schon erfahren, dass man entgegengesetzte Emotionen nicht gleichzeitig erleben kann. Der Kunde muss also entscheiden, worauf er seinen Fokus richtet: Entweder auf die positiven Assoziationen, die mit dem Wert des Produktes verknüpft sind, oder auf die negativen Assoziationen, die mit den Kosten verknüpft sind. Aus diesem Grund unterscheiden wir zwischen **Preiskäufer** und **Qualitätskäufer**.

Der Preiskäufer hat eine hohe Preissensibilität

In manchen Situationen tendieren Unternehmen dazu, eine erhöhte Preissensibilität zu haben, zum Beispiel in wirtschaftlichen Krisen oder bei der Einführung von Sparprogrammen. Wenn solche Situationen in einem Unternehmen auftreten, ist damit zu rechnen, dass die Preissensibilität ansteigt.

Versuchen Sie, anhand der folgenden Parameter die Preissensibilität ihres Kunden einzuschätzen:

- Ihr Produkt macht einen hohen Anteil der Einkaufskosten aus.
- Der Kunde ist selbst ein Billiganbieter.
- Der Kunde bietet stark vergleichbare Produkte an.
- Der Kunde ist im Onlinehandel tätig.
- Der Kunde hat in der Vergangenheit bereits zu preisgünstigeren Anbietern gewechselt.
- Ihr Gesprächspartner ist ein professioneller Einkäufer.
- Der Kunde hat ein Sparprogramm aufgelegt.
- Der Kunde wurde von einem Investor gekauft.
- Der Kunde kauft große Mengen von Ihrem Produkt.
- Der Kunde hat keine hohen Qualitätsanforderungen.
- Der Kunde ist einem harten Wettbewerb ausgesetzt.

Wenn Sie diese oder ähnliche Parameter bei Ihren Kunden in starker Ausprägung feststellen, müssen Sie in der Verhandlungsmatrix und der Preiserhöhungsmatrix hohe Werte für die Preissensibilität ansetzen.

Der Qualitätskäufer hat eine niedrige Preissensibilität

Ist der Kunde stärker an der Qualität, also am Nutzwert des Produktes, oder dem emotionalen Wert interessiert, dann verringert sich automatisch die Preissensibilität, da man bei einem hohen Qualitätsanspruch an das Produkt natürlich nicht gleichzeitig die günstigsten Preis erwarten kann.

Ihr Kunde ist qualitätssensibel und damit gleichzeitig weniger preissensibel, wenn Sie folgende Parameter feststellen:

- Der Kunde ist selbst ein Qualitätsanbieter.
- Die Kunden Ihres Kunden stellen selbst hohe Anforderungen an die Produktqualität.
- Der Kunde hat bereits schlechte Erfahrungen mit anderen Anbietern gemacht.
- Der Kunde benötigt komplexe Lösungen.
- Das Einkaufsvolumen Ihrer Produkte ist relativ gering.
- Der Kunde hat eine große Detailkenntnis von Ihren Produkten.
- Der Kunde hat hohe Margen.
- Der Kunde investiert viel Zeit in die Auswahl Ihrer Produkte.

Wenn Sie diese oder ähnliche Parameter feststellen, ist der Kunde qualitätssensibel bzw. weniger preissensibel. In der Preiserhöhungsmatrix und der Verhandlungsmatrix können Sie dann niedrige Werte für die Preissensibilität ansetzen.

In der Preiserhöhungsmatrix setzen Sie auf der x-Achse einen Wert für die Zufriedenheit des Kunden mit Ihrer Leistung (siehe folgende Abbildung). Nehmen Sie als Referenz dafür nicht die Aussagen des Verhandlungspartners, sondern die Aussagen von anderen nicht in die Verhandlung involvierten Personen aus dem Kundenunternehmen, die die Qualitätszufriedenheit mit Ihrem Produkt bewerten können. Dafür eignen sich Techniker oder Anwender Ihres Produktes.

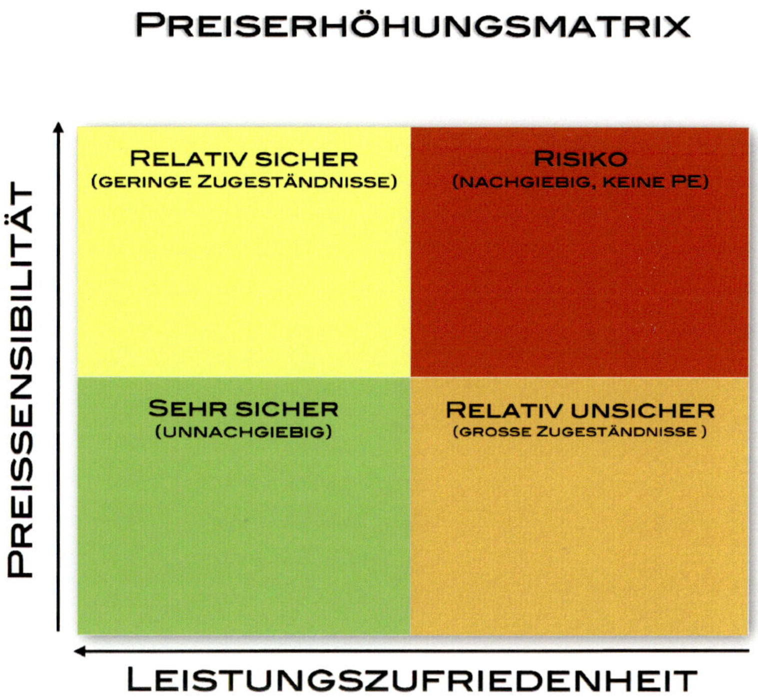

In der Verhandlungsmatrix setzen Sie auf der x-Achse einen Wert für den Nutzwert und den emotionalen Wert, den Sie in der Verkaufsphase schaffen konnten (siehe folgende Abbildung). Nehmen Sie hierzu die NAS-Formel und tragen Sie den emotionalen Wert und den Nutzwert ein. Je nachdem, in welchem Bereich der Matrix sich der Kunde nun befindet, passen Sie Ihre Verhandlungsstrategie entsprechend an.

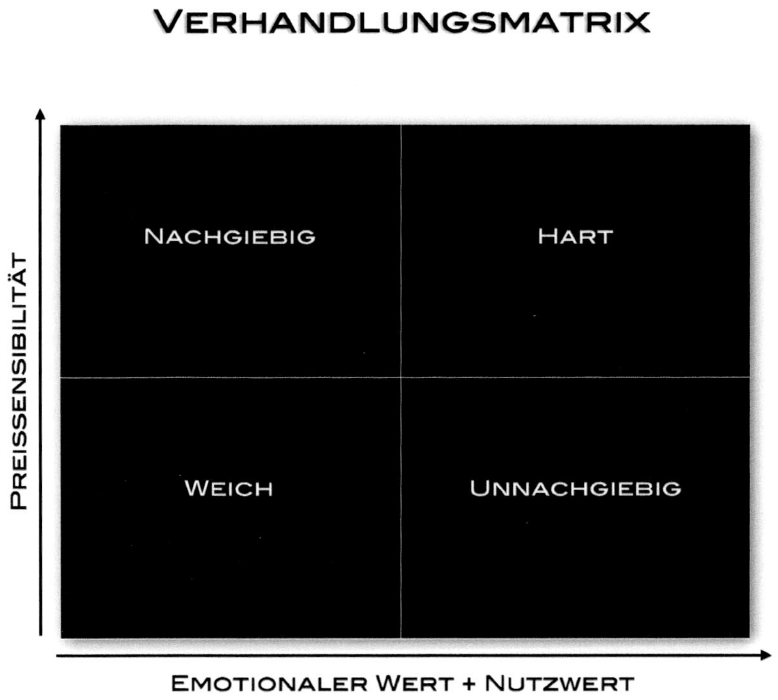

4.2.7 Die Kommunikationsstrategie nach Gandhi

Der Schwache kann nicht verzeihen. Verzeihen ist eine Eigenschaft des Starken.

Mahatma Gandhi

Gandhi war der politische und geistige Anführer der indischen Unabhängigkeitsbewegung im 20. Jahrhundert, die 1947 mit gewaltfreiem Widerstand das Ende der britischen Kolonialherrschaft über Indien herbeiführte. Gandhis Haltung, angewandt in einer Verkaufsverhandlung, lässt sich mit der Devise umschreiben: „Weich zum Gegenüber, hart in der Sache." Gerade in harten Verhandlungen ist es wichtig, niemals emotional zu werden. Das Gegenüber ist unser Partner, mit dem wir eine Übereinkunft erzielen wollen, und nicht unser Gegner. Auch wenn der Kunde und der Verkäufer mit Blick auf das Produkt gemeinsame Ziele entwickelt hat, so ist doch klar, dass spätestens bei der Preisverhandlung die Interessen diametral auseinandergehen. Das heißt, man darf nicht verwundert darüber sein, dass der Kunde andere Preisvorstellungen hat als der Verkäufer. Und es ist nichts Verwerfliches daran, dass ein Einkäufer das tut, wofür er bezahlt wird, nämlich für sein Unternehmen den bestmöglichen Preis auszuhandeln. Leider gibt es keinen sogenannten Win-Win-Preis, bei dem beide Verhandlungspartner als Sieger hervorgehen. Da sich die Win-Win-Situation meistens über einen größeren Preisbogen spannt, gibt es hier die Möglichkeit, dass mal der eine, mal der andere Partner seine Ziele besser oder schlechter durchsetzen kann. Seien Sie deshalb niemals in einer Verhandlung über das Verhalten des Gegenübers verärgert. Denn Taktik spielt in Preisverhandlungen immer eine sehr große Rolle. Der Einkäufer muss versuchen, den Verkäufer unter Druck zu setzen, um möglichst große Preiszugeständnisse zu erhalten. Stellen Sie deshalb in der Verhandlung die gemeinsamen Ziele heraus, um immer wieder ein verbindendes Element in die ansonsten trennenden Preisverhandlungen zu bringen.

STUDIE 13: Untersuchung zum Verhandlungsstil

In einer Studie von Neil Rackham und John Carlisle aus England wurde das Verhalten von 49 professionellen Gewerkschaftsverhandlern über einen Zeitraum von neun Jahren in der Realität analysiert. In der Studie wurde untersucht, inwieweit ein aggressiver oder kooperativer Verhandlungsstil zum Erfolg führt. Es wurden die Anzahl von aggressiven Verhaltensweisen, wie überzogene positive Beschreibungen der eigenen Vorschläge, Beleidigungen der Gegenseite oder Attacken auf Argumente der Gegenseite gemessen.

Die durchschnittlichen Verhandler setzten 10,9 aggressive Verhaltensweisen pro Verhandlungsstunde ein. Die effektiven Verhandler gebrauchten durchschnittlich nur 2,3 aggressive Verhaltensweisen pro Stunde. Darüber hinaus vermieden die effektiven Verhandler eine Angriffs-Verteidigungsspirale. Das sind Zyklen von emotionsgeladenen Argumenten zwischen den Verhandlungspartnern, die man auch als Streitgespräch bezeichnen kann. Nur 1,9 % der Kommentare von effektiven Verhandlern fielen in diese Kategorie, während es bei den durchschnittlichen Verhandlern 6,3 % waren.

Das Ergebnis der Studie belegte insgesamt, das effektive Verhandler einen sehr viel kooperativeren Stil bevorzugen als durchschnittliche Verhandler.

Bereiten Sie die Preisverhandlung sorgfältig vor

Bereiten Sie sich auf die Preisverhandlung vor, indem Sie die Gründe, die den Preis oder die Preiserhöhung rechtfertigen, im Vorhinein zusammenstellen. Sammeln Sie Zahlen, Daten und Fakten und stellen Sie diese wenn möglich auch grafisch dar, damit der Kunde sie rasch erfassen kann. Treten Sie selbstbewusst auf, nennen Sie den Preis oder die Preiserhöhung klar und ohne Zögern. Vermeiden Sie in dieser Situation Füllwörter wie „äh", Möglichkeitsformen und Relativierungen wie „eigentlich". Halten Sie während Ihrer Argumentation Augenkontakt zum Kunden, um so Ihre Selbstsicherheit zu unterstreichen.

Wenn Sie in der Verhandlung Preiszugeständnisse machen wollen, müssen Sie vorher Gründe für die Preisnachlässe vorbereiten. Im entscheidenden Moment verknüpfen Sie dann diese Gründe mit dem Preisnachlass:

Ich sehe gerade, dass Sie die ursprünglich vereinbarten Mengen um 15 % erhöht haben. Ich denke, somit kann ich intern einen Nachlass von 2 % gut darstellen.

Vermeiden Sie es unter allen Umständen, den Kunden mit unbedachten Äußerungen zu emotionalisieren. Bei einem verärgerten Kunden stellt sich der Limbische Filter auf negativ und der Wert Ihrer Lösung wird für den Kunden subjektiv geringer. Denken Sie immer daran: Ein verärgerter Kunde denkt nicht mehr in Win-Win-Kategorien, sondern er versucht Sie einseitig zum Verlierer zu machen. Und dazu muss er Ihnen nur den Auftrag entziehen.

Verhandeln Sie als wären Sie Gandhi: Sehen Sie Ihren Verhandlungspartner nicht als Gegner, sondern als Partner für einen effizient und gütlich erzieltes Ergebnis. Formulieren Sie weich, aber bleiben Sie in der Sache unnachgiebig. Bleiben Sie freundlich, auch wenn der Verhandlungspartner sich für eine druckvolle Verhandlungsstrategie entschieden hat. Wenn Sie ruhig und höflich bleiben, zeigt das Ihre innere Stärke. Versuchen Sie immer wieder, die gemeinsamen Interessen in den Vordergrund zu rücken. Machen Sie keine Preiszugeständnisse ohne ein Entgegenkommen der anderen Seite. Geben Sie zumindest eine Begründung für das Preiszugeständnis.

4.3 Wenn der Kunde reklamiert

Reklamationen sind Chancen. Diesen Satz hat sicher jeder Verkäufer schon einmal gelesen. Das mag zutreffen, aber zuallererst sind Reklamationen Gefahren, die Verkäufer sehr ernst nehmen sollten. Sicherlich kann ein Kunde nach einer exzellent bearbeiteten Reklamation eine noch stärkere Bindung an das Unternehmen entwickelt haben, aber es ist ebenso sicher, dass bei einem Fehler in der Reklamationsbearbeitung der Kunde auch schnell verloren gehen kann.

4.3.1 Verhalten bei Reklamationen

Für das Verhalten bei einer Reklamation gilt die Devise: Vorsicht ist die Mutter der Porzellankiste. Im Moment der Reklamation hat der Kunde negative Assoziationen zu Ihrem Unternehmen. Im schlimmsten Fall denkt der Kunde, die Reklamation wurde durch eine Fehlinformation des Verkäufers verursacht. Dann ist eine besonders vorsichtige Kommunikationsstrategie angebracht.

Denken Sie einmal an Ihre Kindheit zurück. Wenn Ihre Eltern verärgert waren, dann wussten Sie, dass schon der kleinste Fehler Ihrerseits das Fass zum Überlaufen bringen konnte. Manchmal hatte man als Kind das Gefühl, die Eltern würden jetzt nach Fehlern regelrecht suchen, um dann den Ärger an uns auszulassen.

Wie in Kapitel 1 beschrieben, verfügt unser Unbewusstes über einen Filter, der die Wahrnehmung lenkt. Hat der Kunde eine negative emotionale Grundstimmung, nimmt er durch diesen Filter alles, was zu seiner negativen Grundstimmung passt, verstärkt war. Alle positiven Aspekte Ihrer Botschaft werden sehr viel schwächer wahrgenommen. Ist der Kunde stark verärgert und wird sogar laut, können Sie sogar davon ausgehen, dass positive Aspekte Ihrer Botschaft gar nicht mehr wahrgenommen oder sogar negativ umgedeutet werden.

Argumentieren Sie immer lösungsorientiert

Eine Grundregel bei der Reklamationsbearbeitung ist, dass wir immer lösungsorientiert argumentieren sollten. Wir vermitteln dem Kunden, was wir für ihn tun können, und nicht, was nicht möglich ist. Wir sagen also nicht: „Der Artikel ist leider nicht auf Lager“, sondern: „Wir können Ihnen den Artikel in vier Tagen liefern.“ Ein emotional neutral gestimmter Kunde tendiert meist dazu, den Sachinhalt einer

Botschaft zu hören. Dagegen hört ein emotionalisierter Kunde tendenziell darauf, wie Sie etwas formulieren.

BEISPIEL: In einer Bank

In einem Abstand von etwa zwei Metern hinter dem Bankschalter ist eine Linie am Boden gezogen, die signalisiert: „Bitte hier warten!“ Als ein Kunde die Linie übertritt, weist ihn die Dame am Schalter darauf hin, dass er hinter der Linie zu warten habe. Ein nicht emotionalisierter Kunde würde möglicherweise ohne Widerworte hinter die Linie treten. Ein verärgerter, emotionalisierter Kunde aber würde möglicherweise der Schalterdame entgegnen: „Von Ihnen muss ich mir gar nichts sagen lassen.“

Je nach Stimmungslage des Kunden können wir zwischen drei Reklamationstypen unterscheiden, die uns auf den folgenden Seiten näher beschäftigen werden:

- der problemorientierte Kunde
- der lösungsorientierte Kunde
- der emotionsorientierte Kunde

4.3.2 Der lösungsorientierte Kunde

Der Kunde hat bereits eine Vorstellung, welche Lösung er vom Verkäufer erwartet. Sofern Sie das Problem im Sinne des Kunden bearbeiten können und die von ihm angestrebte Lösung verfügbar ist, lässt sich dieser Kunde einfach handhaben. Können Sie dem Kunden die von ihm anvisierte Lösung jedoch nicht bieten, kann sich der Kunde sehr rasch in einen problemorientierten Kunden verwandeln.

4.3.3 Der problemorientierte Kunde

Der Kunde ist mit der Leistung Ihres Unternehmens unzufrieden. Er hat das Problem erkannt und erwartet nun von Ihnen eine Lösung. Aber es wäre falsch, jetzt vorschnell eine Lösung anzubieten. Der Kunde ist unzufrieden, möglicherweise auch ein wenig verärgert. Wenn Sie den Kunden in seiner emotionalen Unzufriedenheit nicht abholen, kann sich seine negative Emotion rasch steigern. Deshalb besteht der erste Schritt darin, dem Kunden mit Empathie zu begegnen: „Das tut mir sehr leid“, „Da kann ich Sie gut verstehen“, „Das kann ich sehr gut nachvollziehen“. Im zweiten Schritt müssen wir dem Kunden Gelegenheit geben, seine negative Erfahrung noch einmal genau und detailliert zu schildern. Was wir durch Fragen wie zum Beispiel: „Was genau?“, „Wie genau?“ usw. unterstützen. Durch aktives Zuhören versuchen wir, ein hohes Ausmaß an Empathie zu vermitteln. Im dritten Schritt schlagen wir dem Kunden eine geeignete Lösung vor.

4.3.4 Der emotionsorientierte Kunde

Wann immer unsere negativen Emotionen eine gewisse Grenze überschreiten, geht es uns überhaupt nicht mehr um die Sache, sondern wir wollen eine emotionale Reaktion von unserem Gegenüber.

Vielleicht haben Sie auch schon einmal einen Streit gehabt, in dem es irgendwann gar nicht mehr um die Sache selbst ging, sondern nur noch darum, den anderen zu verletzen. In diesem Moment wollen Sie das Problem gar nicht mehr lösen, sondern Ihrem Gegenüber denselben emotionalen Schmerz zufügen, den Sie selbst gerade erleben. Ähnlich geht es einem emotionsorientierten Kunden. Es geht ihm zunächst gar nicht darum, sein Problem zu lösen, sondern er will seinen emotionalen Schmerz auf einen anderen übertragen. Er sucht also einen Mit-Leidenden. Falls Sie in diesem Moment nicht vermitteln können, dass Ihnen der Fehler Ihres Unternehmens einen fast ebenso großen Schmerz bereitet wie dem Kunden, müssen Sie damit rechnen, dass der Kunde auf seine Weise dafür sorgt, dass Sie genauso leiden wie er. Das letzte Druckmittel eines Kunden in dieser Situation ist meist, die Zusammenarbeit mit Ihrem Unternehmen zu beenden. Wenn verärgerte Kunden bei großen Unternehmen anrufen und auf eine Hotline treffen, drohen sie oft damit, sich über den Mitarbeiter der Hotline zu beschweren. Und sie hoffen, ihn damit zum Mit-Leidenden zu machen.

Wenn Sie dem emotionalisierten Kunden vermittelt haben, dass Sie ehrlich betroffen sind, dann folgen Sie den Schritten eins bis drei zum Umgang mit problemorientierten Kunden.

4.4 Wie man Kunden zur Entscheidung bringt

Den Verkauf kann man sich gut wie eine Balkenwaage vorstellen. Auf der einen Seite des Balkens befindet sich der Wert, auf der anderen Seite der Preis. Der Wert entsteht durch den emotionalen Wert und den Nutzwert, den ein Produkt stiftet, weil es die Situation des Kunden verbessert. Der Preis umfasst die gesamten Aufwendungen, die Kosten aber auch die subjektiven Anstrengungen und Unannehmlichkeiten, die mit dem Kauf verbunden sind. Und nur wenn der Wert größer ist als der Preis, bewegt sich die Waage in Richtung des „Ja, ich kaufe das Produkt“. Erleben wir den Preis als größer, dann geht die Waage in Richtung des „Nein, ich kaufe nicht“.

4.4.1 Das Prinzip der Wertschätzung von Knappheit

Bei Gold könnte man annehmen, dass sein hoher Wert aufgrund des wunderschönen Glanzes und der optischen Beschaffenheit entstanden ist. Gilt das auch bei Platin? Nein, wohl kaum. Es ist eher die Seltenheit dieses Rohstoffs auf unserem Planeten, die Platin so wertvoll macht. Oder denken Sie an Brillanten: Sicherlich traumhafte Steine, aber sind Sie wirklich tausendmal schöner als Swarovski-Kristalle? Brillanten werden in sehr geringen Mengen aufwändig in Minen abgebaut, während Kristalle in unerschöpflicher Menge vorhanden sind. Das heißt, der Wert einer Sache besteht nicht nur in ihrer physischen Beschaffenheit, sondern auch in seiner Verfügbarkeit. Wie dieses Prinzip der Wertschätzung von Knappheit im Verkauf genutzt werden kann, zeigen zum Beispiel Shopping-Sendungen im Fernsehen. Im Bild eingeblendet ist eine gegen Null laufende Zahl, die anzeigt, wie viele Exemplare eines Produkts noch vorhanden sind. Mit jeder verrinnenden Minute reduziert sich auch die Stückanzahl. Das Produkt wird immer knapper, die Kunden rufen an, denn schließlich wollen Sie nicht leer ausgehen. Einen ähnlichen Effekt sehen wir auch bei Abverkaufsaktionen im Einzelhandel. Wenn Sie vielleicht doch noch ein einzelnes Hemd in Ihrer Größe entdecken, müssen Sie doch unbedingt zuschlagen! Auch Tchibo nutzt dieses Prinzip. „Jede Woche eine neue Welt“ bedeutet ja nichts anderes, als dass das Produkt nur kurze Zeit verfügbar und somit knapp ist. Das Einzige, was bei Tchibo nicht knapp ist, ist der Kaffee. Raten Sie einmal, mit welchen Produkten Tchibo erfolgreicher ist?

BEISPIEL: Das Prinzip der Knappheit im Verkauf

Halten Sie die Anzahl der verfügbaren Stückzahl immer gering. Hat eine Boutique z. B. fünf gleichfarbige Pullover in Größe 50, wäre es geschickt, nur einen in die Ladenpräsentation zu geben und die anderen im Lager zu behalten.
Ein Immobilienmakler könnte seine Termine so legen, dass ein Interessent beim Verlassen des Objekts dem nächsten Interessent begegnet. Denn schon bei zwei Interessenten wird die Immobilie, die nur einmal verfügbar ist, ein knappes Gut.
Auch bei Terminvereinbarungen sollte man dem Kunden nicht zu viele Auswahlmöglichkeiten geben, denn bei einem stark nachgefragten Produkt werden die Ressourcen des Verkäufers knapp.

Vermitteln Sie immer, dass Ihr Produkt stark nachgefragt ist. Bringen Sie den Kunden zur Entscheidung, indem Sie andere Interessenten für ihr Produkt erwähnen. Dies funktioniert aber nur, wenn Ihr Produkt nicht unendlich verfügbar ist, also zum Beispiel bei Dienstleistern oder bei Produktionsbetrieben mit einem hohen Auslastungsgrad.

4.4.2 Der richtige Zeitpunkt für den Abschluss

Beim Abschluss kommt es auf den richtige Zeitpunkt an. Dabei spielen zwei Faktoren eine wichtige Rolle.

1. Kunden entscheiden sich für den Kauf nicht früher als es notwendig ist. Der Kunde wählt den optimale Zeitpunkt für seine Kaufentscheidung so spät wie möglich, sofern er sich dadurch nicht irgendwelche Nachteile einhandelt. Jede verfrühte Entscheidung des Kunden beraubt ihn nämlich der Möglichkeit, bei einer Veränderung der Situation eine andere Option zu wählen. Den Zeitpunkt für die Kaufentscheidung können Sie als Verkäufer in Ihrem Sinne beeinflussen, indem Sie eine spätere Entscheidung mit Nachteilen für den Kunden verbinden. Diese **Nachteile infolge einer späteren Kaufentscheidung** können zum Beispiel Änderungen des Preises sein, die Verknappung des Produktes, die Schwierigkeiten, rechtzeitig zu liefern, oder andere Nachteile, mit denen der Kunde rechnen muss, wenn er seine Entscheidung noch weiter nach hinten verschiebt.

2. Der richtige Zeitpunkt für die Kaufentscheidung, den Abschluss, wird auch durch den Moment definiert, in dem die Kaufmotivation des Kunden ein Maximum erreicht hat. Gemäß der NAS-Strategie ist dies der Moment, wenn der Kunde alle negativen Assoziationen mit der aktuellen Situation verbunden hat und alle positiven Assoziationen mit Ihrer Lösung. Wenn in diesem Moment die Kaufmotivation nicht ausreicht, dann wird Ihr Kunde aller Wahrscheinlichkeit nach auch später nicht mehr kaufen. Kunden tendieren häufig dazu, wenn Sie alle positiven Aspekte eines Produktes betrachtet haben, die Perspektive eines Kritikers einzunehmen, um dann mögliche Probleme, die mit dem Produkt verbunden sein könnten, zu durchdenken.

Wenn Sie keinen Abschluss machen und das Gespräch einfach auslaufen lassen, müssen Sie davon ausgehen, dass Ihr Kunde mit anderen über das Produkt spricht und dabei auch kritische Stimmen laut werden. Das absolute Worst-case-Szenario entsteht, wenn Ihr Kunde mit einem konkurrierenden Mitbewerber über Ihr Angebot spricht.

Da all dies keine zielführenden Alternativen sind, müssen Sie im Moment der größten Kaufmotivation die Abschlussfrage stellen. Wie erkennen Sie diesen Moment? In dem Moment, wenn wir uns mit dem Kauf eines Produktes beschäftigen, stellen wir uns vor, wie es wäre, das Produkt im Einsatz zu haben. Dabei kommen meistens folgende Fragen auf:

- Wie sieht es mit dem Service aus?
- Mit welcher Lieferzeit muss ich rechnen?
- Welche Vertragsdetails müssen wir noch regeln?
- Mit welchen Wartungskosten muss ich rechnen?
- Wie sehen die Garantiebedingungen im Detail aus?

Wenn der Kunde diese oder ähnliche Fragen stellt, dann beantworten Sie diese Frage und fragen ihn anschließend, ob er das Produkt haben möchte.

Abschlusstechniken

Fest steht, dass viele Abschlusstechniken bei näherer Betrachtung überschätzt werden. Manche Abschlusstechniken können sogar eine negative Wirkung haben, wenn der Verkaufsprozess besonders komplex ist und der Kunde erfahren ist, wie zum Beispiel ein professioneller Einkäufer. Auch wenn eine Kundenbeziehung nach dem Verkauf fortbestehen soll, können druckvolle Abschlusstechniken viel Schaden anrichten.

- Prüfen Sie, ob Sie die wichtigsten Punkte besprochen haben.
- Fassen Sie den Nutzen des Produkts zusammen.
- Schlagen Sie eine realistische Zusage vor.

Fragen Sie direkt und ohne Umschweife, ob der Kunden das Produkt haben will. Achten Sie beim Stellen der Abschlussfrage darauf, dass Sie selbstsicher und zuversichtlich wirken. Ihre Unsicherheit kann sich möglicherweise auf den Kunden übertragen, so dass er dann nicht mehr bereit ist, eine Entscheidung zu treffen.

Haben Sie keine Angst vor der Abschlussfrage!

Der Erfolg eines Verkaufsgespräches liegt eindeutig in der Sympathie, dem Vertrauen und der Kompetenz, die der Kunde mit Ihnen assoziiert, sowie der gelungenen Umsetzung der SUPER-Fragestrategie und der Assoziativen Argumentationsstrategie und nicht in der Abschlussformulierung.

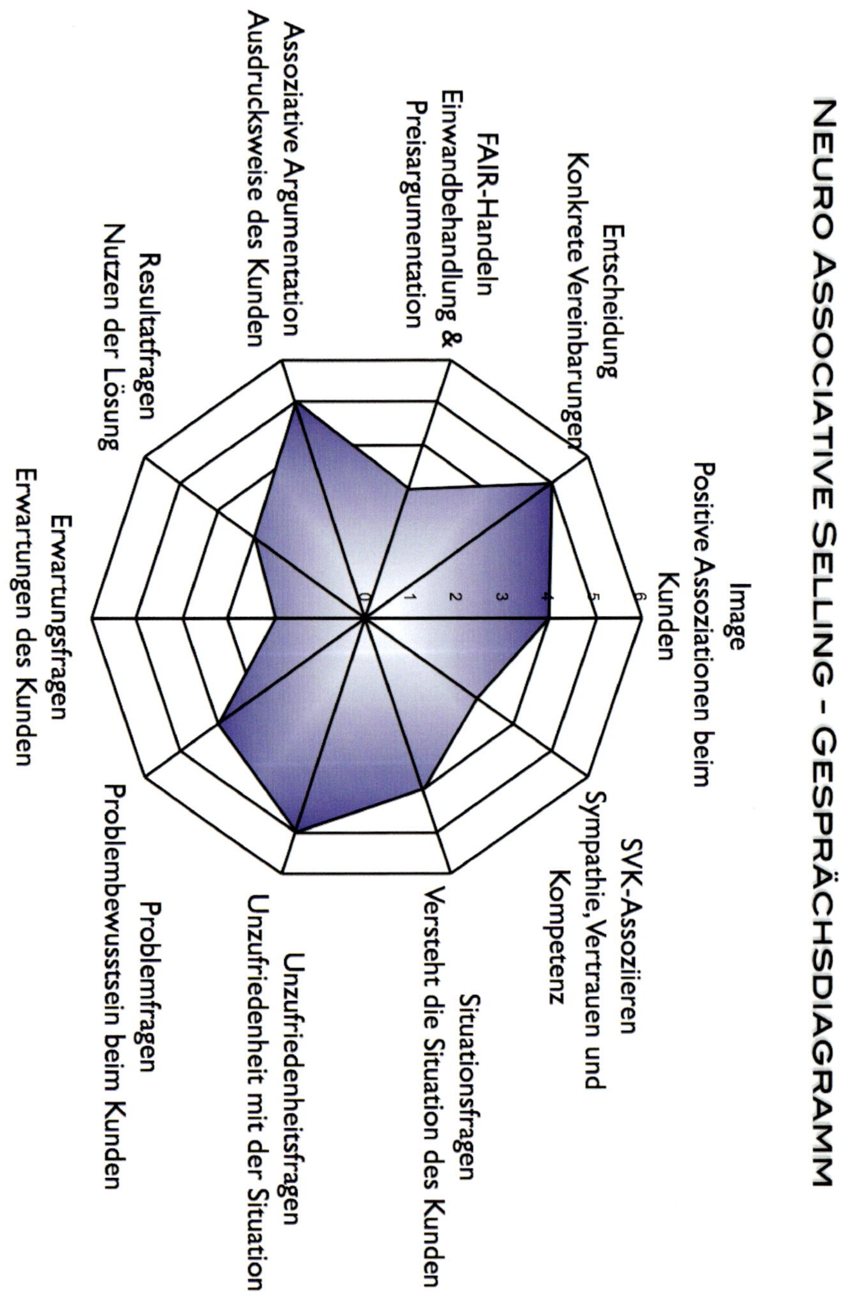
NEURO ASSOCIATIVE SELLING - GESPRÄCHSDIAGRAMM
Image
Positive Assoziationen beim Kunden
SVK-Assoziieren
Sympathie, Vertrauen und Kompetenz
Situationsfragen
Versteht die Situation des Kunden
Unzufriedenheitsfragen
Unzufriedenheit mit der Situation
Problemfragen
Problembewusstsein beim Kunden
Erwartungsfragen
Erwartungen des Kunden
Resultatfragen
Nutzen der Lösung
Assoziative Argumentation
Ausdrucksweise des Kunden
FAIR-Handeln
Einwandbehandlung & Preisargumentation
Entscheidung
Konkrete Vereinbarungen
0
1
2
3
4
5
6

4.5 Coachinggespräch mit einem Bauträger

Das folgende Coachinggespräch zeigt anschaulich, wie ein Bauträger die Techniken der NAS-Strategie in seiner Verkaufspraxis einsetzt.

Bauträger: Ich habe jetzt die NAS-Strategie im Seminar kennengelernt. Aber ich bin mir noch nicht ganz sicher, ob ich alles im Sinne dieser Strategie auch richtig umsetze.

Coach: Um welche Aspekte der NAS-Strategie geht es dabei?

Bauträger: Sie sprechen in Ihrem Seminar häufig davon, dass die Haltung zum Kunden bei der NAS-Strategie wichtig ist. Soweit ich das verstanden habe, soll ich nicht primär an meinen Umsatz denken, sondern daran, für den Kunden eine optimale Lösung zu finden. Ich verstehe, dass es Kunden ein unangenehmes Gefühl gibt, wenn sie merken, dass es mir nur darum geht, die Wohnung zu verkaufen, und nicht wirklich um den Kunden. Aber wie mache ich das in der Praxis, wenn ich selbst einen hohen Verkaufsdruck habe.

Coach: Es ist absolut richtig, wie Sie das sehen. Ich verstehe auch gut, dass es besonders schwer fällt, sich auf den Kunden zu konzentrieren, wenn man verkaufen muss. Es ist ein bisschen wie bei einem Bergsteiger in einer hohen Felswand, der ohne Seil klettert. Wenn man weit unten am Fuß der Wand ist, dann fällt es leicht, nicht nach unten zu blicken. Was glauben Sie, wie ein Bergsteiger dies in 50 Meter Höhe noch schaffen kann?

Bauträger: Das kann ich Ihnen aus Erfahrung sagen. Ich klettere häufig und weiß, was dabei wichtig ist: Wenn Sie unten an der Wand stehen, blicken Sie hoch, legen sich eine Kletterstrategie für die Wand zurecht und konzentrieren sich dann immer nur auf den nächsten Griff. Sagen Sie, diese Metapher war ja wohl kein Zufall?

Coach: Das kann man so sagen. Wie würden Sie denn jetzt diese Strategie in Ihrem Verkaufsgespräch anwenden?

Bauträger: Ich überlege mir im Vorhinein eine klare Verkaufsstrategie, so dass ich genau weiß, wie ich im Einzelnen vorzugehen habe. Dann konzentriere ich mich auf diese Frage und höre konzentriert zu, was der Kunde sagt und wie er es sagt. Ich versuche, jeden dieser Schritte für sich optimal umzusetzen. Dann hoffe ich, dass es mir gelungen ist, den Kunden zu überzeugen. Wenn nicht, dann sehe ich es nicht als einen Misserfolg, sondern versuche zu sehen, was ich beim nächsten Mal noch optimieren kann. Damit ich immer besser werde. Dabei fällt mir ein: Der erste Schritt im Verkaufsgespräch ist ja die Image-Phase. Ich soll dabei meine Kleidung, die Körpersprache und die Ausdrucksweise an die des Kunden anpassen. Bei der Kleidung richte ich mich ein wenig nach dem Preis. Häufig weiß ich auch schon, was der Kunde beruflich macht. So kann ich mich manchmal etwas weniger formell kleiden und manchmal Anzug und Krawatte tragen. Setze ich das soweit richtig um?

Coach: Ich denke mir, mit der Umsetzung Ihrer Kletterstrategie im Immobilienverkauf haben Sie den Nagel genau auf den Kopf getroffen. Gerade in Ihrem Beruf ist die Weiterempfehlung ein wichtiger Kundengenerator. Wie aus mehreren Verkaufsstudien hervorgeht, ist die Zufriedenheit mit dem Kauf der wesentliche Grund für die Weiterempfehlung. Wenn Sie Kunden im Immobilienbusiness übervorteilen, können Sie kurzfristig mehr verkaufen, langfristig trocknet aber Ihr Kundenstrom aus. Sie können dann bestenfalls das Bundesland wechseln.

Ich denke, was die Kleidung betrifft, sollten wir bedenken, dass es bei so großen Investitionsentscheidungen primär auf Vertrauen und Kompetenz Ihrerseits ankommt. Sympathie ist zwar auch wichtig, wird aber hier sicher von den anderen beiden Aspekten übertroffen. Deshalb würde ich Ihnen empfehlen, immer mit Stoffhose, Hemd und Sakko aufzutreten. Bei teureren Objekten würde ich Ihnen eine Krawatte empfehlen.

Bauträger: Wir haben ja besprochen, dass die Basis der assoziativen Argumentation die SUPER-Fragestrategie ist, das heißt, ich muss die Analysefragen stellen, bevor ich dem Kunden die Wohnung zeige.

Coach: Sobald der Kunde die Wohnung betritt, hat der Kunde nur noch Augen für die Wohnung. Dann ist es meist für eine Analyse zu spät. Sie sparen sich auch eine Menge an Besichtigungsaufwand, wenn Sie den Kunden vorher umfassend analysieren. Diese Analyse stellt für den Kunden natürlich einen gewissen Aufwand dar, deshalb sollten Sie ihm den Nutzen der Analyse verkaufen.Wie könnte das denn in Ihrem Fall aussehen?

Bauträger: Ich würde es so beginnen: „Herr/Frau Kunde, würden Sie mir einige Fragen beantworten, damit ich für Sie die optimalen Objekte auswählen kann?" Gerne würde ich mit Ihnen auch einen Praxisfall durchgehen, bei dem ich die SUPER-Fragestrategie angewandt habe.

Coach: Dieser Einstiegssatz ist perfekt. Lassen Sie uns doch gleich Ihren Praxisfall durchgehen.

Bauträger: Ein Kunde rief auf eine Anzeige an: „Giesing, 96 m², 3 Zi., Terrasse , Parkett, TG, € 395.000 zzgl. Prov." Er sagte am Telefon: „Schicken Sie mir ein Exposé, oder besser, ich möchte gleich besichtigen." Ich habe folgende Fragen gemäß der SUPER-Fragestrategie vorbereitet:

Situationsfragen:

- Suchen Sie zur Selbstnutzung oder suchen Sie eine Kapitalanlage?
- Wie groß ist Ihre Familie? oder Wie viele Zimmer suchen Sie?
- Wie viel möchten Sie investieren? Welches Budget haben Sie?

Unzufriedenheitsfragen:

- Was gefällt Ihnen an Ihrer aktuellen Mietwohnung am wenigsten?
- Wie groß ist das Kinderzimmer in Ihrer Wohnung?
- Wie wichtig ist eine Garage/das Auto für Sie?
- Wie kommen Sie zur Arbeit?
- Wie weit ist die U-Bahn entfernt?

Problemfragen:

- Wie lange suchen Sie jeden Tag nach einem Parkplatz?
- Was wünscht sich Ihre Tochter für ein Kinderzimmer?
- Wie laut ist die Straße zu hören?
- Wie können Sie Ihren Balkon nutzen?

Erwartungsfragen:

- Wie wichtig ist Ihnen eine geräumige Garage?
- Hätten Sie gerne eine eigene Terrasse?
- Wie groß soll das Wohnzimmer/Kinderzimmer sein?

Resultatfrage:

- Inwieweit würde eine Wohnung mit einem großen Kinderzimmer, einem geräumigen Balkon und einem vollwertigen Tiefgaragenplatz Ihren Erwartungen entsprechen?

Coach: Die Fragen sind bereits sehr gut ausgearbeitet. Die erste Frage ist eine ...

Bauträger: Ich weiß, eine Alternativfrage. Die sollte ich, wenn möglich, nur bei der Terminvereinbarung oder beim Abschluss einsetzen. Lassen Sie mich überlegen. Wie wäre es mit: „Wie möchten Sie die Wohnung nutzen?“ Mit dieser Frage beantwortet mir der Kunde vielleicht auch schon die zweite und dritte Frage.

Coach: Genau, Sie sollten versuchen, Fragen zu entwickeln, bei denen der Kunde möglichst viel erzählt. Zu viele Situationsfragen langweilen den Kunden und er fühlt sich ein wenig wie in einem Verhör. Aber Ihre neue erste Frage ist perfekt. Eine Frage dieser Art kann man fast in jeder Branche stellen. „Wie wollen Sie das Produkt einsetzen?“ oder „Wofür benötigen Sie das Produkt?“ Bei den Erwartungsfragen lassen sich auch gut alle Fragen in einer zusammenfassen, indem Sie fragen: „Was ist Ihnen bei Ihrer neuen Wohnung wichtig?“

Bauträger: Wenn ich eine Wohnung verkaufe und nicht die Gelegenheit hatte, den Kunden vorher kennenzulernen. Wie kann ich dann eine Kundenanalyse machen?

Coach: Wenn Sie nur wenig Zeit haben, dann nutzen Sie — bevor Sie das Objekt betreten — den Smalltalk zumindest für eine kurze Analyse. Wenn Sie nur die Möglichkeit hätten, drei Fragen zu stellen, welche wären wohl aus Ihrer Sicht die ergiebigsten Fragen.

Bauträger: Ich würde folgende Fragen stellen: Wie wollen Sie die Wohnung nutzen? Was gefällt Ihnen an Ihrer derzeitigen Wohnung weniger? Wie sieht für Sie die perfekte Wohnung aus?

Coach: Damit haben Sie eine …

Bauträger: … Situationsfrage, eine Unzufriedenheitsfrage und eine Erwartungsfrage gestellt.

Coach: Genau, und durch die offene Erwartungsfrage wird der Kunde in der Reihenfolge der Wichtigkeit die einzelnen Punkte aufführen. Inwieweit hilft Ihnen dies für die Präsentation der Wohnung?

Bauträger: Ich kann mich noch an das Thema: „Der limbische Filter“ erinnern: Wenn man dem Kunden sympathisch ist, wird der limbische Filter positiv gestellt und man nimmt auch das Produkt positiver war. Das heißt für die Präsentation der Wohnung, dass ich mit dem Teil der Wohnung beginne, der die Erwartungen des Kunden am meisten erfüllt, also mit dem Highlight. Und wo endet die Präsentation der Wohnung oder des Hauses?

Coach: Am Ende des Verkaufsgespräches möchten Sie vom Kunden eine Entscheidung bzw. eine weiterführende Vereinbarung treffen. Bringen Sie ihn an den Ort zurück, an dem Sie mit der Präsentation begonnen haben. Bei Produktpräsentationen ist es sinnvoll mit dem zweitbesten Argument zu beginnen und das beste Argument am Schluss, kurz vor der Entscheidungsfrage zu bringen. Es geht darum, unter dem Eindruck der positivsten Emotionen eine Entscheidung zu treffen. Schließlich stellt man einen Heiratsantrag ja auch an einem besonders romantischen Ort und nicht nach einem Streit.

Bauträger: Da haben Sie jetzt den Nagel auf den Kopf getroffen. Sagen Sie, kennen Sie die Sendung: „Mieten, Kaufen, Wohnen." Die Makler, die man dort sieht, machen doch alles anders als wir es hier besprochen haben. Sind die überhaupt wirklich in diesem Beruf tätig? Und kann man dann überhaupt erfolgreich sein?

Coach: Soweit ich weiß, sind alle diese TV-Makler auch wirklich in diesem Beruf tätig. Im Verkauf gibt es eine einfache Regel. Je imaginärer eine Leistung ist, die man verkauft, desto mehr Einfluss hat der Verkäufer auf den Verkaufserfolg. Je greifbarer und erlebbarer ein Produkt ist, desto weniger Einfluss hat der Verkäufer auf den Verkaufserfolg. Immobilien gehören sicher zu den am besten erlebbaren Produkten. Das heißt, wenn die Immobilie dem Kunden optimal gefällt, ist es für den Makler sehr schwer, den Verkauf zu verhindern. Wenn das Objekt aber nicht ganz optimal zum Kunden passt, kann der Verkäufer der entscheidende Faktor sein.

Bauträger: Da stimme ich Ihnen vollkommen zu. Wenn ich Immobilienprojekte, bei denen wir noch gar nicht zu bauen begonnen haben, also vom Plan weg verkaufen muss, merke ich, dass es viel mehr auf meine Überzeugungskraft ankommt. Ich kann mich in Ihrem Seminar auch noch an das Prinzip der Wertschätzung von Knappheit und an die Relativitätstheorie erinnern. Wie kann ich diese beiden Prinzipien in meine Verkaufsgespräche integrieren?

Coach: Wie könnten Sie dafür sorgen, dass Ihre Immobilie als knappes Gut wirkt?

Bauträger: Ich könnte Termine so legen, dass die Interessenten sich bewusst treffen.

Coach: Am besten geben sich die Interessenten im wahrsten Sinne des Wortes die Türklinke in die Hand. Gleichzeitige Termine würde ich Ihnen nicht empfehlen. Denn so könnten sich negative Emotionen des einen Kunden auf den anderen übertragen. Eine Ausnahme von dieser Regel wäre eine besonders gefragte Immobilie, bei der dann viele Interessenten in eine ähnliche Emotionslage kommen, wie bei einer Versteigerung oder beim Abverkauf. Diese Emotionen ähneln jener bei der

Jagd: Es geht gar nicht mehr um das Produkt, sondern darum, es jemand anderen wegzuschnappen.

Bauträger: Über die Anwendung der Relativitätstheorie habe ich mir auch schon einige Gedanken gemacht. Wenn ich eine besonders attraktive Immobilie habe und eine, die für den Kunden weniger attraktiv ist, dann zeige ich zuerst die weniger attraktive Immobilie und werte damit die andere Immobilie noch auf.

Coach: Das ist tatsächlich eine bessere Lösung, als es umgekehrt zu machen.

Bauträger: Ich habe auch schon schlechte Erfahrungen gemacht, wenn ich nicht nach dem Budget gefragt habe und eine tolle, aber sehr teure Immobilie präsentiert habe. Der Kunde war zwar von der Immobilie begeistert, aber als er feststellte, dass der Preis außerhalb seiner Reichweite lag, war er sehr enttäuscht. Das Schlimmste aber war, dass dem Kunden danach keine der anderen Immobilien innerhalb seines Budgets mehr gefiel.

Coach: Sie haben völlig recht. Da haben Sie dann die andere Seite der Relativitätstheorie erlebt.

Bauträger: Mir ging es einmal ähnlich. Ich fahre einen Fünfer-BMW und bekam während eines Serviceaufenthalts meines Fahrzeuges einen Siebener-BMW mit Vollausstattung als Leihwagen. Danach hatte ich einen Monat lang keine Freude mehr an meinem Auto.

Coach: *Lacht.* Da haben wir wohl alle Glück, dass die Autofirmen dieses Prinzip nicht nutzen, um uns mit der nächst höheren Fahrzeugklasse zu infizieren.

Bauträger: Infizieren ist das richtige Wort. Man fühlt sich tatsächlich lustlos wie bei einer Grippe. Drei wichtige Punkte habe ich noch, die ich mit Ihnen besprechen möchte. Das eine ist, dass ich gehört habe, dass es eine Immobilie aufwertet, wenn man sie vor dem Verkauf mit einer Einrichtung versieht. Ein weiteres Thema ist die Preisverhandlung, die kommt so sicher wie das Amen in der Kirche. Wie kann ich den richtigen Zeitpunkt für die Abschlussfrage feststellen?

Coach: Eine geschickte Einrichtung lässt eine Immobilie tatsächlich größer erscheinen. Der Kunde kann sich auch leichter vorstellen, wie er in dieser Immobilie wohnen würde. Ein Kunde von mir in den USA hat sogar die Regel, das seine Mietappartements nicht gezeigt werden dürfen, bevor der Kunde nicht das extra eingerichtete Show-Appartement gesehen hat. Diese Appartements sind todschick eingerichtet, der Esstisch ist eingedeckt und sogar die Servietten sind farblich auf die Einrichtung abgestimmt. Man bekommt richtig Lust, sofort einzuziehen, auch wenn die wenigsten Leute ihre Appartements auch tatsächlich mit so viel Geschmack einrichten. Auch Möbelhäuser präsentieren ihre Waren in fertig zusammengestellten Arrangements. Dies kann man in vielen Branchen nutzen, um die Kaufmotivation des Kunden zu erhöhen. Er kann sich so das Resultat visuell besser vorstellen. Aber lassen Sie uns zum Thema „Der richtige Zeitpunkt für den Abschluss" kommen. Welche Fragen stellt denn ein Kunde typischerweise, wenn er wirklich an der Immobilie interessiert ist?

Bauträger: Häufig fragt er nach den Kaufnebenkosten oder den Betriebskosten. Ich antworte dann meist: „Darüber kann ich Ihnen gerne eine detaillierte Aufstellung zukommen lassen. Sind Sie denn interessiert an der Immobilie?" Dies ist auch gleichzeitig meine Abschlussfrage.

Coach: Welche Möglichkeiten sehen Sie denn in dieser Situation, um die Immobilie noch ein wenig knapper zu machen?

Bauträger: Ich könnte zum Beispiel erwähnen, dass die Betriebskostenabrechnung oder die Protokolle der Eigentümerversammlung gerade von einem anderen Interessenten geprüft werden. Aber welche Möglichkeiten sehen Sie denn in der Preisverhandlung?

Coach: Sagen Sie dem Kunden klar, dass Sie preislich keinen Spielraum haben, und geben Sie ihm im Gegenzug einen kleinen Naturalrabatt als Zugeständnis. Was könnte das bei Ihnen zum Beispiel sein?

Bauträger: Zum Beispiel eine hochwertigere Arbeitsplatte in der Küche, zusätzliche Geräte oder ein minimales Entgegenkommen bei den Zahlungszielen. Ich weiß, ich brauche in der Verhandlung verschiedene Preise: Der Maximalpreis, mit dem ich einsteige, der Zielpreis, den ich tatsächlich erreichen möchte, der letzte Preis, bei dem ich die Verhandlung abbreche, und der Minimumpreis, den ich noch machen würde, bevor ich den Kunden verliere. Muss ich tatsächlich die Verhandlung abbrechen, damit der Kunde mir vielleicht entgegenkommt?

Coach: Ja, das stimmt. Viele harte Verhandler üben so lange Druck auf den Verhandlungspartner aus, bis dieser mit dem Scheitern der Verhandlung droht. So finden sie den besten Preis, zu dem sie das Produkt kaufen können. Deshalb müssen Sie schon vorher einmal den Abbruch der Verhandlungen imitieren, damit Sie erkennen, ob Ihr Verhandlungspartner zu diesem Verhandlungstypus gehört.

Bauträger: Gut, dann werde ich dies in der nächsten Verhandlung, die schon heute Nachmittag ansteht, gleich einmal ausprobieren. Bis zu unserem nächsten Termin in zwei Wochen werde ich unsere Ideen von heute umsetzen. Ich freue mich schon auf unser nächstes Gespräch.

Coach: Ich denke, Sie haben heute viele gute Ideen entwickelt, mit denen Sie noch effektiver verkaufen können. Ich wünsche Ihnen viel Erfolg bei der Umsetzung und freue mich, Sie in zwei Wochen wieder zu sehen.

4.6 Übersicht: Die zehn Grundsätze der NAS-Verkaufsstrategie

In den vorangegangenen Kapiteln haben Sie die Bestandteile und Techniken der NAS-Verkaufsstrategie kennengelernt. Die zehn wichtigsten Grundsätze dieser Strategie haben wir hier noch einmal zusammengefasst.

1. Machen Sie sich kein fertiges Bild von Ihrem Kunden

Welche Neuro-Assoziationen ein Kunde zu Ihrem Produkt entwickelt, lässt sich von außen nur schwer einschätzen. Vermeiden Sie es deshalb, Vorannahmen über Ihre Kunden zu treffen. Fehleinschätzungen des Kunden sind die Hauptursache für erfolglose Verkaufsgespräche.

2. Es gibt niemals eine zweite Chance für den ersten Eindruck

Schon der kleinste Fehler am Anfang eines Verkaufsgespräches kann den Filter des Unbewussten, mit dem der Kunde Sie wahrnimmt, auf negativ stellen. Dann wird er das ganze weitere Verkaufsgespräch mit einer negativen Brille betrachten. Sie reduzieren so Ihre Erfolgschancen dramatisch. Die Bedeutung des ersten Eindrucks wird besonders in der Partnerschaft deutlich: Als Sie Ihren zukünftigen Partner das erste Mal gesprochen haben, hätte vielleicht schon eine einzige falsche Bemerkung das Ende des Gesprächs bedeutet. Jahre später, wenn die Beziehung tragfähiger geworden ist, kann man sich auch gröbere Fehler erlauben, ohne folgenschwere Konsequenzen. Heben Sie also Ihre Fehler, die Sie im Verkaufsgespräch machen wollen, einfach für später auf.

3. Sympathie und Vertrauen sind der Schlüssel zum Kunden

Es sind die Neuro-Assoziationen des Kunden, auf die es bei der Kundenanalyse und dem gesamte Verkaufsgespräch ankommt. Unsere wahren Gedanken, Sichtweisen, Einstellungen oder Probleme erzählen wir nur Menschen, die wir mögen und denen wir vertrauen. Ebenso geht es dem Kunden. Verknüpft er die beiden Assoziationen — Sympathie und Vertrauen — nicht mit Ihnen, wird sich der Kunde Ihnen nicht öffnen. Dem Verkäufer ginge es dann wie einem Arzt, der den Patienten zwar heilen soll, aber ihn nicht untersuchen darf. Ein Verkaufsgespräch ohne Sympathie und Vertrauen ist wie ein Haus ohne Fundament.

4. Keine Lösungskompetenz ohne Problemkompetenz

Kompetenz vermittelt, wer nicht nur sein Produkt kennt, sondern auch etwas von der Situation und den Problemstellungen des Kunden versteht.

5. Je weniger Sie reden, desto mehr verkaufen Sie

Den Kunden versteht man durch Fragen und Zuhören. Der Redeanteil des Verkäufers sollte also maximal 40 % des gesamten Gespräches betragen. Deshalb sind die Fragetechniken ein so wichtiger Bestandteil der NAS-Strategie.

6. Fragen verändern unser Denken und Handeln

Wer die Assoziationen des Kunden verändert, verändert seine Überzeugungen und Handlungen. Tatsächlich entsteht der Wunsch, ein Produkt zu besitzen, aus internen Denkvorgängen des Kunden. Verknüpft der Kunde positive Assoziationen mit dem neuen Produkt und negative Assoziationen mit seiner bisherigen Situation entsteht ein Kaufwunsch. Diese internen Denkvorgänge kann man viel wirksamer durch Fragen beeinflussen als durch Argumente.

7. Ohne Kundenkontakt kein Verkauf

Sie können nur die Assoziationen der Person verändern, die Ihnen im Gespräch gegenübersitzt. Häufiger als man glaubt sitzt man gar nicht vor der Person, die letztlich die Kaufentscheidung trifft. Die ganze Dramaturgie der NAS-Strategie ist nur wirksam bei der Person, mit der Sie kommunizieren.

8. Sagen Sie es mit den Worten des Kunden

Eine Argumentation ist dann überzeugend, wenn Sie die Neuro-Assoziationen des Kunden abbildet. Wir argumentieren mit dem Worten und Bildern des Kunden. So, als würde der Kunde sich selbst überzeugen.

9. Der Wert macht etwas preiswert

Der maximale Preis, den Sie in einer Verhandlung verlangen können, entspricht der Summe aus dem emotionalen Wert und dem Nutzwert, den das Produkt für den Kunden schafft. Nur wenn der Kunde im Moment der Entscheidung alle Wertaspekte (emotionaler Wert und Nutzwert) bewusst wahrgenommen hat, können Sie das Preispotenzial des Produktes voll ausschöpfen.

10. Aufhören, wenn es am schönsten ist

Der Moment der maximalen Motivation, ein Produkt zu erwerben, ist dann gegeben, wenn der Verkäufer alle negativen Assoziationen mit dem Ist-Zustand verbunden hat und alle positiven Assoziationen mit dem Gebrauch des Produktes. In der Praxis zeigt sich, dass der Abschluss häufig zu spät oder gar nicht erfolgt.

5 Selfempowerment – Wie Sie Ihre Emotionen steuern

Wer viel über andere weiß, ist vielleicht gebildet; aber wer sich selbst kennt, ist klug. Wer andere beherrscht, ist vielleicht mächtig; aber wer sich selbst beherrscht, ist noch viel mächtiger.

Laotse

Neben Verkaufstechniken und verkaufspsychologischen Fertigkeiten bildet die Selbststeuerungsfähigkeit eines Verkäufers einen wesentlichen Parameter für den Verkaufserfolg. Ein Verkäufer muss mit vielen negativen Situationen — Ablehnung, erfolglose Verkaufsgespräche und Erfolgsdruck — umgehen können. Wer hier nicht über die mentalen Fähigkeiten verfügt, selbst in schwierigen Situationen seine Emotionen zu steuern, der wird sein Erfolgspotenzial im Vertrieb niemals ausschöpfen können. Für den Erfolg im Verkauf ist ein ausgewogenes Selbstwertgefühl unumgänglich. Schließlich haben Sie täglich mit vielen unterschiedlichen Menschen zu tun, denen Sie nur freundlich und wertschätzend gegenübertreten können, wenn auch Ihre Stimmung entsprechend ist. In diesem Kapitel lernen Sie wirksame Selbsttechniken kennen, um Ihre Assoziationen und damit Ihre Emotionen effektiv zu steuern, und erfahren, wie Sie die NAS-Strategie für Ihr mentales Training nutzen können.

5.1 Nutzen Sie die NAS-Strategie für Ihr mentales Training

Viele Einstellungen, die von der NAS-Strategie gefordert werden, sind stark vom mentalen Zustand des Verkäufers abhängig. Wir brauchen hier Empathie, Interesse am Gegenüber und sollen uns für die Unzufriedenheiten und Probleme unserer Kunden ehrlich interessieren. Darüber hinaus sollten wir uns auch für die Lösungen, die wir für den Kunden entwickeln, begeistern. Und bei all dem dürfen unsere Interessen, unsere Wünsche und Anliegen in der Verkaufssituation keine Rolle spielen.

Der Kunde steht auf der Bühne. Der Verkäufer ist der Spot, der ihn beleuchtet.

Die meisten negativen Verhaltensweisen von Menschen beruhen auf einem schwachen Selbstwertgefühl oder wenig förderlichen mentalen Zuständen. Wenn Sie Ärger, Unsicherheit, Angst und andere negative Emotionen empfinden, dann verhalten Sie sich nicht mehr so wie Sie sollten, sondern entwickeln Verhaltensweisen, die Ihre Verkaufstätigkeit behindern.

Die erfolgreiche Umsetzung der NAS-Strategie erfordert intensives Training

Wenn Sie das Buch bis hierhin gelesen haben, werden Sie vielleicht einige seiner Gedanken durchaus sinnvoll finden. Vielleicht sind Sie davon überzeugt, dass es Ihnen mithilfe der NAS-Strategie gelingen wird, bald zu den Top 5 % aller Verkäufer zu gehören — verbunden mit all den positiven Aspekten, die das nach sich zieht. Sie bekommen Lob und Anerkennung, werden wertschätzender von Ihren Kunden behandelt, steigern Ihr Selbstwertgefühl, haben mehr Freude bei der Arbeit und verdienen nicht zuletzt auch sehr viel mehr Geld. Jedoch erfordert die erfolgreiche Umsetzung der NAS-Strategie in der Verkaufspraxis auch großen Aufwand: Gehen Sie davon aus, dass Sie ca. zwei bis drei Monate intensiv an der Etablierung der neuen Verhaltensweisen arbeiten müssen, bis Sie deutliche Verbesserungen im Verkauf feststellen werden.

5.1.1 Das Beharrungsvermögen des Unbewussten

Leider wird wahrscheinlich nur jeder zwanzigste Leser dieses Buches sein Verhalten nach der Lektüre entscheidend verändern. Eine Studie in den USA belegt, dass nur 5 % der Leser von Ratgeberliteratur Veränderungen in ihrem Leben tatsächlich realisieren. Dieser Umstand hängt mit dem Beharrungsvermögen des Unbewussten zusammen, das sich dagegen sträubt, neue Denk- und Verhaltensmuster zu entwickeln. Viele tausend Male hat sich das neuronale Netz entlang der gewohnten Bahnen bewegt und dabei die neuronalen Verknüpfungen immer mehr verstärkt. Wenn Sie ein neues Verhalten etablieren wollen, müssen Sie eingespielte neuronale Bahnen verlassen und dabei immer wieder darauf achten, dass Sie nicht in Ihr altes Verhalten zurückfallen.

Das Unbewusste möchte die alten Verhaltensmuster aufrecht erhalten, während Ihr Bewusstsein im Hinblick auf die vielen positiven Assoziationen, die Sie mit den neuen Verhaltensweisen verbinden, gerne die neue Verkaufsstrategie umsetzen würde. Die US-amerikanische Studie sagt also nichts anderes, als dass sich in 95 % der Fälle das Unbewusste durchsetzt. Wer schon einmal versucht hat, mit dem Rauchen aufzuhören oder abzunehmen, der hat mit diesem Beharrungsvermögen seines Unbewussten zu kämpfen.

Die NAS-Strategie antwortet auf dieses Problem und bietet wichtige Hinweise für seine Lösung. Es ist zwar primär ein Verkaufsbuch, die vorgestellte Strategie lässt sich jedoch auch auf den Verkäufer selbst anwenden. Versuchen Sie einmal folgenden Gedankengang nachzuvollziehen: Wann immer Sie bewusst einen Plan schmieden, um irgendetwas in Ihrem Leben zu optimieren, meldet sich das Unbewusste, um diesen Plan zu sabotieren. Denn (fast) jede Veränderung hält auch unangenehme Aspekte bereit, sie ist anstrengend und unbequem. Das sieht im ersten Moment wie eine fehlerhafte Konstruktion der Natur aus. Denn wozu haben wir ein Bewusstsein, das logisch denken kann und beeindruckende planerische Qualitäten besitzt, wenn es immer wieder vom Unbewussten ausgebootet wird? Was so fehlerhaft erscheint, offenbart in Wirklichkeit ein geniales Konstruktionsprinzip. Was wäre, wenn uns das Unbewusste nicht mehr hineinreden würde?

BEISPIEL: Die lebenserhaltende Funktion des Unbewussten

Stellen Sie sich vor, Sie möchten rasch abnehmen und es würde sich kein Hunger melden und auch kein Durst, denn Ihr Unbewusstes redet Ihnen ja nicht mehr hinein.
Stellen Sie sich vor, Sie würden joggen gehen und Ihr Unbewusstes würde Ihnen nicht mitteilen, dass Sie gerade die Grenzen Ihrer körperlichen Leistungsfähigkeit erreichen und jetzt besser ein Stück gehen sollten.
Stellen Sie sich vor, Sie möchten in Ihrer Firma Karriere machen. Sie könnten Tag und Nacht arbeiten und Ihr Unbewusstes würde sich nicht melden und Ihnen sagen, dass Sie vollkommen erschöpft sind und ohne Pause bald umkippen werden.

In all diesen Fällen sieht man, dass unser Unbewusstes eine ganz wichtige und lebenserhaltende Funktion erfüllt, nämlich im Hier und Jetzt dafür Sorge zu tragen, dass es uns gut geht und wir den langfristigen Zielen nicht alles opfern dürfen. Wann immer Sie sich zu schwierigen und unangenehmen Verhaltensänderungen bringen wollen, treten das Unbewusste, das im Hier und Jetzt das Beste für uns will, und unser Bewusstsein, das die langfristige Perspektive im Auge hat, in eine Art Verhandlung ein. Jeder, der schon einmal während einer Diät vor einem Kuchenbuffet stand, kennt diesen inneren Dialog.

5.1.2 Die NAS-Strategie – Training für das Unbewusste

Machen wir ein Gedankenexperiment: Stellen Sie sich als Verkaufsprofi vor, das Bewusstsein wäre der Verkäufer und das Unbewusste der Kunde. Kommt Ihnen die folgende Situation aus Ihrer alltäglichen Verkaufssituation nicht bekannt vor? Sie versuchen, den Kunden von einer optimalen Lösung mit sachlichen Argumenten zu überzeugen, aber der Kunde ist skeptisch, denn er will seine bisherige Lösung nicht aufgeben. Ebenso wie Sie mithilfe der NAS-Strategie den Kunden effektiver überzeugen können, lässt sich diese Methode auch nutzen, um Ihr eigenes Unbewusstes zu beeinflussen.

Im Wesentlichen geht dabei es darum, im Unbewussten die Neuro-Assoziationen zu konditionieren, die die erwünschten Handlungen auslösen. Wie wir im Kapitel 1 schon gesehen haben, können wir zwei Arten von Assoziationen unterscheiden, die uns zum Handeln motivieren: Assoziationen, die negative Emotionen auslösen, von denen wir uns wegbewegen wollen, und Assoziationen, die positive Emotionen auslösen, auf die wir uns zu bewegen möchten.

BEISPIEL: Wie man einen Hund erzieht

Stellen Sie sich das Unbewusste wie einen Hund vor. Wenn Sie ihn trainieren, dann bringen Sie ihn dazu, nicht mehr wie bisher seinen momentanen Instinkten (Assoziationen) zu folgen, sondern sich so zu verhalten, wie Sie das möchten. Sie trainieren ihn, indem Sie bei ihm negative Assoziationen mit unerwünschtem Verhalten verknüpfen und positive Assoziationen mit dem erwünschten Verhalten. Wenn Ihnen das gelungen ist, dann haben Sie einen gut erzogen Hund, mit dem Sie auch ohne Leine auf die Straße gehen können. Auch wenn Ihr Hund auf der gegenüberliegenden Straßenseite noch so verlockende Gerüche wahrnimmt, wird er an Ihrer Seite bleiben, da Sie mit dem unerwünschten Verhalten negative Assoziationen bei ihm verankert haben.

Wenn Sie wissen, wie Sie Ihr Unbewusstes konditionieren, dann folgt es Ihnen wie ein wohlerzogener Hund.

Training für das Unbewusste

Unser Unbewusstes können wir genau so trainieren wie einen Hund, indem wir positive Assoziationen mit erwünschtem Verhalten verknüpfen und negative Assoziationen mit unerwünschtem. Wann auch immer Sie das Unbewusste dazu bringen wollen, einem bewusst geplanten Ansinnen Folge zu leisten, ist es notwendig, positive Assoziationen mit der Handlung zu verknüpfen. Deswegen wirkt sich das Aufschieben auch so fatal auf unsere emotionale Situation aus. Je länger Sie eine Handlung aufschieben, desto unangenehmer fühlt es sich an. Das Unbewusste verknüpft Dinge miteinander, die gleichzeitig passieren. Neuronen, die gleichzeitig aktiviert werden, gehen eine Verbindung ein. Und jedes Mal, wenn Sie an die Handlung denken, die Sie aufschieben, haben Sie eine negative Emotion, meist ein schlechtes Gewissen. Aber das ist dem Unbewussten gleichgültig. Es verknüpft die negative Emotion mit der Handlung, die sie aufschieben, und diese wird Ihnen dann immer unangenehmer.

Diese Fähigkeit des Gehirns erfüllt einen wichtigen Zweck. Wann immer man sich in einer Situation befindet, die das Unbewusste mit negativen Emotionen verbindet, wie zum Beispiel Furcht, prägt es sich alle begleitenden Merkmale ein, um in Zukunft vor einer ähnlichen Situation gewarnt zu sein. Dies ist auch einer der Gründe dafür, warum Personen, die traumatisiert wurden, in den unterschiedlichsten Situationen immer wieder dieselben Emotionen erleben. Alles, was irgendeine Ähnlichkeit mit der traumatisierenden Situation hat, löst wieder die Angstreaktion aus. Diese Eigenschaft des Unbewussten, erlebte Emotionen mit der Situation zu verbinden, machen wir uns mithilfe der NAS-Strategie zunutze, um das Unbewusste zu konditionieren.

5.2 Das Fokus-Prinzip

In Kapitel 1 haben Sie erfahren, dass im Gehirn ein Filter sitzt, der die Aufmerksamkeit unseres Bewusstseins lenkt. Dieser Filter ist das Limbische System. Seine Aufgabe besteht im Wesentlichen darin, zu erkennen, welche Dinge für uns Bedeutung haben, und empfangene Informationen eine Bedeutung zuzuweisen. In der NAS-Strategie verknüpfen wir beim Kunden negative Assoziationen mit seiner derzeitigen Situation und positive Assoziationen mit dem Produkt, das wir verkaufen wollen.

Durch den Einsatz der SUPER-Fragestrategie bringen wir den Kunden dazu, diese Assoziationen hochzuladen (Kapitel 3.6). Mit genau diesen Fragen können Sie auch Ihr Unbewusstes dazu bewegen, jene Assoziationen wachzurufen, die Sie benötigen, um das Unbewusste nach Ihren Wünschen zu steuern.

Übung 1: Positive Emotionen wachrufen

Nehmen Sie sich etwas Zeit und stellen Sie sich die folgenden Fragen. Versuchen Sie dabei, sich die Antworten bildhaft vorzustellen.

- Was war der schönste Urlaub, den Sie jemals hatten?
- Wo waren Sie?
- Mit wem?
- Was hat Ihnen damals besonders gut gefallen?

Was haben Sie empfunden, als Sie die Fragen beantwortet haben und der schönste Urlaub vor Ihrem inneren Auge wieder lebendig wurde? Wenn Sie sich die Situation intensiv vorstellen, werden Sie merken, dass die Emotionen die Sie dabei entwickeln, fast ebenso positiv sind, wie diejenigen, die Sie damals erlebt haben. Dies ist auch der Grund dafür, warum wir uns gerne Fotos anschauen, die schöne Erinnerungen wachrufen. Ihr Gehirn ist das größte Fotoalbum und gleichzeitig die größte Videothek der Welt. Natürlich haben Sie in Ihrem inneren Fotoalbum nicht nur Fotos, also Erinnerungen, die positiv besetzt sind, sondern auch negative.

Übung 2: Negative Emotionen wachrufen

Stellen Sie sich nun die folgende Fragen und versuchen Sie auch diesmal, sich die Antworten bildhaft vorzustellen.

- Welche Situation in Ihrem Leben belastet Sie derzeit am meisten?
- Was daran empfinden Sie als belastend?
- Welche negativen Konsequenzen könnte dies in Zukunft haben?

Was haben Sie diesmal bei der Beantwortung der Fragen empfunden? Ebenso wie wir im Verkaufsgespräch mit den Erwartungsfragen und den Resultatfragen positiven Emotionen beim Kunden hochladen und mit den Unzufriedenheitsfragen und Problemfragen die negativen Emotionen, können wir auch aus unserem eigenen Unbewussten positive und negative Erfahrungen wachrufen. Übrigens stellen wir uns ohnehin ständig Fragen, es fällt uns nur oft nicht auf. Immer wenn wir nachdenken, stellen wir uns in Wirklichkeit Fragen. Je nachdem, wie wir die Fragen stellen, beeinflussen wir auch die Antworten und damit unser Denken.

5.2.1 Lösungsfokus versus Problemfokus

Vom problem- zum lösungsorientierten Denken

Es ist Nacht. Sie sind auf der Autobahn unterwegs und auf einmal fällt der Motor aus. Auf dem Pannenstreifen stellen Sie fest, dass Ihr Tank leer ist. Stellen Sie jetzt keine Warum-Fragen, die das Problem nur vertiefen und Ihren mentalen Zustand verschlechtern würden, sondern fragen Sie sich einfach: „Was kann ich jetzt tun?" Wichtig dabei ist, dass Sie binnen drei Sekunden, nachdem das Problem aufgetreten ist, die Lösungsfrage stellen.

Bis sich eine negative Emotion aufgebaut hat, vergeht etwas Zeit. Wir haben zwar immer das Gefühl, dass negative Emotionen sofort entstehen, aber wenn Sie einmal genau darauf achten, werden Sie feststellen, dass einige Sekunden vergehen, bis Sie beginnen sich zu ärgern. Wenn Sie also nicht binnen drei Sekunden gegensteuern, beginnen Sie sich zu ärgern. Dann stellt sich Ihr Limbischer Filter auf negativ und spielt Ihnen statt Lösungen nur weitere Probleme ins Bewusstsein. In diesem mentalen Zustand haben Sie kaum mehr die Möglichkeit, eine adäquate Lösung zu finden. Deshalb raten viele, man müsse sich erst einmal beruhigen, bevor man eine Entscheidung trifft. Vielleicht haben Sie auch schon Kunden erlebt, die — solange sie verärgert waren — von Ihnen gar keine Lösung hören wollten. Zuerst mussten Sie den Kunden beruhigen und erst dann war er für eine Lösung offen.

TIPP: So entwickeln Sie eine Hinzu-Motivation

Versuchen Sie jedes Mal, wenn Sie sich ein Problem ins Bewusstsein rufen, innerhalb von drei Sekunden an mögliche Lösungen zu denken. Versuchen Sie, schon innerhalb der ersten drei Sekunden zu handeln, indem Sie irgendeinen ersten Schritt in Richtung der Lösung gehen. Denken Sie zum Beispiel an eine Situation in Ihrem Leben, mit der Sie zurzeit unzufrieden sind. Welche konkreten Möglichkeiten haben Sie, um diese Situation zu verbessern? Wenn Sie eine Möglichkeit gefunden haben, überlegen Sie sich den ersten kleinen Schritt, der Sie in Richtung einer Lösung voranbringt. Diesen ersten Schritt sollten Sie sofort ausführen. Denken Sie niemals zu weit voraus, wenn Sie Probleme lösen müssen. Machen Sie sich einen Plan und denken Sie dann immer nur an den nächsten konkreten Schritt.

Positive Ziele visualisieren

Malen Sie sich vor Ihrem geistigen Auge aus, wie wunderbar es sein wird, wenn Sie das Problem gelöst haben. Visualisieren Sie alle positiven Effekte, die das Resultat am Schluss bringen kann. Je mehr positive Gründe Sie finden, desto größer wird die Motivation. Dieses Verfahren kennen Sie schon aus der NAS-Formel. Je positiver Sie im Vorhinein Ihr Ziel visualisieren, desto größer wird Ihre Handlungsmotivation.

Um den Aufwand, den Sie betreiben müssen, um Ihr Ziel zu erreichen, kleiner erscheinen zu lassen, stellen Sie sich immer nur den nächsten kleinen Schritt vor. Durch viele positive Assoziationen, die Sie mit dem Ziel verbinden, und wenige negative Assoziationen, die Sie mit den kleinen Arbeitsschritten verbinden, etablieren Sie in Ihrem Unbewussten eine starke Hinzu-Motivation. So erscheint Ihrem Unbewussten der Aufwand annehmbar und es gehorcht Ihrem bewussten Plan wie ein folgsamer Hund.

Eine positive Grundstimmung schaffen

Ihre Stimmung wird sich aufhellen, wenn Sie Ihre Gedanken durch gezielte Fragen in die Richtung einer Lösung lenken und positive Assoziationen wachrufen. Positive Gedanken zu fassen ist wie vieles, was in unserem Gehirn vorgeht, ein konditioniertes Muster, also eine Gewohnheit. Jemand, der sich häufig ärgert, enttäuscht oder unzufrieden ist, sich selbst bemitleidet und ungerecht behandelt fühlt, ein Mensch also, der gewohnt ist, negative Emotionen zu erleben, ist der Meinung, dass seine negativen Emotionen durchaus begründet sind. Das mögen sie im Einzelnen auch sein, aber leider ist dieses negative Gewohnheitsmuster nicht förderlich für ein glückliches und erfolgreiches Leben.

5.2.2 Acht Regeln für eine positive Grundstimmung

1. Suchen Sie sich eine Mission

Eine grundlegende Idee davon, welchen Beitrag Sie für unsere Welt leisten wollen, ist eine gute Grundlage, um glücklich zu sein. Sie brauchen nicht gleich Mutter Theresa zu werden, aber Menschen, die einen positiven Sinn in ihrem Dasein sehen, sind in der Regel glücklicher.

2. Der Weg ist das Ziel

Es ist in Ordnung, wenn Sie sich Ziele setzen. Aber vergessen Sie nicht, auch den Weg zu Ihrem Ziel zu genießen. Wenn Sie einen Achttausender besteigen wollen, dann brauchen Sie viele Jahre harten Trainings für die Vorbereitung, während Sie nur eine kurze Zeit oben am Gipfel verweilen. Wenn Sie ein Ziel gefasst haben, versuchen Sie jeden Schritt zu genießen, mit dem Sie sich auf das Ziel zubewegen. Wenn Sie eine Diät machen, wählen Sie nicht nur Nahrungsmittel, die gesund sind, sondern auch solche, die Ihnen schmecken. Und wenn Sie fitter werden wollen, dann suchen Sie sich Sportarten, die Ihnen Freude machen.

3. Seien Sie verantwortlich

Setzen Sie sich auf den Fahrersitz des Lebens. Übernehmen Sie Verantwortung, was auch immer passiert. Überlegen Sie, was Sie tun können, um eine Situation zu verbessern. Wenn Sie eine Situation nicht verhindern können, dann lernen Sie diese zu schätzen. Akzeptieren Sie die Situation und machen Sie das Beste daraus. Wenn Sie eine negative Situation weder verändern noch akzeptieren können, dann verlassen Sie die Situation, getreu der Devise: *Change it, Love it, or Leave it*.

4. Kontrollieren Sie Ihre Emotionen

Die meisten Menschen betrachten eine Situation und entwickeln anschließend die passenden positiven oder negativen Emotionen. Drehen Sie dieses Konzept doch einfach um! Entscheiden Sie, welche Emotionen Sie erleben möchten, und versuchen Sie dann, die Situation in der Art und Weise wahrzunehmen, dass die Emotionen entstehen, die Sie gerne erleben möchten. Machen Sie sich dafür den Gedanken zu eigen: Alles geschieht aus einem bestimmten Grund und kann Sie im Leben weiterbringen.

5. Achten Sie auf Ihr Umfeld

Die Menschen, mit denen Sie sich umgeben, lenken Ihre Assoziationen ebenso wie Sie die Assoziationen Ihrer Mitmenschen und Kunden beeinflussen. Negative Menschen werden ihre Aufmerksamkeit immer wieder auf negative Aspekte in ihrem Umfeld richten. Achten Sie darauf, was Sie lesen. 80 bis 90 % aller Nachrichten, die wir in den Zeitungen lesen, befassen sich mit negativen Begebenheiten. Natürlich mögen alle diese negativen Ereignisse geschehen sein. Aber glauben Sie wirklich, dass 80 % oder sogar 90 % aller Ereignisse, die auf der Welt passieren, negativ sind? Oder ist es nicht vielmehr so, dass die negativen Nachrichten viel mehr Aufmerksamkeit erregen und sich deshalb einfach besser verkaufen? Dies ist nicht verwerflich und man sollte es den Zeitungen nicht verdenken, dass Sie versuchen, auf diese Art und Weise Leser zu gewinnen. Eine andere Sache aber ist, ob Sie diesen Zeitungen auch erlauben wollen, Ihren Filter im Limbischen System so zu programmieren, dass Sie Ihre Umwelt dauerhaft negativer wahrnehmen als sie tatsächlich ist.

Reduzieren Sie auch Ihren Fernsehkonsum. Da Sie beim Fernsehen vorgefertigte Bilder geliefert bekommen, schwächen Sie Ihre Fähigkeit, Gedanken in Ihrem Unbewussten zu visualisieren. Die Fähigkeit, Dinge zu visualisieren, ist aber die wichtigste Fähigkeit, um sich langfristig für ein großes Ziel zu motivieren. Nur wenn Sie es schaffen, sich das, was Sie erreichen wollen, in positiven Bildern zu visualisieren, wird das Ziel so attraktiv, dass Sie auch in schwierigen Situationen nicht aufgeben. Abgesehen davon sendet auch das Fernsehen, ebenso wie die Zeitungen, zum großen Teil negative Bilder an unser Gehirn. Lesen dagegen fördert unsere Fähigkeit, Dinge zu visualisieren enorm. Lesen Sie zum Beispiel inspirierende Biografien von erfolgreichen Menschen, die zeigen, wie erfolgreiche Menschen denken.

6. Seien Sie dankbar

Es ist wichtig, eine Mission und Ziele zu haben, die Sie erreichen wollen. Diese sorgen für die notwendige Motivation, damit Sie morgens aufstehen und begeistert in den Tag gehen können. Aber für Ihre Lebenszufriedenheit ist es auch wichtig, innezuhalten, das Erreichte zu betrachten und dankbar zu sein für das, was man hat. Der beste Moment dafür ist am Abend, kurz vor dem Einschlafen. In allen Religionen gibt es Dankgebete. Dieses Konzept hat sich seit Jahrtausenden bewährt. Das Unbewusste tendiert dazu, unsere letzten Gedanken vor dem Einschlafen über Nacht zu bearbeiten. Wer mit Sorgen einschläft, schläft häufig schlecht und fühlt sich am nächsten Morgen wie gerädert. Stellen Sie sich deshalb vor dem Einschlafen positive Fragen:

- Was schätze ich an meinem Leben?
- Wofür bin ich meinen Eltern, meiner Familie und meinen Freunden dankbar?
- Was mag ich an mir?
- Was habe ich heute gut gemacht?
- Worauf bin ich stolz in meinem Leben?
- Welche Schwierigkeiten habe ich heute/in meinem Leben gemeistert?

Stellen Sie sich zwei Wochen lang jeden Abend vor dem Einschlafen Fragen dieser Art und Sie werden eine spürbare Verbesserung Ihrer Stimmung feststellen.

7. Lernen Sie mit Misserfolg umzugehen

Was uns im Leben am meisten daran hindert, uns weiterzuentwickeln und unsere Ziele zu erreichen, ist die Angst vor Misserfolg. Sie zeigt sich in der Angst vor Ablehnung, der Angst zu versagen und unsere Aufgaben nicht zu bewältigen sowie in vielen weiteren Facetten.

Das Prinzip der selbsterfüllenden Prophezeiung besagt: Egal ob Sie glauben, dass Sie etwas können oder nicht, Sie werden immer Recht behalten.

BEISPIEL: Selbsterfüllende Prophezeiung beim Golfspiel

Beim Golfspiel kann man ein interessantes Phänomen beobachten. Dort gibt es manchmal Wasserhindernisse, die der Golfer überspielen muss, meist ein kleiner, künstlich angelegter Teich. Wenn der Ball im Wasser landet, bekommt man einen Strafschlag, während der Golfball im Wasser auf Nimmerwiedersehen verschwunden ist. Da ein Golfball von guter Qualität durchaus fünf Euro kosten kann, wechseln viele Spieler vor dem Schlag den guten Golfball gegen einen alten, verschlissenen Ball aus. Interessanterweise landen tatsächlich ungewöhnlich viele Bälle in den Wasserhindernissen, obwohl die meisten Golfer durchaus in der Lage wären, das Hindernis locker zu überspielen. Das vorsorgliche Auswechseln des Golfballs zeigt nur eines: Die meisten Golfer beschäftigen sich vor dem Schlag mit dem möglichen Misserfolg. Und tatsächlich trifft dieser Fall dann überproportional häufig ein.

Fokussieren Sie sich auf Ihre Ziele. Denken Sie die meiste Zeit des Tages daran, was Sie erreichen möchten, und nicht daran, was alles schief gehen könnte. Wenn Sie einen Plan machen, ist es natürlich sinnvoll, auch ein Worst-case-Szenario durchzuspielen, um sich für den schlimmsten Fall abzusichern. Aber streichen Sie anschließend die negativen Gedanken wieder aus Ihren Überlegungen! Machen Sie es wie beim Autofahren. Sie schnallen sich an, wenn Sie ins Fahrzeug steigen, um bei einem möglichen Verkehrsunfall besser geschützt zu sein. Aber denken Sie dann während der ganzen Fahrt, dass Sie einen Unfall haben könnten? Ich hoffe doch nicht!

Betrachten Sie auch die andere Seite von Misserfolgserlebnissen. Misserfolge sind Ergebnisse, die anders ausgefallen sind, als Sie es sich erhofft haben. Wenn Sie jetzt etwas Neues probieren oder es auf eine andere Art erneut versuchen, dann haben Sie etwas gelernt. Sie haben sich weiterentwickelt und verbessert. Und darum geht es doch schließlich im Leben.

8. Kontrollieren Sie Ihre Ängste

In Wirklichkeit sind Ängste nichts anderes als negative Vorannahmen. Das heißt, Sie verbinden negative Assoziationen mit einer Situation. Häufig sind dabei die Ängste viel schlimmer als die tatsächlichen Risiken. Wer Flugangst hat, schätzt das Absturzrisiko viel größer ein als es tatsächlich ist. Der einzige Weg, um solche Ängste zu reduzieren, besteht darin, sich ihnen auszusetzen. Wenn Sie Angst haben, hat Ihr Unbewusstes negative Assoziationen mit der Situation verknüpft, in der Sie die Angst entwickelt haben. Der einzige wirksame Weg, diese negativen Assoziationen auszuschalten, besteht darin, mit derselben Situation positive Assoziationen zu verknüpfen. Wenn Sie sich in die vermeintliche Gefahrensituation bewusst begeben und Ihre Befürchtungen nicht Realität werden, erleben Sie positive Emotionen, die das Unbewusste mit der Situation neu verknüpft. Wichtig dabei ist, dass Sie in der Situation tatsächlich positive Emotionen erleben, Ihre Ängste dürfen natürlich nicht bestätigt werden.

Wenn Sie Höhenangst haben, dann sollten Sie nicht ungesichert in einer 100 Meter hohen Felswand klettern, sondern auf einer gesicherten Plattform in vielleicht fünfzehn Meter Höhe beginnen und sich dann langsam steigern.

Um Ängste gar nicht aufkommen zu lassen, ist es auch wichtig, den Fokus immer auf das Ziel und das gewünschte Ergebnis auszurichten und sich nicht auf die mögliche Gefahr zu fokussieren. Sie sollten das Risiko zuvor immer sorgfältig abwägen. Haben Sie sich aber einmal für eine Handlung entschlossen, dann sollten Sie den positiven Fokus auf das Ziel dauerhaft aufrechterhalten. Wenn ein Kletterer sich einmal entschlossen hat, eine senkrechte Felswand emporzusteigen, muss er sich auf die nächsten Griffe konzentrieren. Er darf sich nicht mit den Folgen eines möglichen Absturzes beschäftigen. Diese negativen Gedanken gefährden den positiven Fokus und damit die Leistungsfähigkeit des Kletterers. Deshalb vergrößern negative Assoziationen, während Sie eine Handlung vollziehen, das Misserfolgrisiko dramatisch.

Wenn es geht gar nicht mehr weiter geht

Falls Sie doch einmal das Gefühl haben, dass es Ihnen im Leben besonders schwer gemacht wird, dann geben Sie bei YouTube den Namen **Nick Vujicic** ein, den vielleicht ungewöhnlichsten Motivationstrainer. Wenn Ihnen seine kurzen Videos auf YouTube gefallen, dann mögen Sie vielleicht auch seine DVD, die den schönen und skurrilen Titel trägt „No Arms, No Legs, No Worries!“[1] Nick wurde ohne Arme und Beine geboren, dennoch inspiriert er weltweit Menschen mit seiner riesigen Lebensfreude und dem positiven Umgang mit seiner körperlichen Einschränkung. Wenn Sie sehen, wie Nick diese schwierige Situation meistert und dabei eine so positive Ausstrahlung vermittelt, dann werden Ihre Alltagsprobleme wieder in die richtige Perspektive gerückt. Denn ob Sie Ihr Leben positiv sehen oder mit Ihrem Schicksal hadern, liegt vor allem an der Art und Weise, wie Sie sich und die Welt betrachten.

5.3 Mentales Trainingsprogramm für Verkäufer

Um die NAS-Strategie erfolgreich im Verkauf einzusetzen, ist – wie wir gesehen haben – viel Übung notwendig. Die Strategie stellt darüber hinaus hohe Anforderungen an den Verkäufer. Auf den folgenden Seiten finden Sie ein Mentaltraining, das auf der NAS-Strategie basiert.

5.3.1 Übung 1: Wie Sie Ihrem Leben eine Richtung geben

Schritt 1: Nehmen Sie einige leere Blatt Papier zur Hand, setzen Sie sich an einen ruhigen Ort und schreiben Sie zwanzig Minuten lang ohne Pause alles auf, was Sie sich für Ihr Leben wünschen. Setzen Sie sich keine Limits. Alles ist möglich. Wie möchten Sie als Person sein? Wie sollen Ihre Beziehungen zu anderen Menschen sein? Wie soll Ihr Berufsalltag aussehen? Welche Dinge wünschen Sie sich für Ihr Leben? Wie möchten Sie Ihre Freizeit verbringen? Wie viel Geld möchten Sie verdienen? Schreiben Sie alles auf, was Ihnen einfällt. Denken Sie nicht zu viel nach. Alles, was Ihnen in den Sinn kommt, sollen Sie aufschreiben. Auf diese Weise rufen Sie sich einmal Ihre unbewussten Sehnsüchte und Träume ins Bewusstsein. Sie können

[1] Nick Vujicic: *Life Without Limits: Inspiration for a Ridiculously Good Life*, Doubleday Religion 2010.

später immer noch entscheiden, ob die Realisierung eines Wunsches im Einzelfall den Aufwand rechtfertigt.

Schritt 2: Wenn Sie Ihre Wünsche niedergeschrieben haben, notieren Sie zu jedem Ihrer Wünsche, bis wann er realisierbar ist, wenn Sie sich wirklich anstrengen. Dann formen Sie aus jedem Ihrer Wünsche ein konkretes Ziel. Definieren Sie Ihre Ziele möglichst genau und entwickeln Sie einen exakten Zeitplan, wann Ihre Ziele erreicht sein sollen.

Schritt 3: Leiten Sie dann aus jedem Ihrer Ziele einen konkreten Plan ab, wie Sie es erreichen können. Wenn Sie also ein Ziel haben, das Sie in fünf Jahren erreichen wollen, brechen Sie es in Jahresziele runter, legen Sie dann für das erste Jahr Monatsziele fest und für den ersten Monat Wochenziele. Legen Sie dann für jedes Ihrer Ziele einen ersten Schritt fest, den Sie jetzt sofort umsetzen können.

Machen Sie sich eine wichtige Regel für Ihre Zielsetzung zu eigen: Verlassen Sie niemals den Ort, an dem Sie sich ein Ziel gesetzt haben, bevor Sie einen ersten Schritt in Richtung des Zieles gegangen sind.

Achten Sie darauf, dass Sie jedes Ziel in so kleine Aufgaben herunterbrechen, dass diese sich für Ihr Unbewusstes gut anfühlen. Viele Menschen, die sich nur schwer zum Handeln motivieren können, machen den Fehler, dass die Teilaufgaben, die Sie sich vornehmen, zu groß sind und Sie daher häufig den Mut verlieren, bevor Sie überhaupt begonnen haben.

Selbst die größten Kathedralen bestehen aus vielen kleinen Ziegeln.

5.3.2 Übung 2: Wie Sie Ihre Handlungsmotivation vergrößern

Schritt 1: Investieren Sie jeden Tag zwanzig Minuten, um sich Ihre Ziele zu visualisieren. Stellen Sie sich Ihre Ziele in leuchtenden Farben vor. Verbinden Sie so viele positive Assoziationen und positive Emotionen wie möglich mit Ihren Zielen. Wenn Sie starke positive Emotionen mit dem Erreichen Ihrer Ziele im Unbewussten verknüpfen, dann wird Ihr Unbewusstes Sie auf Ihrem Weg zum Ziel unterstützen und nicht sabotieren.

Schritt 2: Nutzen Sie die SUPER-Fragestrategie aus Kapitel 3.6, um sich selbst zum Handeln zu bewegen. Wie aus der NAS-Formel aus Kapitel 3.1 hervorgeht, ist die Motivation zu handeln definiert durch die Summe aller negativen Assoziationen, die Sie mit der derzeitigen Situation verbinden, und der Summe aller positiven Assoziationen, die Sie mit dem Erreichen Ihrer Ziele verbinden. Die Kaufmotivation beim Kunden ist nichts anderes als eine besondere Form der Handlungsmotivation.

Wählen Sie jetzt eine Situation aus, mit der Sie unzufrieden sind. Negative Assoziationen mit der Situation verbinden Sie durch folgende Fragen:

- Was genau macht mich an der Situation unzufrieden?
- Welche negativen Emotionen verbinde ich mit der Situation?
- Welche negativen Auswirkungen hat es auf meine Zukunft, wenn ich an der Situation nichts verändere?

Positive Assoziationen mit der Situation verbinden Sie, indem Sie sich diese Fragen stellen:

- Was müsste ich tun, damit sich die Situation verbessert?
- Welche konkreten Ziele müsste ich erreichen, damit sich meine Situation verbessert?
- Welche positiven Emotionen verbinde ich mit dem Erreichen dieser Ziele?
- Was würde sich alles verbessern, wenn ich meine Ziele erreicht habe?

Diese Übung wirkt umso stärker, je intensiver Sie Ihre Antworten auf die einzelnen Fragen vor Ihrem inneren Auge lebendig werden lassen, sie visualisieren. Stellen Sie sich daher die Situation in vielen Details vor. Versuchen Sie, Ihre Emotionen nicht nur theoretisch zu benennen, sondern sie zu fühlen. Je stärker die negativen Emotionen zur gegenwärtigen Situation bzw. die positiven zur erwünschten Situation, desto größer ist auch die Handlungsmotivation.

5.3.3 Übung 3: Wie Sie Ihre Grundstimmung verbessern

Um Ihre Grundstimmung zu verbessern und Ihre Handlungsmotivation zu vergrößern, stellen Sie sich jeden Tag morgens und abends die folgenden Fragen. Sie können natürlich auch eigene, ähnliche Fragen entwickeln.

Fragen am Morgen

- Was kann ich heute für meine Ziele tun?
- Welche Herausforderung werde ich meistern?
- Worauf freue ich mich heute?
- Wie wird es sein, wenn ich meine Ziele erreicht habe?

Fragen am Abend

- Was schätze ich an meinem Leben?
- Wofür bin ich meinen Eltern, meiner Familie, meinen Freunden dankbar?
- Was mag ich an mir?
- Was habe ich heute gut gemacht?
- Worauf bin ich stolz in meinem Leben?
- Welche Schwierigkeiten habe ich heute/in meinem Leben gemeistert?

5.3.4 Übung 4: Wie Sie Ihre Gewohnheiten verändern

Gewohnheiten sind Handlungen, die sich automatisiert haben. Wir führen Sie unbewusst aus, ohne dass wir bewusst darüber nachdenken müssen. Gewohnheiten sind Handlungen, für die wir uns nicht eigens motivieren müssen. Ein Raucher greift automatisch zur Zigarette, die Naschkatze zur Schokolade und der Triathlet federt morgens aus dem Bett, um joggen zu gehen. Vieles von dem, was wir im Laufe eines Tages tun, hat sich automatisiert. Leider haben wir neben vielen guten Gewohnheiten auch manche schlechte etabliert, die uns von unseren Zielen abbringen. Wenn Sie neue Gewohnheiten einüben und sich entsprechend konditionieren, entwickeln sich die neuronalen Verbindungen, die die alten Gewohnheiten begünstigt haben, langsam zurück.

Verwenden Sie die SUPER-Fragestrategie aus Kapitel 3.6, um die „schlechte" Gewohnheit mit negativen Assoziationen zu verbinden. Mit der gleichen Strategie verbinden Sie die neue erwünschte Handlung, die sich zur Gewohnheit festigen soll, mit positiven Assoziationen. Machen Sie dies vierzehn Tage lang, jeden Tag zehn Minuten für jede Gewohnheit, die Sie verändern möchten. Achten Sie darauf, dass Sie während der vierzehn Tage kein einziges Mal in das alte Verhalten zurückfallen. Während Sie die neue, gewünschte Handlung ausüben, malen Sie sich aus, welche positiven Auswirkungen es haben wird, wenn Sie die neue Gewohnheit in Ihrem Leben etabliert haben.

5.3.5 Übung 5: Wie Sie Ihre Emotionen kontrollieren

Ihr Unbewusstes verarbeitet riesige Mengen von Informationen. Dem Limbischen System im Gehirn kommt dabei die Aufgabe zu, diese Informationen zu filtern und zu bewerten (vgl. Kapitel 1.3). Im Alltag passiert es immer wieder, dass sich negative Emotionen wie aus dem Nichts aufbauen. Ohne genau zu wissen, warum, interpretieren Sie das, was in Ihrer Umgebung geschieht, so, dass Sie mit Ärger, Frustration, Missgunst, Neid und anderen wenig förderlichen Emotionen reagieren.

Drei Wege, um mit eigenen negativen Emotionen umzugehen

Sobald Sie spüren, dass sich eine eigene negative Emotion aufbaut, sollten Sie schnell handeln. Emotionen entwickeln sich wie ein Gewitter. Erst langsam und unmerklich und dann immer schneller und immer stärker. Nur wenn Sie früh genug reagieren, können Sie dem Gewitter noch ausweichen. Ähnlich verhält es sich mit negativen Emotionen. Es gibt drei Möglichkeiten, mit denen Sie auf eigene negative Emotionen reagieren und wirksam gegensteuern können:

1. Verändern Sie Ihre Körpersprache ins Positive. Lächeln Sie, setzen Sie sich aufrecht hin oder stellen Sie sich gerade hin, nehmen Sie die Schultern zurück, richten Sie Ihren Blick nach oben oder machen Sie eine anfeuernde Bewegung. Dies sieht man bei Sportlern sehr häufig.
2. Lenken Sie Ihren gedanklichen Fokus auf positiv besetzte Dinge. Denken Sie an Ihre Ziele, was Ihnen wirklich wichtig ist im Leben, worauf Sie sich heute noch freuen oder an Ihre Kinder. Wann auch immer negative Gedanken in Ihnen aufsteigen, laden Sie sich einfach die positiven Bilder Ihres Lebens hoch, bis Sie merken, wie sich Ihre Stimmung wieder aufhellt.
3. Wenn Sie die Ursache der negativen Emotion identifizieren können, dann stellen Sie sich Fragen, die dem Problem eine andere Bedeutung geben:

   - Was könnte ich aus dieser Situation lernen?
   - Was kann ich jetzt sofort tun, um die Situation zu verbessern?
   - Welche Chance ergibt sich aus dem Problem in Zukunft?
   - Wie kann ich das Beste aus der aktuellen Situation machen?
   - Was ist eigentlich komisch, lustig an dieser Situation?
   - Was bedeutet es für mein Selbstwertgefühl, wenn ich diese Situation meistere?

Seien Sie kreativ, finden Sie für jede Situation, in der Sie früher vielleicht unangenehme Emotionen erlebt haben, positive neue Betrachtungsweisen. Die Art und Weise, wie Sie Situationen interpretieren, also über Sie denken, ist eine Gewohnheit wie jede andere. Es dauert einfach eine gewisse Zeit, um die eigenen Denkmuster zu verändern.

Und denken Sie immer daran: Es gibt keine richtige oder falsche Art zu denken, aber die Art, wie Sie über etwas nachdenken, bestimmt die Emotionen, die Sie im Alltag erleben. Wenn Sie häufig negative Emotionen erleben, dann verändern Sie einfach Ihr Denken.

Veränderung beginnt bei den eigenen Gedanken

Achte auf deine Gedanken, denn sie werden deine Worte.
Achte auf deine Worte, denn sie werden deine Handlungen.
Achte auf deine Handlungen, denn sie werden deine Gewohnheiten.
Achte auf deine Gewohnheiten, denn sie werden dein Charakter.
Achte auf deinen Charakter, denn er wird dein Schicksal.

Schluss

Es gehört sicher zu den großen und mühevollen Aufgaben im Leben, die eigenen Denkgewohnheiten zu verändern. Vielleicht kann Sie Beppo Straßenkehrer aus dem Buch „Momo“ von Michael Ende mit seinen Gedanken ein wenig unterstützen![1]

Er fuhr jeden Morgen lange vor Tagesanbruch mit seinem alten, quietschenden Fahrrad in die Stadt zu einem großen Gebäude. Dort wartete er in einem Hof zusammen mit seinen Kollegen, bis man ihm einen Besen und einen Karren gab und ihm eine bestimmte Straße zuwies, die er kehren sollte.

Beppo liebte diese Stunden vor Tagesanbruch, wenn die Stadt noch schlief. Und er tat seine Arbeit gern und gründlich. Er wusste, es war eine sehr notwendige Arbeit. Wenn er so die Straßen kehrte, tat er es langsam, aber stetig: Bei jedem Schritt einen Atemzug und bei jedem Atemzug einen Besenstrich. Dazwischen blieb er manchmal ein Weilchen stehen und blickte nachdenklich vor sich hin. Und dann ging es wieder weiter: Schritt — Atemzug — Besenstrich.

Während er sich so dahinbewegte, vor sich die schmutzige Straße und hinter sich die saubere, kamen ihm oft große Gedanken. Aber es waren Gedanken ohne Worte, Gedanken, die sich so schwer mitteilen ließen, wie ein bestimmter Duft, an den man sich nur gerade eben noch erinnert, oder wie eine Farbe, von der man geträumt hat. Nach der Arbeit, wenn er bei Momo saß, erklärte er ihr seine großen Gedanken. Und da sie auf ihre besondere Art zuhörte, löste sich seine Zunge, und er fand die richtigen Worte.

„Siehst du, Momo“, sagte er dann zum Beispiel, „es ist so: Manchmal hat man eine sehr lange Straße vor sich. Man denkt, die ist so schrecklich lang; das kann man niemals schaffen, denkt man.“

Er blickte eine Weile schweigend vor sich hin, dann fuhr er fort:

„Und dann fängt man an, sich zu beeilen. Und man eilt sich immer mehr. Jedes Mal, wenn man aufblickt, sieht man, dass es gar nicht weniger wird, was noch vor einem liegt. Und man strengt sich noch mehr an, man kriegt es mit der Angst, und zum Schluss ist man ganz außer Puste und kann nicht mehr. Und die Straße liegt immer noch vor einem. So darf man es nicht machen.“

[1] Michael Ende: *Momo*, Thienemann Verlag 1973.

Er dachte einige Zeit nach. Dann sprach er weiter:

„Man darf nie an die ganze Straße auf einmal denken, verstehst du? Man muss nur an den nächsten Schritt denken, an den nächsten Atemzug, an den nächsten Besenstrich. Und immer wieder nur an den nächsten."

Wieder hielt er inne und überlegte, ehe er hinzufügte:

„Dann macht es Freude; das ist wichtig, dann macht man seine Sache gut. Und so soll es sein."

Und abermals nach einer langen Pause fuhr er fort:

„Auf einmal merkt man, dass man Schritt für Schritt die ganze Straße gemacht hat. Man hat gar nicht gemerkt wie, und man ist nicht außer Puste."

Er nickte vor sich hin und sagte abschließend:

„Das ist wichtig."

Stichwortverzeichnis

Danksagung

Der Erfolg hat viele Väter, nur der Misserfolg ist ein Waisenkind.

In diesem Sinn möchte ich mich bei allen bedanken, die dieses Buch möglich gemacht haben. Zuallererst bei meinen Eltern, die mich gelehrt haben, Wertschätzung und Respekt für andere Menschen zu empfinden. Meinem Mentor Guntram, von dem ich alles übers Geschäftsleben gelernt habe, was man in Universitäten niemals beigebracht bekommt.

Ohne die vielen Verkäufer, die mir die Möglichkeit gegeben haben, sie bei Verkaufsgesprächen zu beobachten, wäre es mir nicht möglich gewesen, das Neuro-Associative-Selling-Konzept zu entwickeln. Natürlich auch nicht ohne meine Kunden, die mir die wichtigste Ressource anvertraut haben, die sie haben, ihre Mitarbeiter. Mein ganz besonderer Dank gilt dem Team vom Haufe Verlag. Steffen Kurth, Heiner Huß und meiner Produktmanagerin Jutta Thyssen, durch deren sanften Druck dieses Buch auch wirklich fertig wurde. Meinem Lektor Peter Böke, der dafür Sorge getragen hat, dass Sie ein Buch und nicht das Transkript eines Seminars in Händen halten.

Der Autor

Klaus Angerbauer
ist Bauingenieur und studierte Betriebswirtschaft mit dem Schwerpunkt Marktpsychologie.

Er war viele Jahre Key Account Manager, Verkaufsleiter und Lektor an der FH Graz. 1994 gründete er ANGERBAUER & PARTNER sales performance improvement. Er ist weltweit als Verkauftrainer tätig, wird von Unternehmen wie BMW, SPAR, der Telekom Austria oder Velux engagiert und ist Referent der Haufe Akademie. Durch die Auswertung von mehr als 1.000 Verkaufsgesprächen über zehn Jahre und die Integration aller relevanten neuropsychologischen Erkenntnisse entwickelte er die Neuro-Associative-Selling-Strategie.

ANGERBAUER & PARTNER
sales performance improvement
Kapuzinerstraße 40
D-80469 München
Tel: +49 89 41 99 97 93
Fax: +49 89 41 99 97 95
info@angerbauer-partner.com
www.angerbauer-partner.com